생물학 명강
라이브 1

경암바이오 시리즈

어떻게 생명은 작은 변화로
큰 차이를 만드는가

생물학 명강 라이브 1

한국분자·세포생물학회 기획

김미영
나흥식
성재영
송현규
심해홍
유상동
이민구
이선경
정선주
최준호
한윤수
황일두
지음

해나무

머리말

생명, 그 경이로운 문제에 도전한다

임인경 제26대 한국분자 · 세포생물학회 회장

생명체는 복잡하면서도 극도로 정교하게 조절되는 세포로 구성되어 있습니다. 아마도 이 세상에 존재하는 피조물 가운데 이보다 더 완벽하고 교묘한 기구는 없을 것입니다. 이 책 『생물학 명강 라이브1』의 집필자로 참여한 생물학자들의 목표는 야심찹니다. 수수께끼와도 같은 생명현상의 베일을 벗기기 위해 다양한 방식으로 접근하면서 세포들의 조절 메커니즘과 생명현상을 집요하게 파고들어가고 있습니다.

지난 2003년, 30억 개의 인간 유전체(게놈)의 염기 서열이 모두 해독되었던 때를 떠올려봅니다. 당시 많은 과학자들의 생각—인간 유전체의 염기 서열이 모두 해독되면 생명현상에 대한 모든 비밀이 풀릴 것이다—과는 반대로 오늘날 우리는 빅 데이터 정보가 흘러넘치는 미지의 세계를 만나게 되었습니다.

흥미로운 것은, 과학자들이 더 많은 것을 알아낼수록 생명과학적 연구 성과들은 우리가 얼마나 모르고 있는가를 더욱 선명하게 알려주고 있다는 점입니다. 작디작은 세포를 자세히 관찰하면 할수록 더욱 거대하고 드넓은 세상이 펼쳐지는 셈입니다. 그러나 우리가 모르는 것들의 양이 분명 많아지긴 하였지만 동시에 새로 알게 된 생명과학 지식들도 아주 많습니다. 생명정보학 분석법의 발달에 힘입어 유전자들의 새로운 기능들도 조금씩 보고되고 있으며, 어떠한 진화 과정을 거쳐 오늘날 우리가 아는 유전자로 변형되었는지도 점진적으로 알아가고 있습니다.

유전체 서열을 해석하고 다루는 유전체학genomics에 이어, 유전자 전사체의 세계를 밝혀나가는 전사체학transcriptomics, 단백질 세계를 연구하는 단백질체학proteomics, 후성유전학적 조절 세계를 연구하는 후성유전체학epigenomics 등의 연구 결과들은 생명현상의 비밀에 접근해가는 새로운 분야들을 개척해나가고 있습니다.

또한, RNA 연구 분야는 해마다 새로운 발견으로 전 세계를 놀라게 하고 있습니다. 전통적으로 유전 정보의 흐름을 설명하는 데 주 역할을 담당하던 mRNA, tRNA, rRNA 이외에 새로 발견된 microRNA miRNA, short interfering RNA siRNA, 그리고 뒤이어 ncRNA, lncRNA 등 다양한 종류의 RNA들이 연일 보고됐습니다. 이러한 RNA들의 기능이 모두 밝혀지게 되면 유전 정보 전달의 기본 흐름을 분자생물학의 중심 원리센트럴 도그마, central dogma로 설명하는 교과서의 내용을 새롭게 써야 할 것으로 보입니다.

DNA, RNA, 단백질, 암, 뇌과학, 후성유전학, 약학 분야의 최신 연구 결과들은 과연 21세기를 살아가는 우리에게 어떤 도움을 줄까요? 또한 어떤 미래를 열게 할까요?

이 책은 현재 생명과학의 최전선에서 연구하고 있는 생명과학자들의 생생한 실험실 체험담과 연구 결과에 관한 이야기들을 이해하기 쉽게 담아내고 있습니다. 생명현상의 기본 조절 기준뿐 아니라, 살아남기 위한 생존 전략과 다양한 환경에 적응하는 생명체의 탁월한 의사소통 방법들을 엿볼 수 있을 것입니다.

이 책을 읽는 독자들이, 복잡하고 정교한 생명 현상의 조절 기전을 접함으로써, 자기 자신이 얼마나 소중한 존재인지, 생명이 얼마나 경이로운 것인지를 깨닫게 되기를 희망합니다.

감사의 말

생명과학에 대한 열정이 환하게 타오르길 기대하며

송금조 경암교육문화재단 이사장

생명과학은 우리나라의 미래를 결정짓는 중요한 기초학문 분야 중 하나입니다. 생명과학의 미래가 곧 우리나라의 미래 자체라고 볼 수 있는 이유가 여기 있습니다. 이러한 믿음으로 저는 생명과학 발전에 관심을 가지고 젊은 인재를 양성하기 위해 한국분자·세포생물학회의 경암바이오유스캠프를 오랫동안 지원해왔습니다.

경암바이오유스캠프가 학생들에게 미래의 꿈을 심어주고 생명과학 분야에 대한 흥미를 북돋아줌으로써, 대한민국 미래를 책임질 인재를 키우는 데 매우 고귀한 자양분이 되어왔다고 자부합니다.

그동안 경암바이오유스캠프는 강연자의 열의와 학생들의 열정이 어우러져 매회 명강연을 만들어냈습니다. 이번에도 훌륭한 강연을 엮은 『생물학 명강 라이브 1』로 여러분들과 만나게 되었습니다.

바쁜 가운데에서도 학생들을 위해 흔쾌히 강연해주신 생명과학자 분들께 이 자리를 빌려 깊은 경의와 감사를 표합니다. 마지막으로 이 책을 읽는 학생들 중에서 인간의 질병과 환경 보존 등 인류 복지에 이바지하는 세계적인 생명과학자가 탄생하길 기대합니다.

차례

머리말 생명, 그 경이로운 문제에 도전한다
임인경 제26대 한국분자 · 세포생물학회 회장 4

감사의 말 생명과학에 대한 열정이 환하게 타오르길 기대하며
송금조 경암교육문화재단 이사장 7

1장 빅 데이터 속의 비밀

생물 정보를 분석하다
한윤수 중앙대학교 생명과학과 교수 12

유전자 가족의 비밀
성재영 고려대학교 의과대학 의과학과 교수 40

세포 안의 RNA 우주
정선주 단국대학교 대학원 생명융합공학과 교수 72

맞춤약 치료 시대가 온다
이민구 연세대학교 의과대학 약리학교실 교수(에비슨 특훈교수) 98

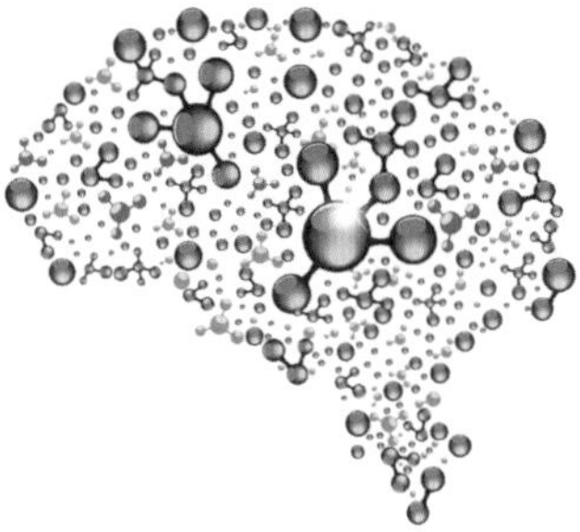

2장 살아 있는 것들의 전략

단백질의 운명과 자가포식
송현규 고려대학교 생명과학부 교수 ········ 120

암, 유전질환, 그리고 RNA
심해홍 광주과학기술원 생명과학부 교수 ········ 146

뇌는 부위별로 다른 기능을 한다
나흥식 고려대학교 의과대학 생리학교실 명예교수 ········ 170

암세포의 위험한 여행
김미영 한국과학기술원 생명과학과 교수 ········ 190

3장 생명, 세상과 소통하다

초파리의 생체리듬과 수면
최준호 한국과학기술원 생명과학과 명예교수 ········ 212

'행동'하는 예쁜꼬마선충
이선경 한양대학교 생명과학과 연구교수 ········ 232

식물 유전체의 대륙 정복과 실패
유상동 고려대학교 생명과학부 교수 ········ 248

식물의 신호 전달과 의사소통
황일두 포항공과대학교 생명과학과 교수 ········ 266

1장

빅 데이터 속의 비밀

생물 정보를 분석하다

한윤수 · 중앙대학교 생명과학과 교수

한국과학기술원 학부 과정에서 생물학을 전공했으며, 동 대학원에서 분자유전학으로 박사 학위를 받았다. 한국생명공학연구원 선임연구원, 미국 NIH 박사후연구원을 거쳐, 현재 중앙대학교 생명과학과 교수로 재직 중이다. 생물 정보 분석과 인간의 진화에 관심을 가지고 있으며, 현재 유전체 진화와 형질 진화와의 관계 및 분자 진화의 메커니즘을 연구하는 중이다.

생명의 유전 정보를 담은 분자는 무엇인가요? 1953년, 제임스 왓슨 James Watson과 프랜시스 크릭 Francis Crick이 DNA의 구조를 발견함에 따라 생명체의 근본 분자는 DNA로 알려지게 되었습니다. DNA 구조의 발견은 현대 분자생물학의 시작을 알리는 발견이었습니다. 여기에서 중요한 점은 생명현상이 A, C, G, T라는 글자로 구성된 정보의 발현에 의해 이루어진다는 사실입니다.

생명 활동은 정보의 흐름

크릭은 1956년도에 현재 '분자생물학의 중심 원리 Central Dogma'라고 불리는 "DNA makes RNA makes protein"이라는 아이디어를 제시했습니다. DNA가 RNA를 만들고 또 RNA가 단백질을 만든다는 뜻입니다. DNA에 담겨져 있는 생명 활동의 정보가 RNA로 전사되고, 다시 단백질로 해독되는 과정이 생명현상이라고 설명한 것입니다. 이는 DNA의 정보가 RNA를 거쳐서 생명체의 기능을 담당하고 있는 단백질로 전달된다는 것을 의미합니다.

크릭은, DNA는 생명 정보의 저장, 복제, 유전의 기능을 담당하고, RNA는 DNA에 저장된 유전 정보 중에서 필요로 하는 유전자 정보를 담은 복사본들이며, RNA 복사본들은 생명의 효소 활동을 담당하는 단백질을 만드는 데 사용된다고 보았습니다.

DNA 정보는 A, C, G, T라는 네 가지 염기의 배열로 저장되며, 단백질은 20가지의 아미노산으로 구성되어 있습니다. DNA 염기 3개는 하나의 아미노산을 나타냅니다.

1966년 마셜 니런버그 Marshall Nirenberg 등에 의해 DNA 염기 서열

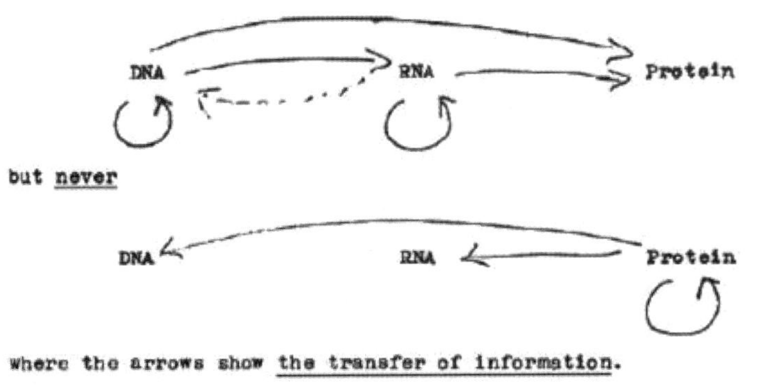

분자생물학의 중심 원리를 설명한 크릭 박사의 원고 내용. 맨 마지막에 'the transfer of information' 즉, '정보의 흐름'이라고 쓴 부분이 나온다. 생명 현상을 일종의 정보의 흐름이라고 본 것이다.

이 단백질의 아미노산을 지정하는 '유전자 코드genetic code'를 완성하자, DNA 염기 서열로부터 단백질 서열을 곧바로 유추하는 것이 가능해졌습니다. 이 유전자 코드에 저장된 정보가 생명현상의 기본 단위인 세포를 살아 있게 하는 기본 원리입니다.

모든 인간 개개인은 약 10조 개 내지 100조 개의 세포로 구성이 되어 있습니다. 세포들이 각각의 기능을 정확히 유지하고 있기 때문에 하나의 개체가 유지되고 있는 것입니다. 이 하나의 세포도 굉장히 복잡한 내부 구조를 가지고 있으며, 핵 속의 DNA에는 약 30억 개의 글자로 이루어진 인간 유전체(게놈) 정보가 들어 있습니다. 그러나 하나의 세포에서 30억 개의 정보 모두가 동시에 사용되는 것은 아닙니다. 세포마다, 그리고 시간마다 유전자들이 서로 다르게 발현되어 세포의 기능을 만들어갑니다. 또한 세포에 따라 사용되는 유전자의 종류는 수천 개입니다.

인간유전체프로젝트

어떤 생명체로부터 얻을 수 있는 모든 DNA 염기 서열 정보를 유전체라고 합니다. 유전체 정보는 그 생명체를 만드는 조립 설명서이자 작동시키는 사용 설명서입니다. 인간의 유전체는 약 30억 개의 DNA 염기 글자로 이루어져 있고, 약 2만 5000개의 유전자 정보를 담고 있습니다. 염기 서열은 유전자들이 세포들마다 서로 다르게 발현되도록 하는 조절 부위를 가지고 있습니다. 이 조절 부위의 작동 여부에 따라 단백질의 발현이 미세하게 조절되어, 조직과 기관들의 기능이 유지됩니다. 따라서 생명 활동을 이해하기 위해서는 DNA 염기 서열 정보를 분석하는 것이 필수적입니다.

1977년 프레더릭 생어Frederick Sanger는 DNA 염기 서열을 결정하는 획기적인 방법을 개발하여, φX174라고 불리는 바이러스의 유전체인 5286개의 DNA 염기 서열을 분석하였습니다. DNA 염기 서열 분석이 생명 현상을 이해하는 근간이 된다는 인식이 널리 퍼지자, 그 당시의 기술로는 역부족이었지만, 1990년에 인간의 유전체인 30억 개의 DNA 염기 서열을 모두 결정하려는 인간유전체프로젝트Human Genome Project, 휴먼게놈프로젝트가 야심차게 시작되었습니다. 이 계획에 발맞춰 인간과 여러 모델 생물들의 유전체 염기 서열이 결정되기 시작했습니다.

이윽고 과학자들은 1996년에 효모, 1997년에 대장균, 1998년에 예쁜꼬마선충, 2000년에 초파리의 유전체 염기 서열을 해독하였습니다. 그리고 마침내 2000년에 인간 유전체 염기 서열의 초판을, 2003년에 최종판을 발표하였습니다. 우리나라에서도 2009년에 한국인의 대표 유전체 염기 서열이 발표되었습니다. 현재는 세계의 다양한 인종들을 대표하는 1000명의 인간 유전체 염기 서열을 결정하는 프로젝트가 진행 중입니다. 다양한 인종을 대표하는 1000명의 인간 유전체를 전부 다 해독해보자는 겁니다. 2012년에 1092명의 서열이 발표가 되었고, 지금도 계속해서 데이터가 축적되고 있습니다. 이런 데이터들로부터 우리는 피부색, 체형, 얼굴 모양, 질병 취약성 등을 DNA 염기 서열과 연관시켜 더 정교하게 볼 수 있게 될 것입니다.

처음 인간유전체프로젝트가 진행될 때만 해도, 30억 개의 염기 서열을 다 분석하는 데 100년 이상이 걸릴 것이라는 비관적인 분석이 많았습니다. 그런데 다행히도, 인간유전체프로젝트가 진행되는 동안에 DNA 염기 서열의 결정 방법이 비약적으로 발전하였습니다. 인간유전체프로젝트가 시작될 때만 해도 DNA 한 글자를 알아내는 데 2달러가 소모되었지만, 차세대서열결정법Next Generation Sequencing, 즉 NGS라고 불리는 현재의 방법을 사용하면 1달러에 백만 개를 결정할 수 있습니다. 그래서 한 인간의 유전체 염기 서열을 결정하는 데 2000년대 초기에는 10만 달러의 비용이 들었다면, 현재는 5000달러 정도면 전체를 알 수가 있습니다. 머지않아, 누구든지 자신의 유전체 정보를 100만 원 이하의 비용으로 하룻밤 사이에 모두 알 수 있는 상황이 실현될 것입니다.

전 세계에서 생산되는 생물 정보의 양은 실로 어마어마합니다. 미국의 국립생물정보센터National Center for Biotechnology Information, NCBI는 이런 정보를 모아놓고 공개하고 있습니다. NCBI에 수록된 DNA의 서열 정보만 하더라도 거의 9000억 글자에 이릅니다. 18개월마다 양이 2배씩 끊임없이 증가하고 있습니다. 여기에는 인간을 포함해서 지구 상에 살고 있는 수천 종의 유전체 정보가 들어 있으며, 이들 서열 정보는 다양한 생물학 분야에 기초 자료로 널리 활용되고 있습니다.

인간 유전체에서, 약 2만 5000개의 유전자들은 세포가 처한 상황에 따라 각각 여러 형태의 RNA를 만들어 다양한 종류의 단백질을 암호화할 수 있습니다.

따라서 인간 세포의 기능을 밝히기 위해서는, 유전체 내의 유전자들의 구조와 위치 정보, 유전자로부터 유래한 RNA 서열의 발현 정보, 단백질의 서열과 구조 정보 등 매우 다양한 정보들을 확보해야만 합니다. 예를 들어, 발생 과정에 따라 변화하는 유전자의 발현 정보를 분석하여 수정란으로부터 성체가 만들어지는 과정을 이해할 수 있으며, 성체의 조직에 따라 다르게 발현되는 유전자 정보를 분석하여 각 조직들이 생명 활동을 유지하는 방법을 이해할 수 있습니다. 즉, 특정 유전자의 서열과 발현 정보로부터 그 유전자가 담당하는 기능과 형질을 연관시킨 정보를 획득할 수 있습니다.

인간 세포의 기능을 밝히기 위해서는, 유전체 내의 유전자들의 구조와 위치 정보, 유전자로부터 유래한 RNA 서열의 발현 정보, 단백질의 서열과 구조 정보 등 매우 다양한 정보들을 확보해야만 합니다.

이렇게 모아진 정보들은 역으로 유전체 염기 서열로부터 형질을 예측하는 자료로 사용될 수 있습니다. 예를 들어, 최근 연구자들은 얼굴의 형태를 만드는 데에 24개의 유전자들이 관여하며, 그 발현 정도에 따라 사람들마다 약간씩 다른 얼굴 모습을 만들어낸다는 것을 밝혔습니다. 이 정보를 바탕으로 DNA 염기 서열만으로도 얼굴의 형태를 추측할 수 있는 방법을 개발하였습니다. 그래서 이제는 범죄 현장에서 발견된 피 한 방울이나 머리카락 세포에서 DNA 염기 서열을 분석해 범인의 몽타주를 직접 만드는 것이 가능해졌습니다.

인간의 건강과 관련한 생물 정보 또한 그 활용 가치가 매우 높습니다. 예를 들어 간암, 위암, 폐암 등 다양한 암세포로부터 유래한 돌연변이 유전자 서열 정보와 발현 정보는 암의 원인 규명과 치료법 개발에 이용됩니다. 또한, 선천성 유전병을 앓고 있는 환자의 유전자 정보를 모두 결정하여 유전병의 원인이 되는 돌연변이를 찾을 수 있습니다.

정보의 시각화

DNA 염기 서열이 가장 근본적인 정보인 것은 분명하지만, DNA 염기 서열만이 생물 정보의 전부가 아닙니다. 30억 개의 DNA 염기 서열들 중 특정 부분, 즉 약 3%(2만 5000개의 유전자)만 단백질을 만드는 데 관여합니다. 그래서 어디서부터 어디까지가 어떤 유전자인지, 유전자 서열이 어떻게 쪼개져 있는지, 위치는 어디 있는지 등을 따질 필요가 있습니다.

유전자의 구조와 존재를 안다고 해서 특정 형질을 바로 알아낼 수 있는 것이 아닙니다. 그 유전자가 얼마나 많이 발현을 하느냐, 어느 시기에 발현하느냐, 얼마나 오랫동안 발현하느냐, 어떤 위치에서 발현하느냐 등의 정보들을 모아야만 그 세포의 기능뿐 아니라 그 세포가 만들어진 조직과 그 조직으로 이루어진 인간 개체의 모양을 파악할 수 있습니다.

모든 유전자들이 모든 세포에서 다 작동하는 것은 아닙니다. 세포마다 수천 개의 유전자들이 독립적으로 작동합니다. 어떤 유전자는 뇌에

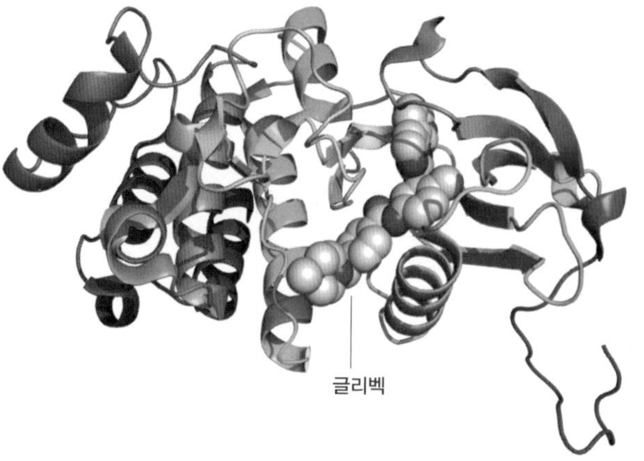

글리벡은 활동성을 보이는 단백질의 기능을 막음으로써 백혈병을 치료한다.

서만 작동을 하고, 어떤 유전자는 간에서만 작동을 하고, 또 어떤 유전자는 발생 초기에만 작동을 합니다. 사람마다 서로 조금씩 다른 유전체 정보를 가지고 있고 조절 부위의 차이 때문에 얼굴도 다르고 머리카락 형태도 다 다르게 나타납니다. 그렇다면 이 유전자를 작동하게 하는 조절 부위들은 어디일까요? 또 진화 과정에서 침팬지와 사람이 달라졌을 텐데, 과연 어느 부분이 다를까요? 인간유전체프로젝트 이후, 이와 같은 비교 정보들, 파생 정보들이 많이 쌓였습니다.

유전자 발현의 목적은 대부분 단백질을 만들어내는 것입니다. 염기 3개가 하나의 아미노산을 코드화해서 단백질 서열을 만들어내게 됩니다. 그래서 단백질 서열도 유전체 염기 서열만큼이나 굉장히 기초적인 정보가 됩니다.

백혈병을 일으키는 BCR-ABL 단백질을 예로 들어보겠습니다. 단백질의 아미노산들은 마치 실에 끼워진 염주처럼 어떤 3차원적인 구조를 이뤄야만 하나의 단백질로서 기능할 수가 있기 때문에, 단백질의 3차원 구조를 알게 되면 활동성을 보이는 기능성 부위를 알게 됩니다. 활동성을 보이는 단백질의 기능을 막을 수 있다면 치료제를 개발할 수 있습니다. BCR-ABL 단백질에서 활동성을 보이는 부위의 정보를 바탕으로 마치 플러그를 꽂는 듯한 약물이 개발되었는데, 이 약물이 바로 백혈병 치료제인 '글리벡'입니다. 이런 식으로 단백질의 3차원 구조를 안다는 것은 특별한 타입의 백혈병을 확실하게 치료할 수 있는 계기가 되기도 합니다. PDB Protein Data Bank, http://www.rcsb.org/pdb/home/home.do 라고 불리는 데이터베이스는 알려진 모든 생물 분자의 3차원 구조 정보를 제공하고 있습니다.

정보의 가공, 분석, 판단

하나의 세포를 유지하는 데 하나의 단백질이나 하나의 유전자만 작동하는 것은 아닙니다. 그렇다고 수천 개의 유전자들이 독립적으로 작동하는 것도 아닙니다. 서로 팀플레이를 합니다. 축구를 보면, 11명의 선수들이 서로 자기 위치에서 공을 패스하며 경기에 임합니다. 세포 내의 유전자들도 마찬가지입니다. 하나의 세포를 유지하기 위해서는 수천 개의 유전자들이 상호작용하면서 서로 협력하기도 하고 서로 방해하기도 합니다. 그리고 총체적인 결과, 문제가 생기면 세포가 자살하거나 암세포가 되거나 하는 것입니다. 어떤 단백질은 다른 10개의 단백질을 조절할 수도 있고, 어떤 단백질은 하나만 조절할 수도 있으며, 어떤 단백질은 다른 단백질의 활성을 더 증가시키기도 하고 억제시키기도 합니다. 이 모든 정보들을 유전자 조절 네트워크GRN, Gene Regulatory Networks 정보라고 합니다. 이러한 정보들을 모아서 제공하는 데이터베이스도 있고, 이런 데이터베이스는 누구나 활용할 수 있습니다.

어떤 단백질은 다른 10개의 단백질을 조절할 수도 있고, 어떤 단백질은 하나만 조절할 수도 있으며, 어떤 단백질은 다른 단백질의 활성을 더 증가시키기도 하고 억제시키기도 합니다. 이 모든 정보들을 유전자 조절 네트워크 정보라고 합니다.

생물 정보는 거대하고 양이 많습니다. 이른바 바이오 빅 데이터라고 할 수 있습니다. 바이오 빅 데이터는 최근 들어 가장 도전적인 생물학 분야 중 하나입니다.

생물 정보 분석으로 알 수 있는 몇 가지를 소개해보겠습니다. 먼저 암 유발 유전자를 어떻게 발견할 수 있는지 한번 알아볼까요? 결론적으로 말하자면, 암 특이적 돌연변이가 있거나 발현 양상에 변화가 있는 유전자를 찾아내야 합니다.

예컨대 생물 정보 분석으로, 분자가 과도하게 활동적일 때는 빨간색으로, 활동적이지 않을 때는 파란색으로 표시해볼 수 있습니다. 실제로 여러 명의 정상인 세포와 여러 명의 백혈병 환자 세포를 가지고, 유전자들의 활동 상태를 한번 살펴보았더니, 백혈병 환자들의 경우 빨간색으로 표시된 유전자들이 많이 발현되면서, 정상인에 비해 파란색으로 표시된 유전자들의 기능이 떨어지는 현상을 볼 수 있었습니다. 이런 식으로 유전자들의 발현 패턴을 분석함으로써 어느 질병인지 알아낼 뿐 아니라 그 유전자를 타깃으로 하는 약물들도 만들어낼 수 있습니다.

아주 희귀한 유전질환을 찾는 데도 정보를 이용할 수 있습니다. 우리 몸을 이루고 있는 30억 개의 글자 중에서 딱 한 글자만 변형되더라도 유전병이 생길 수 있습니다.

예를들어 지텔만 증후군은 신장이 갑자기 기능하지 못하고 무력증이 발생하는 유전병입니다. 30억 개의 글자 중에서 어느 글자 때문에 문제가 일어나는 것일까요? 환자의 유전자 서열 정보와 정상인의 정보를 컴퓨터를 이용해서 비교 분석을 해보니, SLC12A3 유전자에서 한 글자가 달랐습니다. 정상인은 G라는 염기를 가지고 있는데 이 환자의 경우는 A라는 염기를 가지고 있었습니다. 이 유전자가 단백질로 해독되면 정상인은 D라는 아미노산을 가지게 되는데, 환자는 N이라는 아미노산으로 변경되었습니다. 그런데 하필 이 위치의 D 아미노산은 해당 단백질의 기능에 아주 중요한 기능을 하는 아미노산이었습니다. 그래서 아미노산의 글자 하나가 바뀌자 신장이 정상적으로 작동하지 않았고, 결과적으로 건강을 해치는 아주 희귀한 질병을 일으키게 된 것입니다.

'1000달러 게놈 시대'라는 말이 있습니다. 한화 약 100만 원으로 우리 몸의 유전체 정보를 다 알 수 있게 되는 시대를 말합니다. 유전체를 분석하면, 각 개인이 어떤 질병에 취약한지, 어떤 활동을 잘할 수 있는지 미리 알 수 있게 될 것입니다. 영화 배우 안젤리나 졸리가 유방 절제 수술을 받은 이유는, 자신의 유전체 정보에서 유방암의 원인 유전자 형태를 검사해보니 유방암에 걸릴 확률이 80%가 넘는다는 결과가 나왔기 때문입니다. 그래서 예방 차원에서 유방을 절제한 것입니다. 이런 식으로 각자 자신의 유전체 정보를 알게 된다면 자신이 어떤 병에 취약한지, 술을 마셔도 문제가 없는지, 담배를 피우면 쉽게 폐암에 걸리는

지 등 다양한 정보들을 얻을 수 있게 될 것입니다.

흥미롭게도, DNA 정보를 활용하면 건강뿐 아니라 성격과 운동 능력까지도 어느 정도 예측할 수가 있습니다. 예를 들어 한 연구팀이 장거리 달리기를 하는 마라톤 선수들과 100m 달리기를 하는 단거리 육상선수들의 ACTN3 유전자를 한번 비교해보았습니다. 아주 폭발적인 순발력을 필요로 하는 100m 달리기 선수들은 R/R 형태의 유전자를 가지고 있는데 반해, 마라톤을 하는 사람들은 망가진 형태의 유전자를 가지고 있는 것을 발견했습니다. 이 유전자가 정상 작동하면 폭발적인 순발력을 근육에서 발휘할 수 있고, 이 유전자가 망가져 있으면 폭발적인 힘을 발휘하지는 못하지만 대신 장거리를 잘한다는 것입니다. 아마 머지않은 미래에는, 육상 선수를 뽑을 때 그 선수의 달리기 능력을 보는 것이 아니라 DNA를 얻어 유전자를 살펴본 다음에 100m 달리기에 소질이 있을 것 같다거나, 마라톤에 소질이 있을 것 같다거나 하는 등의 판단을 할 수 있을 것입니다.

DNA 정보로부터 사람의 얼굴 몽타주도 그려낼 수 있습니다. 많은 연구를 통해서 약 24개의 유전자들이 얼굴 형태를 만드는 데 관여한다는 것을 알게 되었습니다. 특히 POLR1Da라고 불리는 유전자는 이마와 턱에 영향을 많이 미치는데, 이 유전자가 많이 발현되느냐 적게 발현되느냐에 따라서 이마가 넓어지고 턱이 커지고 하는 것들이 결정됩니다. 가까운 미래에는 목격자가 없다고 하더라도 범죄 현장의 피 한 방울에서 얻은 DNA 염기 서열 정보로부터 몽타주를 그려낼 수 있게 될 것입니다. 또 DNA를 분석해서 남녀가 결혼했을 때 태어날 아이들의 가능한 얼굴 형태도 미리 알아낼 수 있을 것입니다. 조만간 DNA를 가지고 궁합을 보는 시대가 올 수도 있습니다.

생명의 나무

다양한 종들의 유전체 염기 서열을 비교하는 작업은 생물의 분류와 진화 연구에 가히 혁명적인 정보를 제공하고 있습니다. 여러 생물의 유전체 염기 서열 또는 단백질 서열 간의 유사성 정보를 활용하면 겉모습으로는 판단하기 불가능한 경우라 하더라도 매우 정확하게 진화적 유연관계를 판단할 수 있습니다. 심지어는 멸종한 생물의 DNA로부터 염기 서열 정보를 얻어 분석하는 것도 가능합니다.

사실 생물 정보를 활용할 수 있는 가장 큰 분야는 진화 분야입니다. DNA의 아주 작은 변화가 형태의 변화에 큰 영향을 미칩니다. 생물학에서 계통분류학은 형태를 기반으로 하고 있는데, 개체의 모양이 비슷하면 같은 쪽으로 묶습니다. 하지만 DNA가 조금만 바뀌어도 모양이 확 바뀔 수 있기 때문에, DNA 염기 서열이 비슷하면 형태와 무관하게 최근에 분화되었다고 보고 있습니다.

전통적으로 생명체들은 동물, 식물, 균류, 원생생물, 세균, 이렇게 크게 다섯 부류로 분류되었습니다. 이렇게 형태를 기반으로 해서 다섯 부류로 나누는 분류 체계는 상당히 오랫동안 분류학계와 진화학계에서 인정받았습니다.

하지만 최근 DNA와 단백질 서열을 이용하는 '분자계통분류학'이라는 학문이 기존의 분류 체계들을 완전히 뒤바꾸기 시작했습니다. 예를 들자면, 네 가지 동물이 있다고 할 때, 형태를 보고도 판단할 수 있지만 유전체 염기 서열을 이용하면 보다 확실한 정보를 얻을 수가 있습니다. 옆의 위 그림은 헤모글로빈 유전자의 일부 서열을 보여주고 있는데, 자세히 보면, 인간과 원숭이 사이에서는 딱 한 글자만 다르고, 코끼리와는 8개가 다르고, 주머니쥐와는 25개가 다르다는 것을 알 수 있습니다.

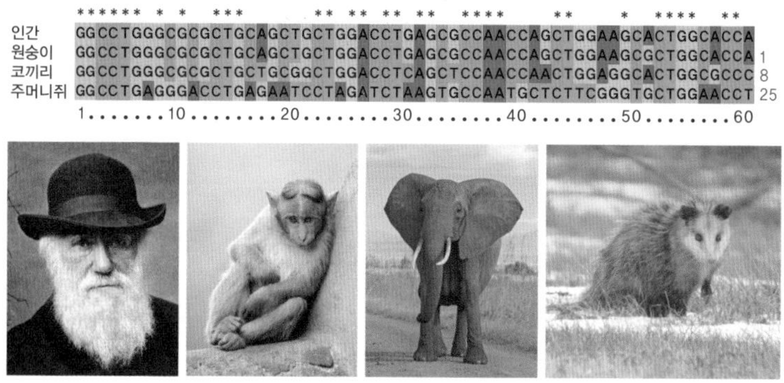

유전체 서열을 이용하면 종에 따른 차이를 확인할 수 있다. 헤모글로빈 유전자의 일부 서열을 분석한 결과 인간은 원숭이와 딱 한 글자만 다르고, 코끼리와는 8글자, 주머니쥐와는 25글자가 다르다.

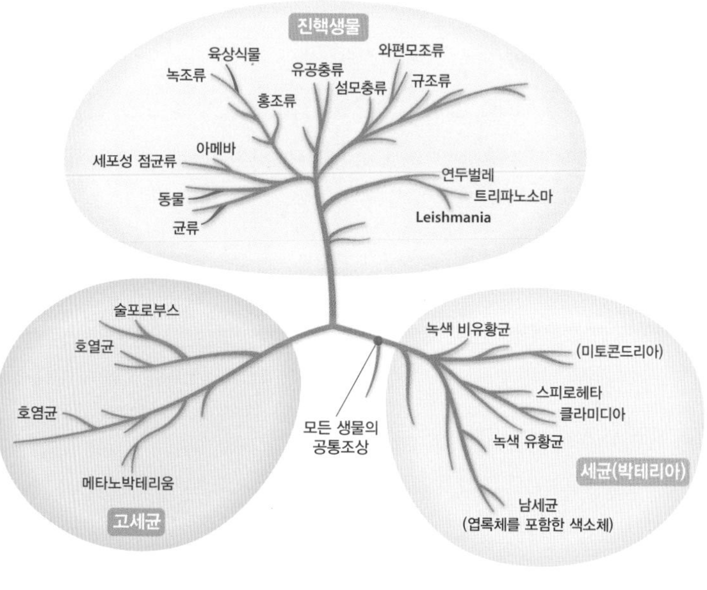

세균, 고세균, 진핵생물로 나뉜 생명의 나무. 유전체 서열 분석에 기초해 지구 상의 생명체를 분류하면, 크게 세균, 고세균, 진핵생물로 분류할 수 있다.

즉 족보상 윗세대에서 갈라질수록 유전체 염기 서열에서 차이를 보이게 되는 것입니다. 이는 형태와 무관합니다. 그래서 분자계통분류학은 형태와 모양을 기반으로 해서 만든 계통 분류의 오류를 모두 다 바로잡을 수가 있습니다.

지구 상의 생명체를 동물, 식물, 균류, 원생생물, 세균, 이렇게 다섯 덩어리로 분류하는 체계가 과연 옳을까요? 분자계통분류학이 등장하자, 이 분류 체계에 큰 오류가 있다는 사실이 드러났습니다. 이제 세균 부류는 크게 고세균과 세균으로 나뉘고, 동물, 식물, 균류와 같은 진핵생물들은 한 그룹으로 묶였습니다. 다세포 생물들이 아주 다양한 단세포 생물들 내에서 굉장히 작은 가지들을 이루고 있는 것을 볼 수 있습니다. 인간을 포함한 모든 동물은 한 개의 작은 가지 위에 오밀조밀 다 붙어 있습니다.

궁극적으로 분자계통분류학은 생존하고 있는 모든 생명체들의 가계도를 만들 수 있습니다. 현재, 그런 증거들을 모아서 살아 있는 모든 생물 간의 가족 관계를 하나씩 완벽하게 만들어가고 있는 중입니다.

생물 정보로 파악하는 흥미로운 연관성

멸종한 생물도 생물 정보를 이용해 파악할 수가 있습니다. 티라노사우루스 렉스*Tyrannosaurus rex*의 예를 한번 들어보겠습니다. 공룡의 화석이 처음 발굴되었을 때 그 골격이 현생 파충류와 유사하여 파충류와 같은 부류로 생각했습니다. 공룡들의 피부는 현대의 악어의 피부와 같고 우중충한 색깔을 가졌을 것으로 생각한 것입니다. 그런데 다양한 화석으로 골격 구조를 자세히 비교해보니 현대의 새가 공룡과 매우 가깝다는

다양한 화석으로 공룡의 골격 구조 등을 연구한 결과, 공룡이 현재의 새와 매우 가까우며 새처럼 깃털을 가지고 있다는 사실이 발견되었다.

© wikipedia

사실을 알게 되었습니다. 그래서 이제는 새는 공룡의 자손일 뿐만 아니라 살아 있는 공룡이라고 보고 있습니다. 또 화석들을 자세히 살펴보니 수많은 공룡들이 새처럼 깃털을 가지고 있었다는 사실이 발견되었습니다. 깃털이 있는 티라노사우르스의 친척 화석들도 발견되었습니다. 그래서 예전에는 티라노사우루스 렉스의 상상도가 두 발로 선 악어처럼 보였지만, 요즘에는 티라노사우르스 렉스의 상상도가 깃털을 가진 거대한 닭처럼 보입니다.

더더욱 놀라운 사실은 6600만 년 전에 멸종한 티라노사우루스의 뼈에서 콜라겐 단백질을 추출할 수 있었다는 점입니다. 이렇게 콜라겐 단백질을 추출할 수 있었던 것은 콜라겐의 양이 매우 많고, 미네랄 성분이 썩지 않도록 했기 때문입니다. 고기에 소금을 잔뜩 치면 먹을 수는 없지만 고기가 썩지 않습니다. 그런 것처럼 미네랄이 잔뜩 쌓여 단백질이 결정화되면 더 이상 썩지 않습니다. 약 6000만 년을 견딘 것입니다.

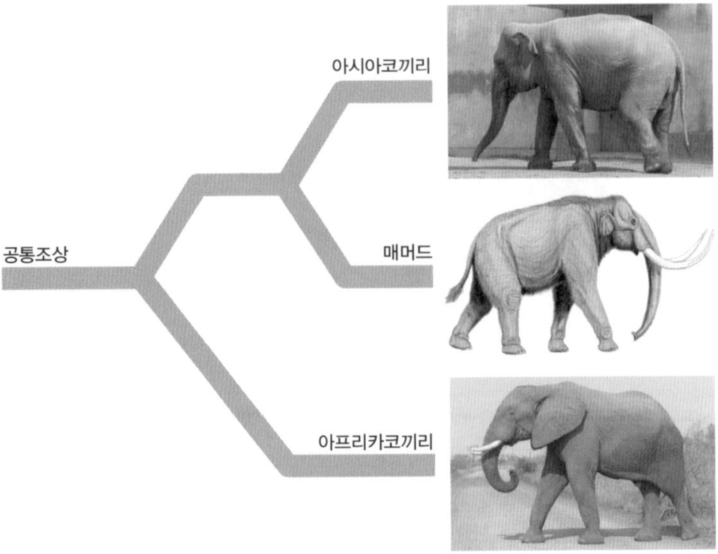

멸종한 동물 매머드의 DNA 염기 서열을 분석해보았더니, 매머드는 아프리카코끼리보다 아시아코끼리와 더 가까운 친척 관계라는 사실이 밝혀졌다.

조심스럽게 미네랄을 없앤 다음, 콜라겐 단백질을 분석하여 아미노산 서열을 알아낼 수 있습니다. 물론 완벽한 전체 서열이 아니라 작은 조각들입니다. 그러나 이 조각 정보를 가지고 현존하고 있는 생물들의 콜라겐 단백질 서열과 비교했더니, 화석에서 추측된 것과 마찬가지로 새와 티라노사우르스가 같은 그룹으로 묶인다는 것을 발견했습니다.

또 다른 예를 들어볼게요. 멸종한 생물 중 매머드는 분류 체계상 의문이 많은 동물 중 하나입니다. 매머드는 과연 현재 살고 있는 아프리카코끼리와 아시아코끼리 중 어느 것과 더 가까운 친척일까요? 매머드가 시베리아로 이동하고 그 다음에 아프리카코끼리와 아시아코끼리가 나온 것일까요? 아니면 매머드와 아시아코끼리와는 사촌 사이이고 아프리카코끼리와는 8촌 사이일까요?

매머드는 아주 추운 시베리아에서 살았습니다. 그곳은 영구 동토 지역이기 때문에 자연적인 냉장고입니다. 살이 썩지 않은 매머드의 다리를 손쉽게 구할 수 있었는데, 그것으로부터 DNA를 추출하여 DNA 염기 서열을 결정할 수 있었습니다.

DNA 염기 서열을 비교 분석해보니, 매머드는 아시아코끼리와 더 가까운 친척 관계라는 것을 알게 되었습니다. 약 600만 년 전에 매머드와 아시아코끼리가 갈라선 다음 매머드로 진화하였고 결국 멸종하게 된 것입니다.

멸종한 생물의 DNA 정보를 활용하면 진화론적 가족 관계뿐만 아니라 형질적 특성에 대해서도 많은 것을 찾을 수 있습니다. 매머드는 어떻게 추운 지역에서 적응할 수 있었을까요? 혈액의 헤모글로빈은 산소를 운반하는데, 이 산소는 온몸의 근육이나 조직으로 이동해야만 합니다. 그래야만 근육이 힘을 발휘해서 걸어다닐 수가 있고 조직의 활성이 유지됩니다. 그런데 추운 지역으로 갈수록 헤모글로빈에서 산소가 떨어지는 효율이 낮아집니다. 이는 근육이나 다른 조직으로 산소가 잘 전달되지 못한다는 것을 의미합니다. 그러면 어떻게 매머드는 한랭 기후에 적응할 수 있었을까요? 매머드의 헤모글로빈 유전자의 서열을 밝혀내서 단백질 서열을 분석해보니 매머드에서만 특별히 다른 세 군데의 아미노산 변형을 발견할 수 있었습니다. 그래서 매머드가 가지고 있는 헤모글로빈의 3차원 구조를 살펴보니, 산소가 잘 떨어지도록 변형됐다는 것을 알 수 있었습니다. 즉 추운 기후에서도 헤모글로빈이 근육으로 산소를 잘 전달할 수 있게 진화한 것입니다.

이처럼 우리는 고위도 지방에 살다가 멸종한 매머드의 친척 관계뿐 유전체 정보가 있다고 해서 모든 특징을 곧바로 알아낼 수 있는 것은 아닙니다. 단백질의 서열 정보뿐 아니라 3차원 구조 정보에서부터 생화학적 정보까지 종합적으로 판단해야 합니다. 생물정보학 과학자가 하는 일은 탐정이 하는 일과 닮았습니다. 수많은 정보들을 모아서 어떤 스토리를 만들어내는 것이죠.

만 아니라 한랭 기후에 적응한 방법 등을 유전체 정보로부터 알아낼 수 있습니다. 물론 유전체 정보가 있다고 해서 모든 특징을 곧바로 알아낼 수 있는 것은 아닙니다. 단백질의 서열 정보뿐 아니라 3차원 구조 정보에서부터 생화학적 정보까지 종합적으로 판단해야 합니다. 생물정보학 과학자가 하는 일은 탐정이 하는 일과 닮았습니다. 수많은 정보들을 모아서 어떤 스토리를 만들어내는 것이죠.

현생 인류의 친척들에 대해서

고위도 지방에서 생존하기 위한 적응은 인간에게도 일어난 현상입니다. 특히 피부색은 위도와 밀접하게 관련됩니다. 적도 부근에 살고 있는 사람은 진한 피부를 가지고 있고, 적도에서 멀어질수록 밝은 피부를 갖고 있습니다. 인간이 검은 피부를 가진 이유는 자외선에 의해서 피부가 손상되는 것을 막기 위해서입니다. 피부에 있는 검은색의 멜라닌 색소가 자외선을 흡수해버리기 때문에 주변의 피부 세포가 보호를 받게 됩니다. 그런데 자외선은 비타민 D를 생산하는 데 꼭 필요합니다. 따라서 햇빛이 약한 지역에서 피부에 멜라닌 색소가 너무 많으면 자외선을 모두 흡수해버려 비타민 D 생산이 어려워질 수 있습니다. 따라서 자외선으로부터 피부가 손상되는 것을 가장 잘 막으면서도 비타민 D를 가장 잘 생산해낼 수 있는 최적점에 맞춰 피부의 색깔이 진화되는 것입니다. 적도 지방에서는 아무리 피부가 진해도 UV가 통과하기 때문에 비타민 D가 충분히 만들어지고, 고위도 지방에서는 햇빛이 약하기 때문에 피부가 밝아야만 비타민 D가 생산됩니다.

피부의 색깔을 결정하는 유전자는 많이 있지만, 그중 MC1R이라고 부르는 유전자의 활성이 높으면 검은 피부를, 활성이 낮으면 밝은 피부를 갖게 됩니다. 그래서 누군가의 MC1R 유전자만 알고 있으면 그 사람의 피부 색깔이 어떨지 충분히 예측할 수 있습니다.

우리 현생 인류에게는 멸종한 친척인 네안데르탈인이 있습니다. 네안데르탈인들은 유럽과 서아시아, 중앙아시아 등에 약 3만 년 전까지 생존했습니다. 네안데르탈인이 살던 지역은 유럽 전역에 걸쳐 있습니다. 현재 유럽인들의 피부는 매우 밝습니다. 네안데르탈인들이 거의 30만 년 동안 유럽 지역에서 살았다면 지금의 유럽인들처럼 밝은 피부를 가지지 않았을까요? 안타깝게도 네안데르탈인들의 피부는 화석으로 남겨지지 않았고 뼈만 남아 있습니다. 그런데 뼈로부터 피부 색을 알아낼 수 있는 방법이 있습니다.

DNA 분석 기술의 발달로, 네안데르탈인의 뼈로부터 DNA를 추출하여 유전체 염기 서열 정보를 얻을 수 있습니다. 과학자들은 네안데르탈인 뼈에서 얻은 유전체 정보로부터 MC1R 유전자를 살펴보았습니다. 그랬더니 네안데르탈인의 MC1R 유전자에 특이적인 아미노산 변이가 있었습니다. 307번에 있는 아르기닌Arginine이 글라이신Glycine으로 바뀌어 있었던 것입니다. 유전자는 서열 정보만 알면 DNA 합성을 통해서 부활시킬 수가 있습니다. 유전자 DNA를 합성한 다음, 세포에 넣어서 단백질의 활성 정도를 검사해보니, 네안데르탈인의 MC1R 단백질의 활성이 검은 피부를 만드는 단백질에 비해 상당히 감소한 것을 확인했습니다. 이 증거로 알 수 있는 것은 일부 네안데르탈인들은 피부와 머리카락이 현대 유럽인처럼 밝은 색을 띠었으리라는 사실입니다.

흥미로운 사실은, 현생 인류인 사피엔스가 아프리카에서 유럽과 아시아로 이동했을 때 이미 그 지역에서 살고 있던 네안데르탈인들과 만났다는 것입니다. 사피엔스와 네안데르탈인은 약 6000년 이상을 동일한 지역에서 공존하였습니다. 6000년 동안 사는데 그중에 로미오와 줄리엣이 없었을까요? 서로 마음이 맞아 결혼하여 혼혈을 만들지 않았을까요? 이런 의문들에 답을 해줄 수 있는 것도 역시 유전체 염기 서열 정보입니다.

네안데르탈인의 유전체 염기 서열을 현대의 유럽인, 아시아인, 파푸아인, 서아프리카인, 남아프리카인들의 유전체 염기 서열과 비교 분석한 결과, 놀랍게도 유럽인, 아시아인, 파푸아인의 유전자의 약 2% 정도가 현대의 아프리카인의 유전자보다 멸종한 네안데르탈인 유전자에 훨씬 더 가깝다는 것이 밝혀졌습니다. 이는 사피엔스와 네안데르탈인이 약 50만 년 전에 서로 갈라진 다음, 약 10만 년 전에 아프리카에서 빠져 나온 사피엔스가 유럽과 아시아에 살던 네안데르탈인과 섞였다는 것을 의미합니다. 처음 태어난 혼혈 1세대는 사피엔스와 네안데르탈인 유전체가 50:50이었을 것입니다. 그러나 지속적인 네안데르탈인과의 혼혈보다는, 사피엔스와 사피엔스 간의 자손이 대세가 됨에 따라, 시간이 지나면서 점점 네안데르탈인 유전체가 희석되었습니다. 그래서 현재처럼 2% 정도만 남아 있게 된 것입니다. 따라서 현대의 유럽인, 아시

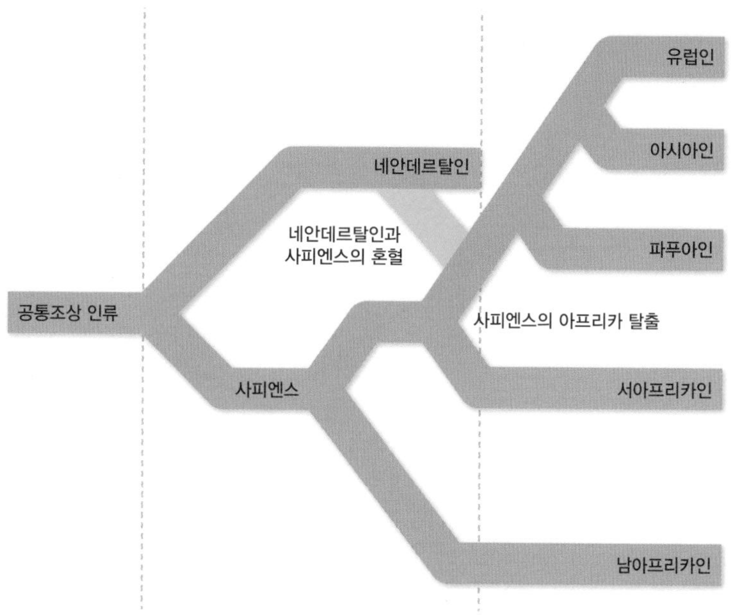

네안데르탈인과 현대의 유럽인, 아시아인, 파푸아인, 서아프리카인, 남아프리카인과의 유전체 서열을 비교 분석한 결과, 사피엔스와 네안데르탈인과의 혼혈 양상이 뚜렷하게 드러났다.

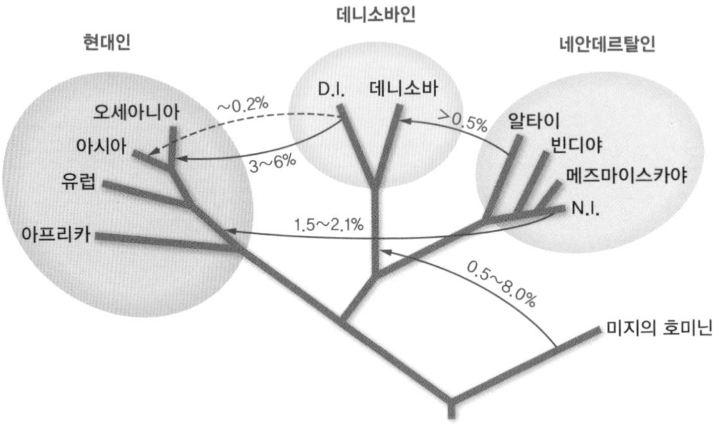

현대인, 데니소바인, 네안데르탈인의 유전체 정보를 모아봤더니, 서로 다른 고대 인류끼리 혼인도 하고 자손도 낳았다는 것이 밝혀졌다.

아인, 파푸아인은 모두 네안데르탈인 선조를 가지고 있는 셈이 됩니다.

이뿐만 아니라, 많은 네안데르탈인과 고 인류의 뼈에서 유전체 정보를 모아봤더니, 서로 다른 고대 인류끼리도 계속해서 혼혈 자손을 낳았다는 것이 밝혀졌습니다. 아프리카에서 빠져나온 사피엔스가 그 지역에 미리 살고 있던 네안데르탈인과 혼인한 것처럼, 현대 오세아니아인들의 조상은 이동 경로에 살고 있었던 또 다른 고 인류인 데니소바인과도 혼인을 했습니다. 현대 오세아니아인들의 유전자 중 3~6%는 이 데니소바인에서 물려받은 것으로 밝혀졌습니다.

그런데 네안데르탈인에서 얻은 이 유전자들이 아직까지 남아 있는 이유는 무엇일까요? 단순히 계속 희석되는 도중에 있는 것일까요, 아니면 뭔가 좋은 형질을 제공하기 때문에 남아 있는 것일까요? 네안데르탈인에게서 받은 유전자들을 살펴보니, 대부분의 경우가 우리들 사피엔스에게 유리한 형질과 관련이 있었습니다. 네안데르탈인들은 유럽과 아시아에서 거의 30만 년 동안 살고 있었습니다. 따라서 이 지역의 환경에 적응하고 진화할 기회가 충분했습니다. 예를 들어 네안데르탈인들은 이 지역의 감염성 질병에 저항성을 가진 유전자를 보유하고 있었던 것입니다. 새롭게 도착한 사피엔스들은 이런 감염성 질병에 취약했을 겁니다. 그런데 네안데르탈인과 결혼하여 태어난 혼혈은 네안데르탈인으로부터 이 저항성 유전자를 물려받았을 것입니다. 계속해서 그 유전자를 가진 후손이 생존에 더 유리하였을 것이기 때문에, 그 지역에서 살 수 있는 현대인의 조상이 되었을 것입니다.

현대의 유럽인들은 추위에 매우 강한 특징이 있습니다. 이는 유럽인들이 특이적으로 적응된 지방 대사 유전자를 가지고 있기 때문입니다. 지방이 열을 내는 에너지원으로 사용될 뿐만 아니라, 피부 아래에 축적된 지방은 일종의 코트 같은 역할을 해서 추위에 잘 견딜 수 있게 합니다.

유럽인의 지방 대사 유전자를 조사해보니 현대 아프리카인과 가까운 것이 아니라 고대의 네안데르탈인과 더 가까웠습니다. 네안데르탈인은 그 지역에서 수십만 년 동안 살면서, 추운 데서 생존할 수 있는 유전자를 갖추게 되었던 것입니다. 이 유전자가 새로이 도착한 사피엔스의 생존에 유리하게 작용하여 현대 유럽인에게까지 전해진 것이라 볼 수 있습니다. 그런데 이 유전자는 지방질을 잘 축적하는 형질을 제공하기 때문에, 필요 이상으로 많은 음식을 섭취할 경우 모두 지방으로 바뀌어 뚱뚱해지게 된다는 단점을 갖고 있습니다.

티베트 고산지대에는 그곳에 잘 적응된 세르파Sherpa라고 하는 사람들이 살고 있습니다. 저지대에 사는 사람들은 약 4000미터만 올라가도 산소가 부족해 고산증을 앓습니다. 그런데 이 고지대 사람들에게는 이런 게 전혀 문제가 되지 않습니다. 이 사람들을 대상으로 유전자를 조사해보았더니, 산소 운반과 관련된 유전자가 네안데르탈인에게서 왔다는 것이 밝혀졌습니다. 즉 네안데르탈인 조상들은 우리 현대 인류에게 아주 필요한 유전자들을 선물한 것입니다.

> 30억 개의 인간 유전체 서열이 모두 알려져 있고, 침팬지, 고릴라, 오랑우탄, 원숭이, 마모셋, 타지어, 오리너구리 등 60여 종의 포유동물의 유전체 염기 서열이 모두 밝혀졌습니다. 이 모든 글자를 서로 비교하면 인간 특이적인 유전자들을 발견할 수 있습니다.

진화 과정에서 인간은 어떻게 다른 동물과 구별되는 특별한 형질을 갖게 되었을까요? 이 질문에 답을 알아내는 데도 유전체 정보가 큰 역할을 하였습니다. 30억 개의 인간 유전체 염기 서열이 모두 알려져 있고, 침팬지, 고릴라, 오랑우탄, 원숭이, 마모셋, 타지어, 오리너구리 등 60여종의 포유동물의 유전체 서열이 모두 밝혀졌습니다. 이 모든 글자를 서로 비교하면 인간 특이적인 유전자들을 발견할 수 있습니다. 이 유전자들의 기능을 밝히면 진화 과정에서 어떻게 인간이 다른 동물과 다른 고유한 특질을 갖게 되었는지 알게 될 것입니다.

현재 생물학 분야에서는 방대한 양의 데이터들이 생산되고 있습니다. 이렇게 다양하고 방대한 생물 정보를 다루는 학문을 생물정보학 Bioinformatics이라고 하며, 생물정보학은 생물 정보의 생산, 관리, 보관, 열람, 분석, 활용 등 매우 다양한 방향에서 중요한 학문으로 발전하고 있습니다. 생물정보학자가 되기 위해서는 생물학은 물론 전산학, 통계

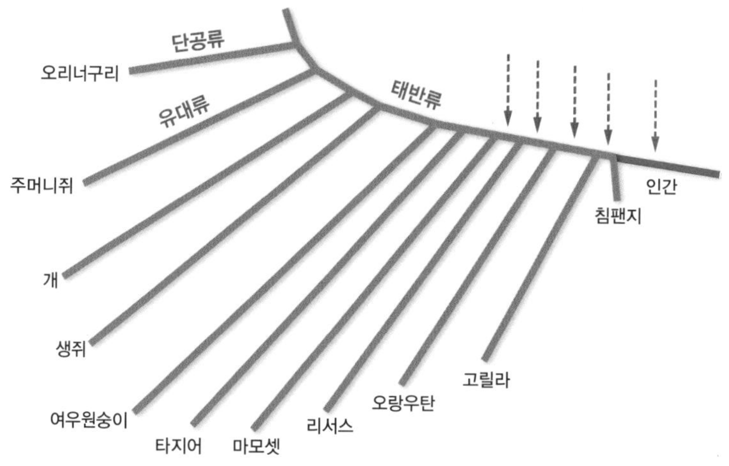

인간과 다양한 동물 사이의 유전체 서열 비교 분석으로 인간 특이적인 유전자들을 발견할 수 있을 것으로 보인다.

학 등 다양한 분야의 학문 지식이 필요합니다. 생물 연구의 다양화와 거대화, 생물 정보 생산 기술의 비약적인 발달, 빅 데이터 분석의 필요성 증대로 인해, 이후 고도의 연구 능력을 갖춘 많은 생물정보학자가 더욱 필요할 것으로 보입니다.

Q **네안데르탈인이 멸종했다고 하셨는데 왜 멸종했는지 궁금합니다.**

A 그 부분에 대한 여러 가지 가설들이 있지만 확실한 답은 없습니다. 사피엔스와 결혼해서 완전히 섞여버렸다는 의견도 있고 사피엔스들이 모두 죽였다는 의견도 있습니다. 혹자는 네안데르탈인들이 끊임없이 매머드만 잡아먹어서 매머드가 멸종함에 따라 먹을 게 없어져 같이 사라졌다고 봅니다. 또는 사피엔스들이 가지고 온 질병들에 의해 멸종하게 되었다는 의견도 있습니다. 실제로 그런 일이 불과 수백년 전에 일어났습니다. 유럽인들이 아메리카에 상륙한 이후 대부분의 아메리카 원주민들이 죽었습니다. 총이나 칼에 의해 살해된 것보다 유럽인과 같이 건너온 천연두 같은 질병에 의해서 죽은 경우가 90% 이상이 됩니다. 네안데르탈인에게서도 이와 비슷한 일이 발생했을 수도 있습니다만, 멸종 원인을 정확히 밝혀내기란 매우 어렵습니다.

Q **유전자 정보나 DNA 염기 서열이 손실될 경우 어떤 위험성이 있는지 궁금합니다.**

A 인간의 유전자 2만 5000개가 모두 정상적으로 작동해야만 하는 것은 아닙니다. 마치 자동차를 구성하는 많은 부품들 중 한두 개가 망가져도 자동차가 작동하는 것처럼 말입니다. 실제로 많은 사람의 유전체를 살펴보면, 평균적으로 수백 개의 유전자가 망가져 있습니다. 해당 유전자가 필요 없는 환경에서 살고 있다면 망가진 유전자를 가지고 있어도 크게 생존에 불리하지 않습니다. 때로는 유전자가 망가지는 것이 생존에 유리한 경우도 있습니다. 예를 들면 사람의 피부는 침팬지나 고릴라에 비해

서 털이 거의 없습니다. 그 이유는 피부에 털이 나게 하는 유전자가 망가졌거나 유전자를 조절하는 부위가 작동하지 않기 때문입니다. 침팬지의 조상과 갈라진 인류의 조상들은 숲이 아니라 초원지대에서 생존해야 하는 상황이었습니다. 나무가 없는 초원지대에서 뙤약볕에 돌아다니면 몸이 매우 뜨거워지죠. 침팬지처럼 털이 있는 상태에서는 몸이 과열되어 살기 어렵습니다. 해결하는 방법은 몸의 털이 없어지는 방법밖에 없습니다. 즉 유전자가 망가져 털이 없어짐으로써 생존에 유리해진 것입니다. 진화는 새로운 유전자가 만들어짐으로써 이루어지기도 하지만 있던 유전자가 없어짐으로써 완성되기도 합니다.

Q 생물정보학이 어떻게 합성생물학에 이용되는지 궁금합니다.

A 합성생물학은 말 그대로 생명체를 합성하는 연구 분야입니다. 가장 핵심적인 부분은 원하는 형질을 가지고 있는 DNA를 만들어내는 것입니다. 합성된 DNA 염기 서열을 세포에 넣으면 DNA 정보로부터 단백질을 만들어서 형질이 나타나게 됩니다. 상상이지만 어떤 형질을 가진 사람을 만들어내고 싶다면, 원하는 형질을 만들어내는 유전자 DNA들을 조합하여 30억 개의 글자로 된 사람 유전체를 합성한 후 핵의 DNA가 제거된 난자에 집어넣으면 됩니다. 이때 어떤 형질을 가진 DNA를 어떤 방식으로 결합시켜야 할지, 만들어진 유전체가 제대로 작동할지 등 합성생물학에서 필요한 질문에 답을 할 수 있는 분야가 바로 생물정보학이라고 생각합니다.

유전자 가족의 비밀

성재영 · 고려대학교 의과대학 의과학과 교수

서울대학교 자연과학대학에서 분자생물학을 전공하여 박사학위를 받았다. 독일 괴팅겐의과대학 박사후연구원, 전남대학교 생명과학기술학부 조교수를 거쳐 현재 고려대학교 의과대학 의과학과 교수로 재직 중이다. 생명체의 신호전달을 담당하는 신경펩타이드와 그 수용체의 기능에 관하여 연구 중이다. 한국분자·세포생물학회 우수박사학위논문상, 한국내분비학회 학술상, 한국분자·세포생물학회 Molecules and Cells Award, 아스트라제네카 Virtual Research Institute Award 및 국제비교내분비학회에서 Grace Pickford Medal을 수상하였다. 또한 신경내분비학의 국제학술지인 *Frontiers in Neuroendocrine Sciences, Neuroendocrinology*의 부편집장이며, *General and Comparative Endocrinology* 및 *Journal of Neuroendocrinology* 학술지의 편집위원이다.

유전자는 살아 있는 생명체에서 후대로 유전되는 물질의 '분자적 단위'를 의미합니다. 화학적으로 유전자는 DNA Deoxyribonucleic acid 연쇄 사슬로 구성되며, 이를 주형으로 RNA Ribonucleic acid 사슬이 합성됩니다. RNA는 또다시 아미노산 사슬로 연결된 단백질을 만들 때 정보로 활용됩니다. 생명체에는 수만 개도 넘는 종류의 단백질이 존재하는데, 이들은 모두 서로 다른 유전자에 의해 만들어진 부산물들입니다. 2016년 HUGO 유전자명명위원회 HUGO Gene Nomenclature Committee에서는 인간 염색체에서 발견된 3만 9819개 유전자에 대하여 그 명칭을 승인하였고, 추가적으로 유전자를 발견할 것이라 예상하고 있습니다. 이와 같이 한 생물종의 염색체가 가지고 있는 모든 유전자 정보의 총합 혹은 유전자의 총 염기 서열을 유전체 혹은 게놈 genome이라고 합니다.

유전자 가족의 형성 및 진화

유전자는 오랜 진화 과정을 통해 현재의 유전자형을 가지게 되었습니다. 많은 유전자들을 관찰해보면, 인간에서 발견되는 유전자가 파충류, 조류, 양서류, 어류에서도 발견되며, 인간의 것과 유사한 유전자가 곤충, 연체류처럼 진화적으로 거리가 먼 동물에서도 발견됩니다. 어떤 경우에는 박테리아, 효모와 같은 단세포 동물에서도 유사한 유전자가 발견됩니다. 유전자는 DNA 염기 서열과 단백질의 아미노산 서열에 변화를 일으키는 돌연변이 과정을 통해 진화해왔기 때문에, 같은 유전자라고 해도 그 염기 서열이나 아미노산 서열이 유사하기는 해도 동일하지는 않습니다. 진화적으로 거리가 먼 동물 간에는 유전자 서열에 더 많은 차이를 보입니다.

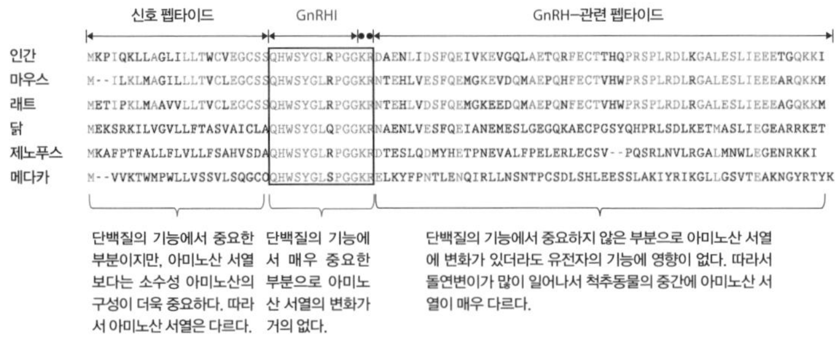

※ 아미노산 서열 중에 파란색은 인간, 마우스, 래트 간에 동일한 서열일 경우, 붉은색은 나머지 동물에서 동일한 서열을 의미한다.

GnRH 신경펩타이드의 아미노산 서열을 비교해보면, 포유류, 조류, 양서류, 어류 등에서 GnRH를 코딩한 부분의 서열이 잘 보존되어 있다는 것을 볼 수 있다.

그러면 신경펩타이드 유전자를 비교해보면서 유전자의 진화를 살펴볼까요. 위 그림처럼 생식선자극호르몬 방출인자gonadotropin releasing hormone, GnRH의 아미노산 서열을 비교해보았습니다. 인간, 마우스mouse, 래트rat, 닭chicken(조류), 제노푸스Xenopus(양서류), 메다카medaka(어류)의 아미노산 서열을 볼 수 있습니다. GnRH는 뇌의 시상하부에서 만들어지는 호르몬 중의 하나입니다. GnRH 신경펩타이드는 그림에서 보이는 아미노산 서열에서 '번역 후 공정(혹은 번역 후 수식화)post-translation modification'이라는 과정을 통해 만들어집니다. 아미노산 서열은 신호펩타이드 부분, GnRH를 코딩한 부분, 그리고 나머지 부분으로 나뉩니다. 여기서 나머지 부분은 GnRH–관련 펩타이드GnRH-associated peptide, GAP라고 불립니다.

아미노산 서열을 보다 자세히 살펴볼게요. 포유류인 인간, 마우스, 래트 사이는, 파란색 아미노산 서열로 표시되었듯이, 그 서열이 비슷하게 잘 보존되어 있는 것을 볼 수 있습니다. 그러나 조류, 양서류, 어류로 갈수록 GnRH를 코딩한 부분이 아닌 나머지 서열들은 매우 다르다는 것을 볼 수 있습니다. 이렇게 아미노산 서열이 바뀐다는 것은 진화 과정에서 많은 돌연변이가 일어났다는 것을 의미합니다. 실제로 이 유전자에서 가장 중요한 정보는 10개의 아미노산으로 구성된 'GnRH 펩타이드'입니다. 만약에 이 부분에 돌연변이가 생기면 생명체의 생존에 큰 영향을 주기 때문에 이 부분의 돌연변이 비율은 매우 낮습니다. 하지만 GAP로 표시된 나머지 부분은 기능적으로 중요하지 않아서 돌연변이가 많이 일어납니다.

이와 같이 유전자의 중요한 부분에서 돌연변이가 일어나면 생명체가 위험에 처하게 되므로 돌연변이 비율이 낮은 반면, 중요하지 않은 부분에서는 돌연변이가 생겨도 큰 문제가 되지 않기 때문에 돌연변이 비율이 높습니다. 이 단백질의 앞부분에는 신호펩타이드signal peptide가 있습니다. 신호펩타이드는 이 단백질이 세포에서 바깥으로 방출되어 다른 세포에 작용하도록 도와주는 역할을 합니다. 따라서 세포 밖으로 분비되는 대부분의 단백질들은 이런 신호펩타이드를 갖고 있습니다. 하지만 신호펩타이드는 '번역 후 공정' 과정을 통해 제거됩니다. 신호펩타이드도 기능적으로 중요하지만 비교적 돌연변이 비율이 높습니다. 그 이유는 신호펩타이드의 경우 아미노산 서열보다, 소수성hydrophobic 아미노산과 친수성hydrophilic 아미노산의 비율이 중요하기 때문입니다. 따라서 이 부분에 돌연변이가 일어나도 그 비율만 유지된다면 기능을 수행하는 데 아무런 지장이 없습니다.

그러면 사람에게는 GnRH와 닮은 유전자가 또 있을까요? 사람에게는 GnRH와 닮은 유전자가 하나 더 있습니다. 그래서 GnRH1과 GnRH2로 구분합니다. 어류에는 세 종류의 GnRH가 있어서, 세 번째

GnRH를 GnRH3라고 부릅니다.

GnRH1, GnRH2, GnRH3는 모두 공통의 유전자에서 기원하였습니다. 즉 조상 GnRH 유전자가 두 번 이상 복제돼 3개의 유사한 유전자를 만든 것입니다.

그렇다면 GnRH 유전자는 어디에서 기원한 것일까요? GnRH 유전자는 바소프레신AVP, 옥시토신OT, 신경펩타이드 SNPS 유전자의 공통 유전자에서 기원했을 것으로 추정되고 있습니다. 매우 오래전에 이들 유전자의 공통조상 유전자가 있었는데, 이들 유전자가 여러 번 복제됐고, 오랜 진화 과정에서 돌연변이가 생겨 현재의 유전자로 변형되었을 것으로 추정되고 있습니다.

인간 게놈 안에는 이와 같이 짧은 펩타이드short peptide로 만들어진 신경펩타이드 유전자가 약 80여 종 있습니다. 그리고 펩타이드 크기가 조금 다르지만, 당단백질호르몬 유전자가 9종, 케모카인 유전자가 44종 있습니다. 이들 또한 공통의 유전자가 오랜 진화 과정을 통해 끊임없이 복제되었고, 이들이 돌연변이를 유발하여 만들어진 것으로 추정되고 있습니다. 따라서 신경펩타이드 유전자를 보면 다양한 가족으로 구성될 뿐 아니라, 이들이 중가족, 대가족 형태를 이루고 있다는 것을 알 수 있습니다.

유전자 복제와 유전자 가족

1976년 영국의 과학자 리처드 도킨스Richard Dawkins는 『이기적인 유전자*The Selfish Gene*』라는 책을 세상에 내놓았습니다. 당시만 해도 유전자가 정확히 무엇인지 밝혀지지 않은 상황이었는데, 도킨스는 놀라운 통

© 을유문화사

리처드 도킨스는 『이기적 유전자』라는 책에서 유전자가 이기적인 복제자라는 점을 강하게 피력한다.

찰력으로 유전자의 특징을 기술해나갑니다.

도킨스에 의하면, 유전자는 이기적인 복제자replicator입니다. 태초에 복제자가 탄생한 이후 이들은 끊임없이 스스로를 복제해왔으며, 보다 효율적으로 복제하기 위해 생명체(유전자 운반체)를 만들었다고 주장합니다. 도킨스는, 유전자는 우리 몸의 소프트웨어나 프로그램과 같은 것이고, 생명체는 유전자를 위해 행동하는 로봇 혹은 하드웨어와 같은 것이라고 설명합니다. 여기서 '복제자'라는 개념이 중요합니다. 유전자는 언제 복제되나요? 우리는 감수분열이나 체세포분열이 일어날 때 유전자가 복제된다는 것을 알고 있습니다. 그런데 이것은 1세대 생명체에서 일어나는 염색체 수준에서의 복제입니다. 도킨스가 말하는 유전자 복제는 1세대에서 일어나는 감수분열이나 체세포분열 수준에서의 복제를 의미하는 것이 아니라, 오랜 진화의 시간 동안에 수많은 세대를 통해 전달되는 유전자의 복제를 의미합니다. 이 유전자 복제 과정을 통해 수많은 유전자 가족을 만들어가는 그런 복제를 의미합니다.

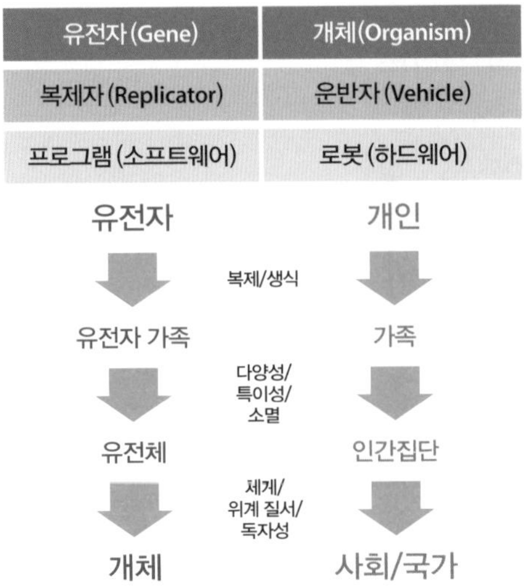

유전자가 복제를 통해 가족을 만들고 개체를 만드는 것은 개인이 가족을 만들고 집단을 이루어 국가 혹은 사회를 형성하는 것과 매우 흡사하다.

그러면 인간 유전체에서 유전자가 가족을 형성한 경우에 대해 예를 들어보겠습니다. 신경계나 내분비계에서 중요한 역할을 하는 신경펩타이드는 약 80여 종의 유전자로 거대한 대가족을 이루고 있습니다. 또한 이와 유사한 기능을 하는 케모카인도 40여 종의 유전자로 가족을 이루고 있습니다. 신경펩타이드 및 케모카인에 대한 수용체도 약 120종류의 유전자 대가족을 이루고 있습니다. 냄새를 맡는 데 중요한 역할을 하는 후각수용체는 약 450여 종의 유전자 대가족으로 구성됩니다. 인간 유전체에 이와 같이 다양한 유전자 가족이 존재하는 것은 원시생명체 시대에 존재했던 하나 혹은 여러 개의 유전자가 복제를 통해 자기 가족을 계속 늘려나가는 시스템을 구축하였음을 의미합니다. 39억 년이 넘는 오랜 진화 과정을 통해 유전자들은 유전자 가족 간의 경쟁, 혹은 가족 내의 경쟁을 통해 일부 소실되기도 하고, 어떤 유전자 가족은 경쟁에서 성공하여 수많은 가족을 거느리기도 합니다. 이렇게 경쟁을 통해 살아남은 유전자들이 모두 모여 유전체를 형성하게 되고, 각각 유전자의 특징을 잘 살린 생명체가 나타나게 됩니다.

오랜 진화 과정을 통해 유전자들은 유전자 가족 간의 경쟁, 혹은 가족 내의 경쟁을 통해 일부 소실되기도 하고, 어떤 유전자 가족은 경쟁에서 성공하여 수많은 가족을 거느리기도 합니다.

이러한 현상은 인간사회에서도 나타납니다. 20~30만 년 전에 인간*Homo sapiens*의 개체 수는 불과 1000명도 안 되었을 것으로 추정됩니다. 하지만 이들은 환경에 매우 잘 적응하였고, 생식을 통해 가족 수를 늘리고, 이 가족들이 모여 종족을 만들고, 또 각 종족들이 모여 국가 혹은 사회를 형성하였습니다. 이러한 현상은 유전자가 복제를 통해 가족을 만들고 개체를 만드는 것과 매우 흡사하다고 할 수 있습니다.

생명체는 어떻게 유전자 수를 늘려왔는가?

2003년 인간유전체프로젝트Human Genome Project가 끝났을 때 HUGO 유전자명명위원회Gene Nomenclature Committee에서는 인간 유전자가 약 2만 5000종 있을 것으로 예측했습니다. 그런데 11년이 지난 2014년에는 3만 종이 있다고 발표하였습니다.

개별 유전자들은 염색체라는 구조 안에 존재합니다. 인간에는 22쌍

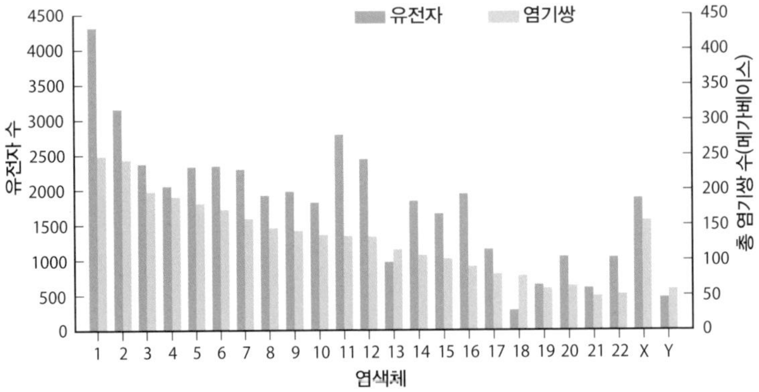

인간 염색체와 유전자 수

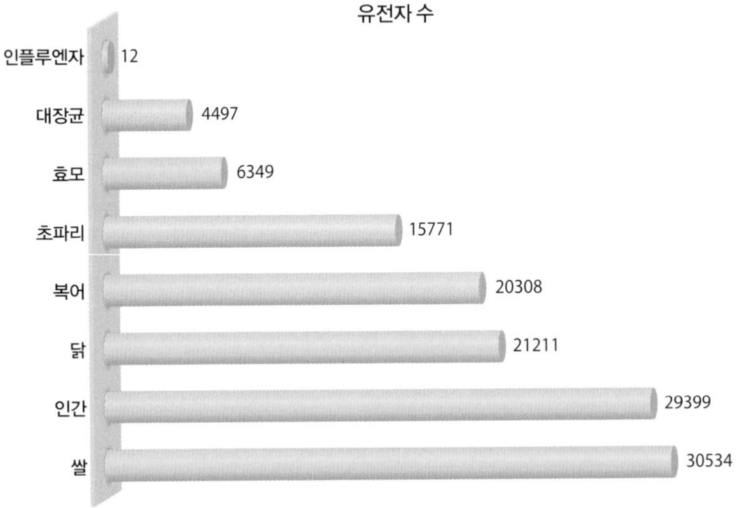

다양한 생명체들의 유전자 수

의 상염색체가 있고, XY 성염색체가 있습니다. 염색체의 번호는 주로 염색체의 크기에 의해 정해지는데, 가장 큰 1번 염색체의 경우 2억 4719만 9719개의 염기쌍으로 되어 있고, 22번 염색체의 경우 1번 염색체의 5분의 1 수준인 4952만 8953개의 염기쌍으로 이루어져 있습니다. 각 염색체가 가지고 있는 유전자의 숫자도 다릅니다. 1번 염색체는 4220개의 유전자를 가지고 있는가 하면, 22번 염색체는 1092개의 유전자를 가지고 있습니다.

그러면 다른 생명체의 유전자 수는 몇 개일까요? 바이러스는 약 12개의 유전자를 가지고 있습니다. 가장 원시적인 형태의 생명체가 아닌가 싶습니다. 대장균은 약 4400개, 효모는 약 6300개, 쌀은 약 3만 개입니다. 따라서 단순한 생명체에서 복잡한 생명체로 진화하면서 그 유전자의 숫자가 크게 늘어난 것을 알 수 있습니다.

HOX 유전자를 통해 알아보는 유전자 복제 과정

그러면 생명체는 진화 과정 속에서 어떻게 유전자 수가 늘렀을까요? 유전자들이 자기 가족을 어떻게 형성하는지 HOX 유전자 가족을 예로 들어 설명하겠습니다. 어떤 학자는 HOX 유전자는 유전자의 진화를 밝히는 로제타 스톤Rosetta Stone이라고도 말했습니다. 고대 이집트 상형문자와 이를 번역한 고대 이집트 문자, 그리고 이를 다시 번역한 그리스 문자가 적힌 로제타 스톤은 고대 이집트 상형문자를 분석할 수 있는 귀중한 자료입니다. HOX 유전자의 경우도 이들 유전자가 염색체 내에서 어디에 위치해 있는지 파악함으로써 유전자의 진화를 설명할 수 있습니다.

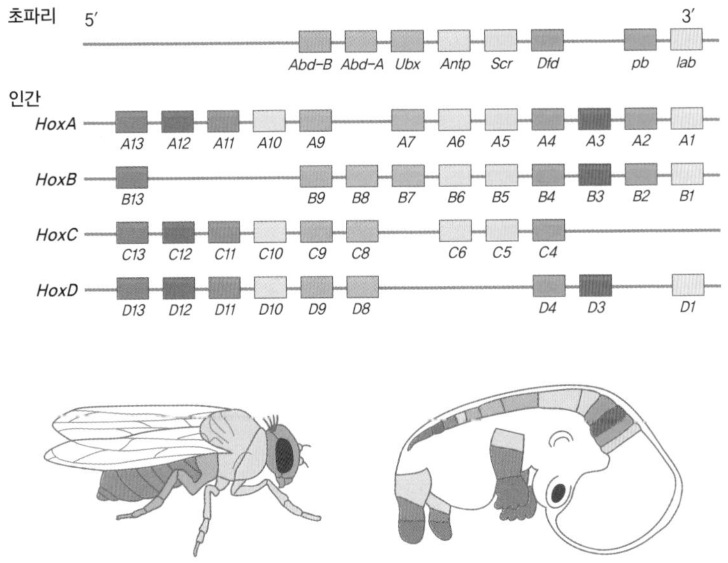

HOX 유전자가 발현되는 위치. 초파리와 인간에게서 유사성을 찾을 수 있다.

HOX 유전자는 몸의 체형, 즉 머리와 꼬리를 이어주는 축을 형성하는 데 매우 중요한 유전자로 하등동물부터 척추동물까지 모두 발견됩니다. 초파리에게는 8개, 사람에게는 39개의 유전자가 있습니다. 초파리의 경우에는 8개의 유전자가 하나의 염색체에 밀집되어 있는데, 인간의 경우에는 흥미롭게도 이 39개의 유전자가 네 개의 염색체에 밀집되어 있습니다. 인간의 경우, HOXA 유전자는 7번 염색체에, HOXB 유전자는 17번 염색체에, 유전자 HOXC 유전자는 12번 염색체에, HOXD 유전자는 2번 염색체에 있습니다. 몸에서 발현되는 위치에 따라 HOX 유전자들의 색깔을 달리 표시하였을 때, HOXA1, B1, D1 유전자는 주로 머리의 가장앞자리에서 발현되는 반면 HOXA13, B13,

C13, D13 유전자는 주로 꼬리 끝에서 발현됩니다. 이러한 현상은 초파리에게서도 유사하게 나타납니다.

염색체에서의 HOX 유전자 분포를 보면 두 가지 사실을 알 수 있는데, 하나는 HOX 유전자가 한 염색체 내에 밀집되어 분포한다는 사실이고, 다른 하나는 인간의 경우 이러한 밀집 분포를 4군데 염색체에서 발견할 수 있다는 것입니다. 이 현상은 무엇을 의미하는 것일까요? 유전자 가족이 염색체의 특정 부위에 밀집해서 발견된다는 것은 이 부분에서 유전자 복제가 활발히 일어났다는 것을 말하는 것이고, 인간처럼 유전자 가족이 4군데 염색체에서 발견된다는 것은 염색체 복제가 있었기 때문인 것으로 해석할 수 있습니다. 그러면 HOX 유전자의 경우 유전자 복제가 먼저일까요, 아니면 염색체 복제가 먼저일까요?

> 유전자 가족이 염색체의 특정 부위에 밀집해서 발견된다는 것은 이 부분에서 유전자 복제가 활발히 일어났다는 것을 말하는 것이고, 인간처럼 이렇게 밀집 분포를 보이는 유전자 가족이 4군데 염색체에서 발견된다는 것은 염색체 복제가 있었기 때문인 것으로 해석할 수 있습니다.

논리적으로 볼 때, 유전자 복제가 먼저 일어나고 그 다음에 염색체 복제가 일어난다면 보다 효율적으로 유전자 가족을 확대할 수 있습니다. 반면 염색체 복제가 먼저 일어나고, 4군데에서 독자적으로 유전자 복제가 일어난다면 비효율적일 것입니다. 그러면, 보다 과학적인 근거를 통해 HOX 유전자 가족의 확대 경로를 알아보겠습니다.

유전자 가족이 어떻게 만들어지는지, 가족 구성원 간에 어떤 연관성

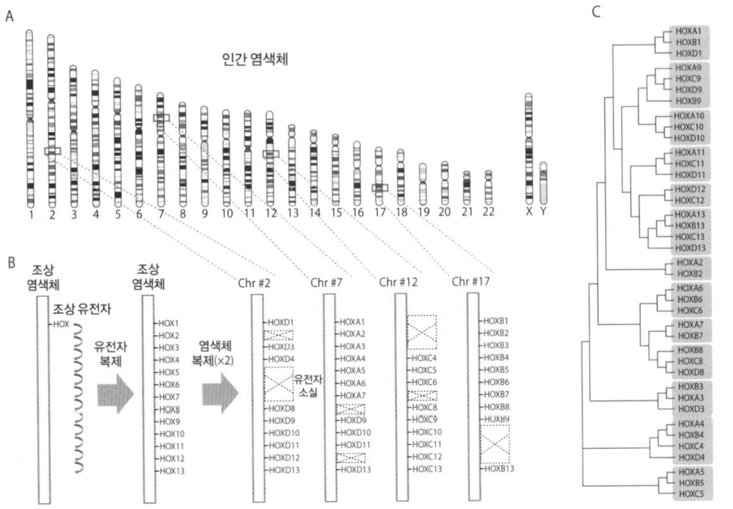

HOX 유전자의 계통수를 그려보면 한 차례의 유전자 복제와 두 차례에 걸친 염색체 복제를 유추할 수 있다.

이 있는지는 계통수phylogeny를 그려보는 방식을 통해 파악할 수 있습니다. 계통수에서 한 가지branch 안에 유전자들이 근접해서 모여 있으면, 이들은 보다 최근에 복제되어 형성된 것이고, 다른 가지에 있으면 진화적으로 보다 이른 시기에 복제된 것으로 볼 수 있습니다. HOX 유전자 계통수를 보면 1번부터 13번 유전자가 서로 다른 가지에 있고, 각 번호에 해당하는 A, B, C, D 유전자가 한 가지 안에 모여 있는 것을 볼 수 있습니다. 즉 1번부터 13번 유전자가 한 염색체 내에서 지역 복제local duplication에 의해 먼저 형성되고, 다음에 A, B, C, D 유전자가 두 번의 염색체 복제에 의해 형성되었음을 알 수 있습니다. 그런데 왜 인간에는 HOX 유전자가 52종류(13×4)가 아니고 39종만 존재할까요? 이는 복제된 유전자 중에 많은 유전자가 소실되었기 때문입니다.

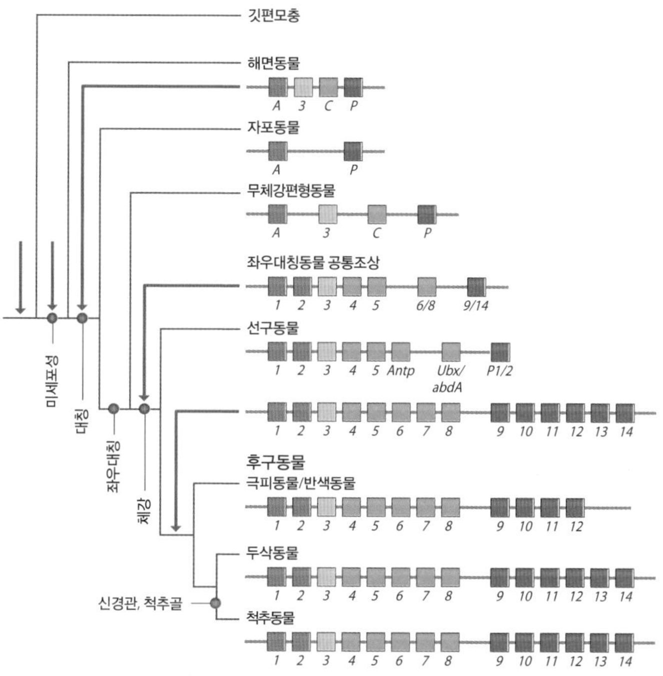

무척추동물에서 척추동물로의 진화 과정을 살펴보면, HOX 유전자가 어떻게 유전자를 늘려나갔는지 엿볼 수 있다.

HOX 유전자 가족의 이러한 염색체 상에서의 배열은 인간 유전체에서뿐만 아니라 모든 척추동물의 유전체에서도 관찰됩니다. 하나의 염색체 안에서의 HOX 유전자의 복제 및 염색체 수준에서의 복제는 진화적으로 척추동물의 발생 초기에 일어났음을 알 수 있습니다. 실제로 사람뿐 아니라 파충류, 양서류, 어류를 보면, HOX 유전자가 네 군데 혹은 그 이상의 염색체에 밀집되어 있는 것을 볼 수 있습니다.

조금 더 단순한 무척추 동물에서의 HOX 유전자 분포를 살펴보겠습니다. HOX 유전자는 머리와 꼬리의 축을 만들어주는 데 중요한 역할을 하는 유전자로, 단순한 동물일지라도 머리와 꼬리가 있으면 HOX 유전자를 갖고 있을 것입니다. 그런데 무척추 동물에서는 HOX 유전자 가족이 단일 염색체에서만 발견됩니다. 예컨대 단순한 동물 가운데 가장 초보적인 선체동물인 플라나리아의 경우 HOX 유전자가 4개 있습니다. 초파리 형태로 조금 더 진화하게 되면, 플라나리아의 A 유전자가 초파리의 1, 2로, 플라나리아의 C 유전자가 초파리의 4, 5, 6/8과 같은 식으로 늘어납니다. 이는 지역 복제가 일어난 것입니다. 조금 더 진화하게 되면 유전자가 9~14종류까지 늘어나는 것을 볼 수 있습니다. 한 염색체에서 계속 군데군데 자기 유전자를 늘려나가는 현상이 진행된 것이죠. 실제로 척추동물에서 한 염색체에 열네 개까지 군집이 만들어졌는데, 그 다음에 어떤 일이 벌어졌을까요? 염색체 복제가 두 번 일어났습니다. 전체 유전체 복제whole genome duplication가 두 번 일어난 것입니다. 그래서 네 개의 염색체에 HOX 유전자들이 배열되었다는 것을 알 수 있습니다.

전체유전체복제 이론

전체유전체복제whole genome duplication와 관련해서 소개하고 싶은 과학자가 한 명 있습니다. 오노 스스무大野 乾라는 일본계 과학자입니다. 오노는 부모가 일본 사람이지만 한국 서울에서 태어났으며, 미국에서 공부한 생물학자입니다. 오노는 단백질 합성 정보가 담기지 않은 '정크 DNA'에 대해 많은 연구를 진행했습니다. 유전자가 무엇인지도 잘 모르던 1970년, 그는 『유전자 복제에 의한 진화*Evolution by gene duplication*』라는 책에서 최초로 염색체 복제 이론을 제시한 바 있습니다. 그는 다

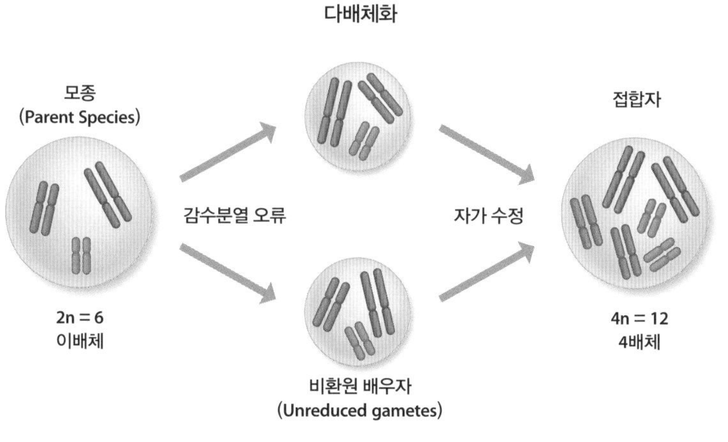

고생물다배체화 이론에 따르면, 생물의 다배체화로 인해 유전자가 엄청나게 늘어났고, 이것이 척추동물이 등장하는 데 중요한 역할을 했다.

양한 동물의 염색체 크기를 비교해보고 그동안 알려진 몇 개 유전자들이 어떻게 존재하는지를 관찰하는 과정에서 마침내 염색체 복제를 알아냈습니다. 어느 순간 보니, 수많은 종류의 유전자들이 진화적으로 같은 시기에 자기 가족 숫자를 확 늘렸다는 것을 발견한 것이죠. 그래서 그는 이런 현상은 염색체 복제가 아니고서는 설명할 수 없다고 보고 염색체 복제 이론 즉 '고생물다배체화Paleopolyploidy' 이론을 제시했습니다. 고고학적으로 아주 옛날에 생물의 '다배체화polyploidy'가 일어나 유전자가 엄청나게 늘어났고, 이것이 척추동물이 등장하는 데 중요한 역할을 했다고 주장했습니다. 참고로 우리는 이배체diploidy입니다. 다배체화는 식물계에서 많이 일어나는 현상입니다. 동물계에서는 척추동물 진화 과정에서만 발견됩니다. 유전체 전체가 통째로 복제되면 유전자 양이 두 배가 되는 것입니다. 척추동물에서는 염색체의 4배체화

tetraploidization가 두 번 일어났고, 경골어류에서는 유전체 복제가 한 번 더 일어나 3번 일어났습니다. 유전체 복제가 2번 일어나면 유전자의 수는 4배로, 3번 일어나면 8배 증가하게 됩니다. 그러면 경골어류가 인간보다 유전자 수가 더 많겠네요? 그렇지는 않습니다. 유전자들이 복제된 이후 많은 경우에 복제된 만큼 사라지기도 합니다. 실제 유전자 수를 헤아려보면 인간이 경골어류보다 그 수는 조금 더 많습니다.

척추동물에서의 유전자 가족 형성

여기서 척추동물에서 일반적으로 발견되는 유전자 가족 형성에 대해서 말해보겠습니다. 쉽게 말하자면, 하나의 염색체에 지역 복제가 일어난 다음에 염색체 복제가 두 번 일어나면, 하나의 유전자가 8개로 늘어나고 이것이 유전자 가족을 형성하게 됩니다.

하나의 염색체에 지역 복제가 일어난 다음에 염색체 복제가 두 번 일어나면, 하나의 유전자가 8개로 늘어나고 이것이 유전자 가족을 형성하게 됩니다.

그러면 이렇게 복제된 유전자들이 인간 염색체에서 잘 보일까요? 그렇지 않습니다. 사람의 염색체를 들여다보면 많이 복잡합니다. 왜냐하면 척추동물이 출현하고 인간으로 진화하기까지 오랜 시간 동안 염색체 재배열이 무수히 일어났기 때문입니다. HOX 유전자의 경우는 비교적 극단적으로 잘 설명되는 유전자에 속합니다. 옆의 위 그림은 유전자 복제와 염색체 복제가 일어난 후 인간 염색체에서는 어떤 일들이 벌

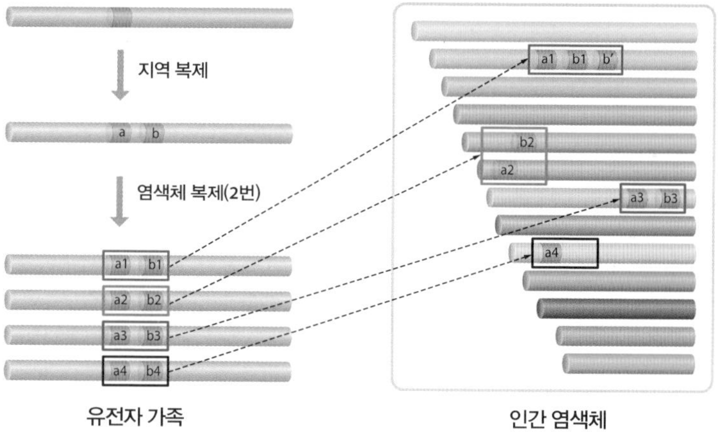

유전자 가족은 유전자 지역 복제와 염색체 복제를 통해 형성된다.

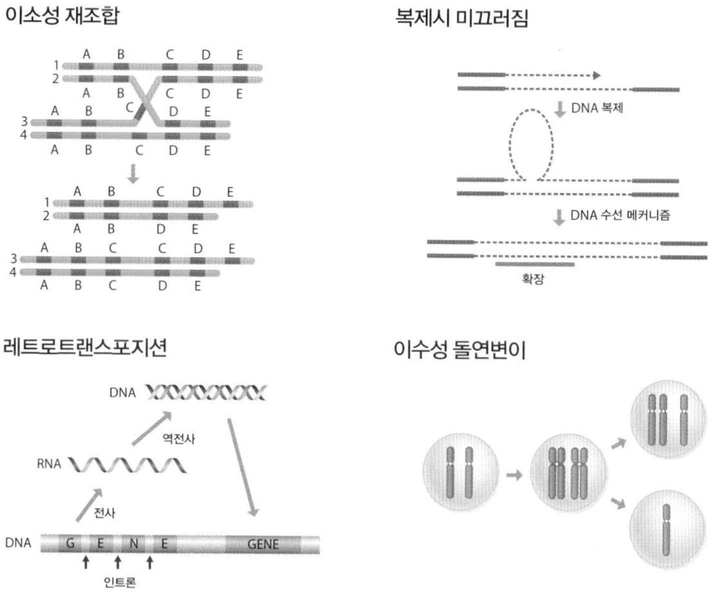

유전자 복제는 이소성 재조합, 레트로트랜스포지션, 이수성 돌연변이 등에 의해 일어난다.

어졌을지를 예를 들어 보여줍니다. (1) 한 염색체에 있던 두 개의 유전자 가운데 하나가 지역 복제를 하는 경우(오른쪽 그림의 2번 염색체), (2) 염색체 간의 재정렬로 유전자가 서로 다른 염색체로 나누어지게 되는 경우(5번, 6번 염색체), (3) 아무런 복제도 일어나지 않은 경우(7번 염색체), (4) 하나의 유전자가 중간에 없어지는 경우(9번 염색체) 등 다양한 현상이 일어납니다. 사람의 경우 네 개의 염색체에 HOX 유전자가 흩어져 있어서 과연 어떻게 진화해왔는지 한눈에 보이지만 다른 유전자 가족의 경우에는 그렇지 않습니다. 하지만 유전자 복제 및 유전체 복제의 원리를 알게 되면 유전자들이 어떻게 자기 가족을 확대해왔는지를 유추할 수 있습니다.

그러면 유전자는 어떻게 복제될까요? 감수분열시 각 부모로부터 온 염색체 간의 비정상적인 교차crossover가 일어나면 한쪽 염색체가 더 많은 유전자를 가지게 되고 결과적으로 특정 유전자가 복제되는 효과가 나타납니다. 이를 이소성 재조합Ectopic Recombination이라고 합니다. 또한 DNA 복제 과정에서 복제 효소가 실수를 하여 염색체의 일부분이 두 번 이상 연속적으로 복제되거나Replication Slippage, RNA 바이러스에서 유래한 역전사효소Reverse transcriptase가 인간이 만든 RNA를 DNA로 전환시키고 이 DNA가 염색체 안으로 끼어 들어가면 이 또한 유전자의 복제를 유도합니다. 이를 레트로트랜스포지션Retrotransposition이라고 합니다. 감수분열시 동일한 수의 염색체가 나누어지지 않아서 생기는 이수성 돌연변이Aneuploidy도 염색체 복제 수준에서의 유전자 복제를 야기합니다. 또한 척추동물 진화 과정에서는 더욱 획기적인 일이 일어났는데, 그것은 앞에서 설명한 것과 같은 염색체의 4배체화tetraploidization입니다.

복제된 유전자의 운명과 진화

그러면 복제가 되어 숫자가 늘어난 유전자는 어떻게 될까요? 여기 복제가 되어 동일한 염기 서열을 가지는 두 유전자가 있다고 가정해보죠. 복제된 두 유전자는 오랜 진화 과정에서 유전자 서열의 변화를 겪을 것이며 궁극적으로는 비슷하지만 서로 다른 염기 서열 및 단백질 서열을 가지게 됩니다. 심각한 수준의 유전자 돌연변이는 대체로 생명체에 해롭기 때문에 중요한 염기 서열은 그대로 보존하려고 합니다. 이를 진화적 선택 압력selective pressure이라 합니다.

궁극적으로 유전자 복제는 유전자 수를 늘림으로써 유전자의 기능 변화 및 새로운 기능 획득을 유도할 수 있고, 이를 통해 생명체의 기능적 다양성과 복잡성을 증가시키는 방향으로 진화를 유도합니다.

하지만 비슷한 유전자가 두 개 있을 때는 상황이 다릅니다. 하나의 유전자는 염기 서열을 보존하되, 다른 하나는 진화적 선택 압력에서 자유롭고 그 염기 서열을 바꾼다 하더라도 생명체의 생존에는 크게 문제가 되지 않습니다. 과정에서 한 유전자의 변화가 심각하게 일어나게 되면, 이 유전자는 우연히 새로운 기능을 가지게 되거나neo-functionalization 혹은 기능을 상실dys-functionalization하여 소실되거나 합니다. 새로운 기능을 가졌을 때 생명 활동에 유리하다면 이 유전자는 살아남아 후대에 전달될 것입니다. 반면 그렇지 않으면 생명체는 살아남지 못하고, 유전자도 소실될 것입니다. 복제된 유전자의 또 다른 운명은 원래 유전자의 기능을 나누어 갖는 것sub-functionalization입니다. 복제된 두 유전자에서

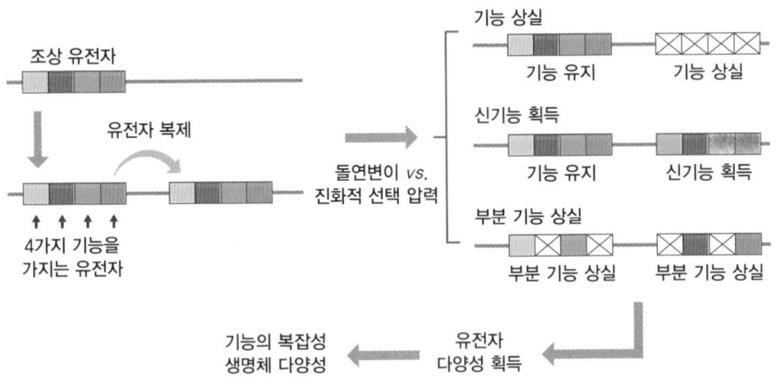

복제된 유전자는 기능을 상실하거나, 새로운 기능을 가지거나, 부분적으로 기능을 상실하는데, 이 유전자가 생명을 유지하는 데 유리하면 살아남아 후대에 전달된다.

비슷한 수준의 돌연변이가 일어나 각각 일부 기능을 상실할 수도 있지만, 두 유전자의 기능의 합이 원래 유전자와 같다면 생명체를 보존할 수 있습니다. 궁극적으로 유전자 복제는 유전자 수를 늘림으로써 유전자의 기능 변화 및 새로운 기능 획득을 유도할 수 있고, 이를 통해 생명체의 기능적 다양성과 복잡성을 증가시키는 방향으로 진화를 유도합니다.

포스트게놈시대에 우리는 무엇을 할 것인가?

그러면 유전자와 유전체의 진화는 우리에게 어떤 의미가 있는 것일까요? 과거와 현재를 아는 것은 앞으로 어떤 일이 벌어질지 예측하는 데 매우 중요합니다. 과학은 자세한 관찰을 통해 패턴과 규칙을 알아내고 예측하는 학문입니다. 그리고 그 예측을 실험으로 증명하는 것이 과학입니다. 2003년 인간유전체프로젝트가 완료되었을 때, 인간

유전자명명위원회는 인간의 유전자가 약 2만 5000개라고 발표했습니다. 2014년의 기준으로는 유전자가 3만 개였습니다. 그 사이 유전자 수는 왜 늘어났을까요? 이는 생물정보학Bioinformatics이 발전하면서 유전체 안에 있는 새로운 유전자 정보를 찾아냈기 때문입니다. 그래서 약 5000개의 새로운 유전자가 지난 10년 사이에 추가로 발견된 것입니다. 그러면 이 유전자 5000개의 기능을 다 알게 되었을까요? 아직은 정확히 모릅니다. 그러면 기능을 어떻게 유추하고 규명할 수 있을까요? 새롭게 발견된 5000개의 유전자도 사실은 어떤 한 가족에서 유래한 것들일 겁니다. 새로운 유전자의 가족 관계를 알게 되면 이 유전자들이 어떤 기능을 할 것인가 유추할 수 있습니다. 새로운 유전자 발견은 여전히 진행 중입니다. 짐작하기로는 몇 천 개 정도는 더 발견될 것으로 보입니다. 따라서 포스트게놈시대에 우리가 할 수 있는 일은 새롭게 발견된 유전자의 기능을 알아내고, 이들의 생물학적 · 의학적 응용 가능성을 찾아내는 것이라고 할 수 있습니다.

G-단백질 연결 수용체

제가 연구하는 분야는 GPCRG protein coupled receptors이라는 세포막 수용체입니다. GPCR은 세포막에 존재하는 막수용체로, 세포막을 일곱 번 통과하는 구조를 가지고 있습니다. 수용체는 어떤 신호전달물질이 올 때 이를 인지하는 단백질을 의미합니다.

생명체에 있어서 GPCR의 기능은 매우 다양하고 중요합니다. GPCR은 생명체와 외부 환경과의 대화뿐만 아니라 생명체 안에서 세포와 세포 간의 대화에도 사용됩니다. 특히 신경계, 내분비계, 면역계

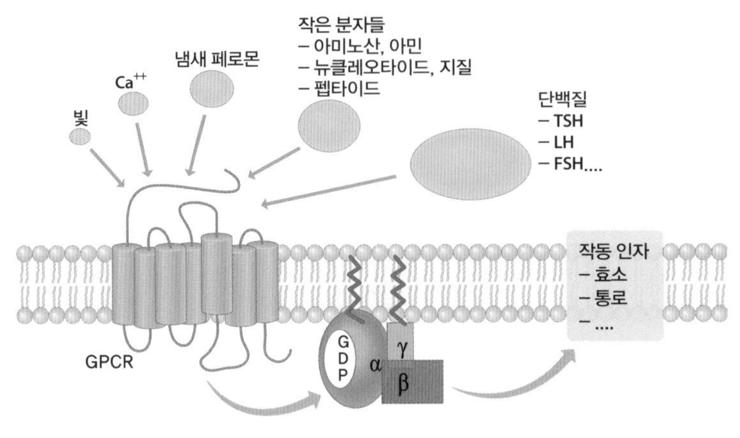

G–단백질 연결 수용체의 구조와 다양한 종류의 리간드

에서의 신호전달에서 중요한 역할을 수행합니다.

GPCR에 작용하여 이를 활성화시키는 물질을 리간드ligand라고 하는데, 이러한 리간드로는 빛, 이온, 냄새 등 여러 가지가 있습니다. 가령 사람의 눈에는 로돕신이라고 하는 GPCR이 있는데, 이 로돕신은 빛을 감지합니다. 사람들이 무척이나 많은 냄새를 구분할 수 있는 것도 450개 정도의 후각olfactory 수용체가 존재하기 때문입니다. 또한 사람 몸안에서는 GPCR 리간드가 만들어져서 세포와 세포 간의 신호를 전달해 줍니다. 이들의 화학성분을 보면 아미노산, 아민, 핵산, 지질, 펩타이드 등으로 되어 있습니다.

G–단백질 연결 수용체의 진화

GPCR은 진화적으로 오래된 단백질 중 하나로, 세포 간 신호전달 혹

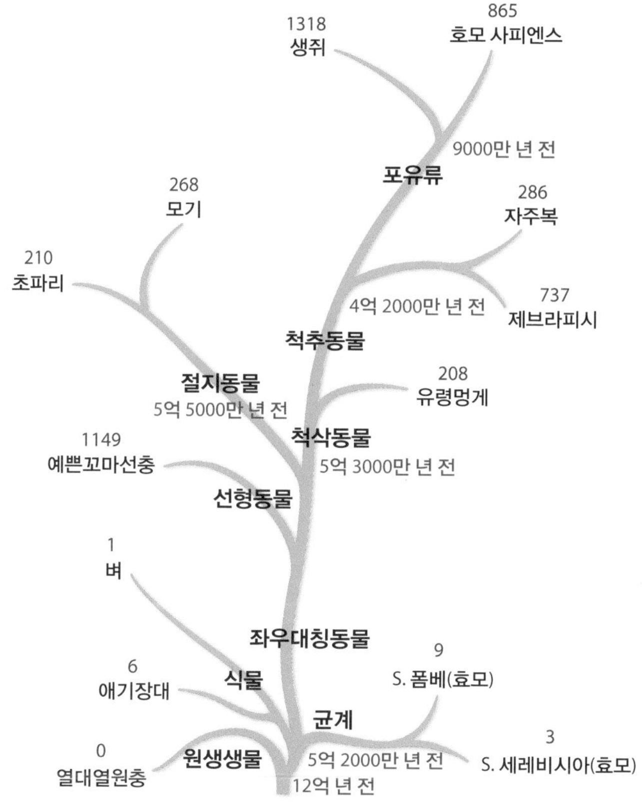

G-단백질 연결 수용체의 진화를 보여주는 생명의 나무

은 생명체와 외부 환경과의 대화에 사용되어온 단백질입니다. 세균(박테리아)에도 GPCR과 유사한 단백질이 있는데, 그것은 외부 환경에 반응하는 이온통로로 사용되고 있습니다. 다세포 동물이 되면 GPCR은 더욱 다양한 기능을 수행합니다. 따라서 진화가 거듭될수록 GPCR의 숫자는 많아집니다. 사람의 경우 865종의 GPCR이 있습니다. 3만 개의 인간 유전자 가운데에 800개 이상이 GPCR이니, 아주 큰 대가족입니다. 마우스의 경우 GPCR이 약 1300개입니다. 마우스는 후각 수용체 GPCR의 수가 사람보다 훨씬 많기 때문입니다. 사람의 후각 수용체는 400개 정도인데, 마우스는 800개에 달합니다. 후각 수용체가 더 많으니 마우스가 사람보다 냄새를 훨씬 잘 맡겠죠? GPCR은 효모, 예쁜꼬마선충, 초파리 등에도 있습니다.

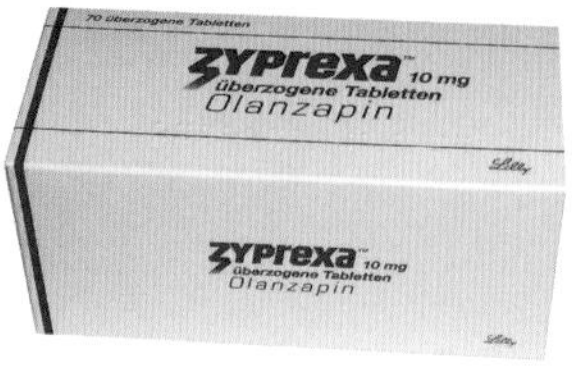

ZyPREXA는 GPCR을 표적으로 하는 약이다.

GPCR은 세포와 세포 간의 신호전달에 매우 중요합니다. 이러한 신호전달 체계에 이상이 생기면 질병이 생깁니다. 현재까지 개발된 약물 중 약 40%는 GPCR을 표적으로 하고 있습니다. 예를 들어, ZyPREXA는 세로토닌 수용체를 조절해주는 약품입니다. 2004년 기준으로 ZyPREXA를 만드는 제약회사는 한 해에 4000만 달러(한화로 약 4조)에 달하는 수입을 벌어들였다고 합니다. 이것만 봐도 GPCR이 얼마나 중요한 약물 표적인지 짐작할 수 있을 것입니다. 새로운 약물 개발은 국가 경제에 커다란 영향을 미칩니다. 실제로 스웨덴의 아스트라제네카AstraZeneca라는 유명한 제약회사의 수입이 스웨덴 전체 수입의 30%를 차지했던 적도 있습니다. 그만큼 생명과학계의 신약 개발은 국가와 개인의 부를 창출하는 데 아주 효과적인 방법 중 하나인 거죠.

인간 GPCR 계통수와 고아 GPCR

GPCR 계통수에 대해서 좀 더 자세히 알아볼까요? 옆의 계통수는

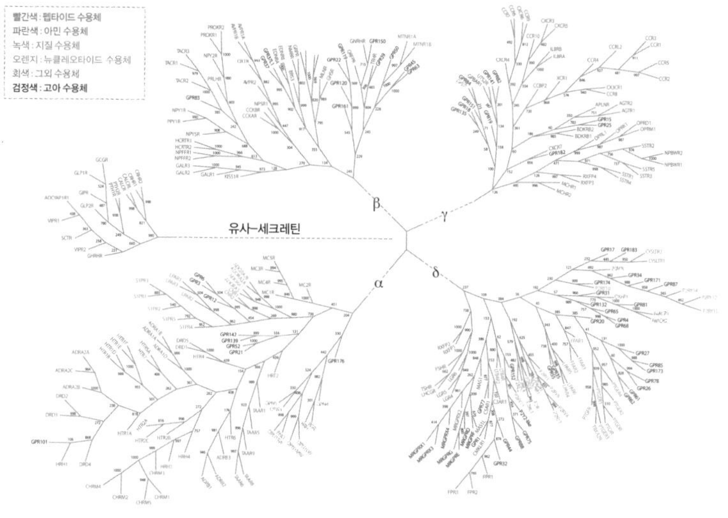

인간의 GPCR 계통수

사람의 865종의 GPCR 중에서 중요한 것들만 모아서 그린 것입니다. 꽤 복잡해 보이는 이 계통수를 들여다보면, 이들도 가족끼리 서로 가깝게 있는 것을 볼 수 있습니다. 펩타이드를 주요 리간드로 쓰는 것들은 빨간색으로, 아민을 주요 리간드로 쓰는 것들은 파란색으로, 지질lipid을 주요 리간드로 쓰는 것들은 녹색으로 표시해놓았는데, 서로 가까이 위치하고 있는 것을 볼 수 있습니다. 멀리 떨어져 있는 것들도 있는데, 이들은 진화적으로 매우 오래전에 분화했기 때문입니다.

여기서 잠깐 눈여겨볼 것은 검정색으로 표시한 고아 수용체orphan receptor입니다. 고아 수용체는 아직까지 리간드가 무엇인지 모르는 것들입니다. 앞에서도 설명했듯이 GPCR은 매우 중요한 약물 표적입니다. 그래서 고아 GPCR의 리간드를 알게 되면, 그것을 이용해 신약을 이러한 계통수 분석만으로 어떤 종류의 리간드가 고아 GPCR에 작용할 것인지를 유추할 수 있습니다. 이것이 바로 생물정보학의 힘입니다.

개발할 수 있습니다. 인간유전체프로젝트에 의해 새로운 유전자들이 발견되고 있고, 아직도 그 기능이 알려지지 않은 것들이 꽤 있습니다. 여기에서 조금 더 자세히 보면, 검정색으로 표시된 고아 수용체 근처에 빨간색 수용체들이 많이 보이는데, 이는 이 고아 GPCR에 작용하는 물질이 펩타이드일 가능성이 높다는 것을 시사합니다. 따라서 이러한 계통수 분석만으로 어떤 종류의 리간드가 고아 GPCR에 작용할 것인지를 유추할 수 있습니다. 이것이 바로 생물정보학의 힘입니다. 빨간색 수용체 주변에 고아 수용체가 있다고 한다면, 이 고아 수용체에 작용하는 펩타이드 유전자가 있을 가능성이 높습니다. 그러면 어떻게 고아 수용체에 작용하는 펩타이드 유전자를 찾을 수 있을까요?

신규 펩타이드 유전자 발굴을 위한 생물정보학

잠시, 생물정보학을 이용해서 인간 게놈에 존재하는 새로운 펩타이드 유전자를 찾아보도록 하겠습니다. 새로운 펩타이드 유전자를 찾으려면, 펩타이드 유전자가 가지는 특징을 이해해야 합니다. 펩타이드들은 세포 밖으로 분비되어야 하기 때문에 모두 단백질 앞부분에 신호펩타이드를 갖고 있습니다. 그리고 성숙된 펩타이드Mature peptide로서 역할을 하는 중요한 부분은 동물별로 아주 약간의 차이가 있기는 하지만 아미노산 서열이 잘 보존되어 있습니다. 따라서 이러한 특징들을 이용하여 새로운 유전자를 찾을 수 있습니다.

새로운 펩타이드 유전자를 찾으려면 그에 맞는 소프트웨어 분석프로그램을 잘 사용하여야 합니다. 이 부분은 너무 전문적인 분야이고, 다양한 소프트웨어를 사용하여야 하기에 여기서는 간단하게 개념도 정도로만 소개하도록 하겠습니다.

우선 앙상블게놈 데이터베이스http://asia.ensembl.org/index.html에서 인간의 모든 유전자들을 전부 다운로드받을 수 있습니다. 이러한 데이터를 신호펩타이드 서열의 존재 여부를 판명해주는 SignalP 프로그램http://www.cbs.dtu.dk/services/SignalP에 넣어준 다음, 분석 명령을 내립니다. 이런 식으로 SignalP 프로그램을 이용하여 신호펩타이드 서열이 있는 유전자만을 모을 수 있습니다. 이렇게 분석된 유전자군을 '세크리톰secretome'이라 합니다. 이 유전자군을 Uniprot 데이터베이스http://www.uniprot.org/uniprot에서 분석하여 기능이 알려진 유전자와 새롭게 발견된 유전자군Uncharacterized으로 분류합니다. 새롭게 발견된 유전자군은 다시 앙상블게놈 데이터베이스를 이용하여 인간과 척추동물에서 발견되는 유전자의 아미노산 서열을 찾아내고, 이들의 아미노산 서열 간의 비교 분석을 MUSCLEhttp://www.ebi.ac.uk/Tools/msa/muscle 프로그램을 이용하여 수행합니다. 척추동물 유전자 간의 비교 분석을 통해 신경펩타이드에서 나타나는 전형적인 아미노산 서열이 관찰되면 이는 신경펩타이드 유전자일 가능성이 매우 높습니다.

현재 광범위하게 사용되고 있는 게놈브라우저에 대해 조금 더 설명드리겠습니다. 인간유전체프로젝트 이후 수백 종의 동식물 유전체 정보가 공개되고 있습니다. 유럽의 유전자 정보 은행인 앙상블게놈 데이터베이스에는 현재 약 70종의 무척추 및 척추동물에 대한 유전자 및 유

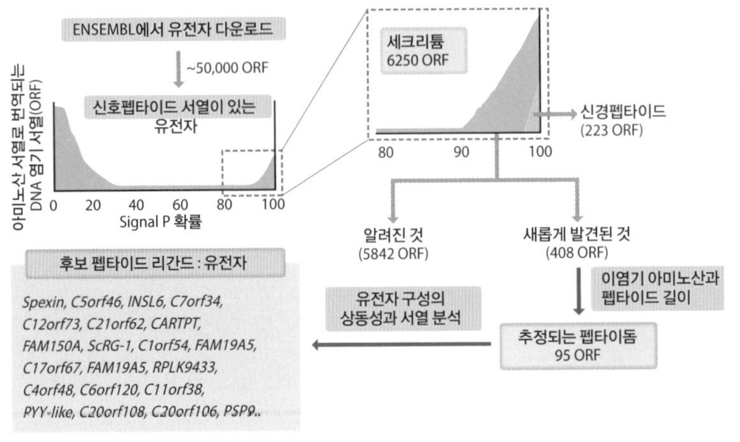

유전자 구성의 상동성과 서열 분석

전체 정보가 체계적으로 관리되고 있습니다. 미국의 NCBI 데이터베이스http://blast.ncbi.nlm.nih.gov/Blast.cgi에는 동물, 식물, 미생물 합하여 234종에 대한 유전체 정보가 올려져 있습니다.

유전체프로젝트 이후, 생물정보학적 방법을 이용하여 새로운 유전자를 찾는 연구와 각 동물 종에서의 유전체 비교를 통해 유전자와 유전체 진화의 메커니즘을 규명하는 연구들이 활발히 진행되고 있습니다. 특히 현재 존재하는 유전체 정보를 재조합해서 척추동물을 발생하게끔 유도한 조상 유전체의 재구성에도 괄목할 만한 성장을 이루고 있습니다. 유전체 진화의 메커니즘을 연구하는 것은 그 먼 과거에 어떤 일이 있었는가를 밝히는 것뿐만 아니라, 현재 밝혀지지 않은 유전자를 찾아내고 이들의 기능을 유추하는 데도 중요한 정보를 제공합니다. 새로운 유전자를 찾아 이들의 기능을 연구하는 것은 앞으로 생명과학이 가야 할 중요한 부분 중의 하나입니다.

Q **쥐는 후각 수용체가 발달했다고 하셨는데, 만약에 쥐처럼 특정 감각이 뛰어난 개체는 그만큼 그 감각에 대한 GPCR이 발달하는지요?**

A 그런 경향이 있지만 반대로 얘기할 수도 있습니다. 쥐는 후각이 뛰어나기 때문에 후각 수용체가 많은 게 아니라, 후각 수용체가 많기 때문에 후각 기능이 뛰어나게 되는 것입니다. 그리고 그것이 생명체 보전에 유리하기 때문에 살아남게 된 것입니다. 사실 생명체는 의도적으로 유전자를 늘리는 것이 아니라, 이미 유전자가 스스로 복제를 통해 많은 유전자 가족을 형성하고, 이때 이러한 유전자 가족을 가진 생명체가 자연선택 과정에서 살아남게 되면 그 유전자도 보전이 될 수 있습니다.

Q **염색체 복제를 하는 것은 돌연변이를 통해서 새로운 기능을 얻어 진화하려고 하기 때문인가요?**

A 그렇습니다. 이기적인 유전자는 유전자 혹은 염색체 복제를 꾀합니다. 유전자는 스스로 계속 복제하여 유전자와 염색체의 수를 늘립니다. 이 유전자와 염색체를 가진 생명체가 자연선택과정에서 환경에 유리하면 살아남고 불리하면 없어집니다. 살아남게 되면 우리는 그 생명체에 존재하는 유전자를 확인할 수 있게 되는 것이지요. 결국 우리는 살아남은 생명체의 유전자만 확인할 수 있게 되는 것입니다. 이렇게 복제된 유전자들 중에 일부 돌연변이가 일어나 새로운 기능을 얻게 됨에 따라 생명체는 다양성을 유지하게 되었습니다.

Q **유전자가 계속 진화될수록 계통수가 많아진다고 들었는데, 인간의 경우 종이 생긴 지 꽤 오래됐는데도 인간 돌연변이의 수는 많지 않은 것 같습니다. 왜 그런 것인가요?**

A 현존하는 인간*Homo sapiens*은 약 40~25만 년 전에 출연했을 것으로 생각됩니다. 최초의 생명체가 39억 년 전에 생겼다고 하니 진화 역사로 보면 매우 짧은 기간입니다. 최초의 호모속genus Homo에 속하는 인류*Homo habilis*는 280만 년 전에 출연했을 것으로 추정되고, 돌연변이 과정을 거쳐 수많은 호모속 인류가 출연했으나 모두 자연선택 과정에서 사라진 것으로 보입니다. 호모 사피엔스도 그 많은 돌연변이 중에 하나였겠지요. 그런데 인간으로부터 종으로 분화할 정도의 새로운 돌연변이는 나오지 않았습니다. 오히려 인간은 호모속에 있는 다른 인류를 모두 제거하고 살아남았습니다. 돌연변이 중에서 살아남은 돌연변이만 표현형으로 나오는 것입니다. 돌연변이가 생기면 대부분 생명체에 불리하지만, 특정 환경에서 돌연변이 유전자가 유리할 경우 돌연변이 유전자가 살아남게 됩니다. 그러나 돌연변이가 생긴다고 해서 새로운 종이 만들어지지는 않습니다. 오랜 기간 동안 여러 유전자에서 돌연변이가 생기고 지역적으로 고립될 때 새로운 종이 만들어질 수 있습니다. 그런데 새로운 종이 나타나기엔 40만 년이라는 기간은 충분하지 않을 수 있습니다. 40만 년이 충분할 수도 있지만, 인간이 다른 인류의 종을 없앤 것처럼 새로운 돌연변이를 허용하지 않을 수도 있겠지요.

Q **인간유전체프로젝트로 인간의 DNA 염기 서열이 다 밝혀졌는데요, 실제로 이 정보를 이용한 질병 치료는 어디까지 이루어졌는지 궁금합니다.**

A 실제로 인간유전체프로젝트가 진행되면서, 질병과 관련된 유전자들을 많이 알게 되었습니다. 또한 특정 유전자의 경우 유전자에 돌연변이가 생기면 어떤 질병에 걸리는지 알게 되었습니다. 최근에는 200~500만 원이면 한 사람의 DNA 염기 서열을 전부 밝힐 수 있을 만큼, 염기 서열 분석 비용이 낮아졌습니다. 시간이 더 흐르면 100만 원 이하로 염기 서열 분석을 할 수 있게 될 것입니다. 이렇게 되면 개인별 유전체에 따라 질병을 치료하게 될 것입니다. 현재 문제를 많이 일으키는 유전자, 질병을 유도하는 유전자, 돌연변이 등에 대한 연구가 한창 진행 중입니다. 유전자 정보에 대한 지식이 더 깊어지면 여러 가지 질병에 대한 치료 방법도 더 정교하고 다양해질 것입니다.

Q **만약 HOX 유전자가 복제되는 과정에서 이상이 생기면 인간이 개체로서 성장할 수가 없는 건가요?**

A 대체로 그렇습니다. 그런데 다행히 HOX 유전자와 관련한 염색체 복제가 두 번 있었습니다. 실제로는 14개가 있었는데, 14개의 4배인 56개가 아니라 39개만 있습니다. 나머지 유전자는 없어진 거죠. 이렇게 복제되면 생명체에 유리하게 작용하는데, 하나의 유전자가 없어져도 다른 유전자가 그 기능을 대신할 수 있기 때문입니다. 물론 아주 치명적일 수도 있겠지만, 유전자들은 사촌들이 많아서 문제가 생기면 그것을 다시 보상해주는 체계가 있어서 살 수도 있습니다.

세포 안의 RNA 우주

정선주 · 단국대학교 대학원 생명융합공학과 교수

서울대학교에서 분자세포생물학을 공부하고, 미국 유타대학교에서 생화학 박사학위를 받았다. 미국 스탠퍼드대학교 의과대학 연구원, 서울대학교 유전공학연구소 연구원을 거쳐, 현재 단국대학교 대학원 생명융합공학과 교수로 재직 중이다. 연구과제가 국가연구개발 우수성과(2007)와 학술진흥재단 우수성과(2007)로 선정되었고, 로레알-유네스코 여성생명과학상 학술진흥상(2014)과 범은학술상 특별상(2014)을 수상하였다. BK21 사업팀장과 국가지정연구실 책임교수를 거쳐, 현재는 삼성미래기술육성재단 과제책임교수로서 연구와 교육에 매진하고 있다. 세포 내 RNA의 기능 연구, 암과 연관한 RNA 발굴과 치료 전략 연구로 분자세포생물학에 기반한 질환 극복의 방향을 제시하고자 한다. 저서로는 『분자세포생물학(공저)』과 『세상을 향해 별을 쏘다(공저)』가 있고, 역서로는 『필수세포생물학(공역)』과 『분자생물학(공역)』이 있다.

세포 안에는 작은 우주가 있습니다. 세포 안의 우주라니, 궁금하지 않으신가요? 그 우주는 바로 RNA 우주입니다.

RNA 우주에 대해 얘기하자면, 먼저 분자생물학의 중심 원리Central Dogma나 RNA 세계 이론RNA World Theory과 같은 기본적인 것을 먼저 설명해야 할 것 같습니다. '분자생물학의 중심 원리(센트럴 도그마)'는 어떻게 유전자가 발현되는지를 설명해주는 이론이고, 'RNA 세계 이론'은 RNA만으로 구성된 생명체가 생명의 기원이라고 제안하는 가설인데, 바로 이어서 자세히 살펴보도록 하겠습니다. 그리고 현재까지도, 마치 우주가 팽창하듯, 세포 안의 많은 RNA가 팽창하고 있다는 얘기도 소개해드리겠습니다.

분자생물학의 중심 원리란 무엇인가?

분자생물학의 중심 원리라는 단어를 처음으로 쓴 사람은 프랜시스 크릭Francis Crick입니다. 그는 제임스 왓슨과 함께 DNA의 이중나선 구조를 최초로 밝혀 노벨 생리의학상(1962)을 수상한 과학자입니다. 크릭은 DNA의 구조만 연구한 것이 아니라, DNA, RNA, 단백질과의 관계를 보여주는 '분자생물학의 중심 원리'를 제안하기도 했습니다.

세포 안에는 유전 정보를 담고 있는 DNA가 있습니다. DNA의 다양한 유전자 정보는 여러 종류의 단백질로 만들어져야 제대로 기능할 수 있습니다. 효소 기능을 하거나 세포의 모양을 만들어주거나 세포 간 커뮤니케이션을 하거나 하는, 세포의 모든 기능들은 대부분 단백질이 있어야 작동합니다. 그런데 DNA에서 바로 단백질이 만들어지지는 않습니다. 중간에 RNA라는 물질이 만들어져야 단백질이 만들어집니다. 즉

'분자생물학의 중심원리(센트럴 도그마)'를 제안한 프랜시스 크릭

http://www.youtube.com/watch?v=-ygpqVr7_xs
분자생물학의 중심 원리를 설명하는 유튜브 동영상

'분자생물학의 중심 원리'는 DNA로부터 RNA가 만들어지고, RNA로부터 단백질이 만들어진다는 이론입니다. 다른 말로 하자면, DNA 유전 정보는 RNA로 '전사Transcription'되고, RNA 정보는 단백질로 '번역Translation'됩니다.

그럼, 유전 정보가 어떻게 단백질 합성으로 이어지는지, 좀더 자세히 들여다볼까요? 세포 속에는 핵이 있습니다. 핵 속으로 들어가보면, DNA가 히스톤 단백질에 둘러 쌓인 염색체 형태로 구성되어 있습니다. 자세히 보면 염색체가 아주 많이 뭉쳐져 있는 부분과 비교적 느슨하게 노출되어 있는 부분을 볼 수 있습니다. 일반적으로 유전자의 전사가 일어나는 곳은 바로 이렇게 DNA가 노출되어 있는 부분입니다. DNA 전사는, 정찰대 역할을 하는 단백질이 먼저 돌아다니다가 '여기가 전사될 곳'이라는 신호를 가진 특정 DNA 부위에 안착하면서 시작됩니다. 정찰대는 다양한 종류의 여러 단백질들을 끌고 오기 때문에,

정찰대가 DNA에 붙으면 단백질 복합체가 형성됩니다. 이렇게 단백질들이 합체하기 시작하면 전사의 핵심 집행자인 RNA 중합효소RNA Polymerase가 와서 결합합니다. 그럼 이제 전사를 시작할 준비가 된 것입니다. RNA 중합효소는 이중나선을 풀어주고 트랜스포머처럼 모양을 바꾸면서 DNA 중 한쪽 가닥만 전사합니다. RNA 중합효소에 조그만 뉴클레오티드 단위체들이 들어와서 연결되면서 RNA 고분자가 만들어집니다. RNA 중합효소는 비교적 큰 단백질인데 그중 기다란 꼬리 부분이 중요한 역할을 합니다. 여기에 여러 가지 기능을 가진 단백질들이 결합하여 RNA 중합효소가 새로 만들어낸 RNA를 전사하면서 동시에 가공하는 RNA 프로세싱RNA Processing을 합니다. 먼저, 새로 만들어진 RNA 분자(전사체)의 제일 앞부분에 5' cap이라는 모자를 씌워줍니다. 또한 전사와 함께 스플라이싱Splicing을 진행해 전사체 RNA를 중간에 잘라내고 붙입니다. 전사체 RNA 중에서 잘리는 부분을 인트론Intron이라고 하고, 남는 부분을 엑손Exon이라고 합니다. 이렇게 스플라이싱이 된 RNA는 엑손들로 연결되며, 끝부분에 여러 개의 아데닌이 기다란 꼬리poly A tail처럼 붙게 됩니다. 이렇게 잘 가공된 RNA는 한쪽 끝엔 모자를 쓰고, 다른 한쪽 끝엔 긴 꼬리를 가진 안정적인 형태의 mRNA전령 RNA, messenger RNA가 됩니다. 이 mRNA는 핵공을 통해 핵을 빠져나가 세포질로 나가서 '번역'이라는 과정을 통하여 단백질로 전환됩니다.

mRNA가 세포질로 이동하면, RNA의 모자를 인식하는 단백질과 아데닌 꼬리를 인식하는 단백질이 결합하여 mRNA의 양 끝을 연결하면서 번역을 준비합니다. 여기에 리보솜Ribosome 단백질 합성 공장이 결합하여 아미노산을 연결하는 번역 과정을 수행합니다. 이 과정은 뉴클레오티드 언어가 아미노산 언어로 전환되기 때문에 번역이라고 합니다. 여기에는 tRNA운반 RNA, transfer RNA가 중요한 역할을 합니다. tRNA는 뉴클레오티드와 아미노산이라는 두 종류의 다른 화학 언어를 연결시킨 형태로 되어 있는데, 이런 tRNA가 mRNA의 3개 뉴클레오티드 암호에 대응하는 아미노산을 단백질 합성공장인 리보솜으로 운반해옵니다. 즉 tRNA가 mRNA의 3염기 조합에 대응하는 아미노산을 운반하는 것입니다. 리보솜은 tRNA가 운반한 아미노산을 펩타이드 결합으로 연결시켜 단백질을 만드는 데 적절한 구조를 가지고 있습니다. 덕분에 tRNA는 이런 방식으로 펩타이드 결합을 계속 반복해서 만들 수 있으며, 이렇게 리보솜에서 mRNA가 단백질 고분자로 전환됩니다. 운반자로서의 역할을 끝낸 tRNA는 리보솜 밖으로 나가는 과정을 반복하고, 마지막에는 리보솜도 mRNA에서 떨어져나갑니다. '번역'이 끝나는 거죠. 이제 새로 만들어진 단백질은 세포 내 적절한 곳에 가서 각자에게 맞겨진 기능을 수행합니다.

이렇게 DNA에서 '전사'를 통해 mRNA가 만들어지고, mRNA에서 '번역'을 통해 단백질이 만들어지는 원리가 바로 '분자생물학의 중심 원리(센트럴 도그마)'입니다.

RNA란 무엇인가

그렇다면, 앞에서 설명한 여러 종류의 RNA를 좀 더 자세히 공부해볼까요? 세포 내의 RNA는 종류가 다양합니다. 우리는 이미 두 종류의 RNA를 만났습니다. mRNA(전령 RNA)는 전사 과정에서 DNA의 유전 정보를 받아 단백질 합성 정보를 전달하는 물질이며, tRNA(운반 RNA)는 mRNA의 코돈에 맞는 아미노산을 리보솜으로 운반하는 물질

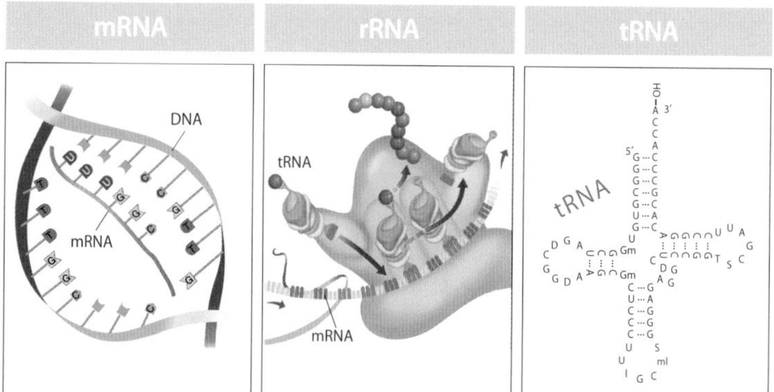

핵 안에 있는 DNA의 유전 정보를 세포질 안의 리보솜에 전달하는 RNA이다.	리보솜을 구성하고 있는 RNA이다. 세포의 전 RNA의 80%를 차지한다.	단백질 합성시 상보적인 안티코돈을 가지고 있어 mRNA에 해당 아미노산을 운반해 주는 RNA이다.

입니다. 여기서 코돈이란 mRNA에서 3개의 염기로 이루어진 유전 암호를 말합니다. 리보솜에서는 rRNA리보솜 RNA, ribosomal RNA와 같은 RNA가 있는데, 세포에 있는 RNA 중에 약 80%는 rRNA일 정도로 그 수가 많습니다. 이에 대해서는 다시 설명하겠습니다.

RNA는 DNA와 화학적으로 매우 비슷한 핵산nucleic acid입니다. 우선 공통점부터 찾아보죠. RNA와 DNA는 단위체가 뉴클레오티드입니다. 뉴클레오티드는 5탄당, 염기, 인산이라는 3개의 다른 화학적인 요소가 합쳐진 분자입니다. 또 RNA와 DNA는 여러 개가 합쳐져 있는 중합체polymer로, 고분자입니다. 다시 말해, RNA와 DNA는 뉴클레오티드로 구성된 고분자 핵산입니다.

그러면 차이점을 찾아볼까요? 우선, RNA는 5탄당의 리보스의 2번 위치에 수산기-OH가 붙어 있지만 DNA는 5탄당의 리보스의 2번 위치에 산소가 없습니다. 그래서 DNA는 산소가 없다는 뜻의 'deoxy-'가

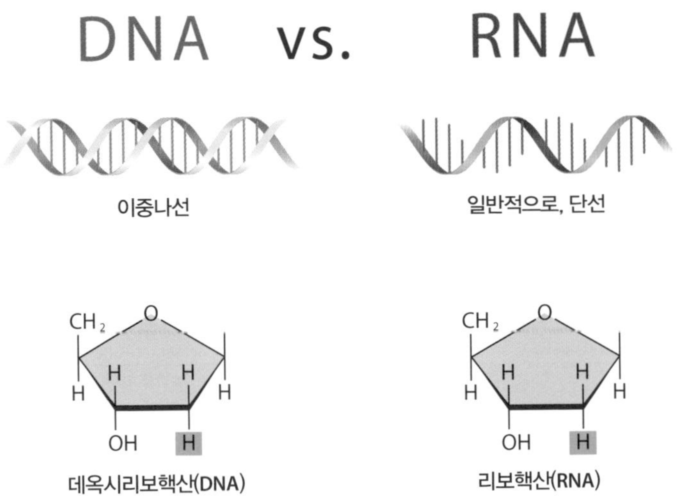

DNA와 RNA의 차이

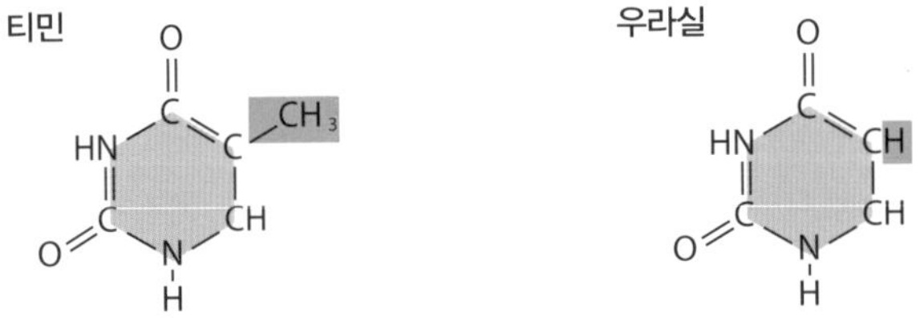

DNA는 아데닌(A), 사이토신(C), 구아닌(G), 티민(T)이라는 염기를, RNA는 아데닌(A), 사이토신(C), 구아닌(G), 우라실(U)이라는 염기를 가진다.

붙어 '데옥시리보핵산Deoxyribo Nucleic Acid', DNA라고 불립니다.

또 다른 큰 차이는 구조적으로 보았을 때 DNA는 이중나선 구조를 하고 있지만, RNA는 단선 구조를 하고 있다는 것입니다. DNA의 두 개의 나선은 수소결합을 한 염기쌍으로 이루어져 있는데, DNA의 이중나선이 풀리면 그중 한쪽 선만을 복사한 RNA가 만들어집니다. 염기 구성에서도 차이를 보입니다. DNA는 A, C, G, T라는 염기를 가졌지만, RNA는 A, C, G, U라는 염기를 가졌습니다. T(티민) 대신 U(우라실)가 있는 것이죠.

RNA 세계 가설

그러면 우리는 왜 RNA에 관심을 가져야 할까요? RNA는 생명의 기원과 관련이 깊습니다. 도대체 어떤 관계가 있는지, 생명체가 이제 막 생겨나려고 하는 먼 옛날 지구로 거슬러 올라가볼까요?

현재 지구 상에 존재하는 생명체는 모든 세포에 DNA, RNA, 단백질이 있습니다. 그런데 어떻게 원시 지구라는 극한 상황에서 DNA, RNA, 단백질이라는 복잡한 고분자가 생겨 생명체가 되었을까요? 더욱이 생명이 연속적으로 전달되려면 유전 정보를 가진 DNA가 복제DNA Replication될 수 있어야 합니다. 한 개의 DNA가 두 개로 복사되어야 하는데, 이렇게 DNA가 복제되려면 단백질이 필요합니다. 여러 종류가 필요한데, 그중에서 가장 중요한 것은 DNA를 복사하는 DNA 중합효소DNA Polymerase라는 단백질 효소입니다. 이러한 상황이니 원시 지구와 같은 극한 상황에서 DNA와 단백질, 이 두 가지 복잡한 분자들이 생겨서 생물체가 되기는 쉽지 않아 보입니다. 어쩌면 단 한 종류의 분

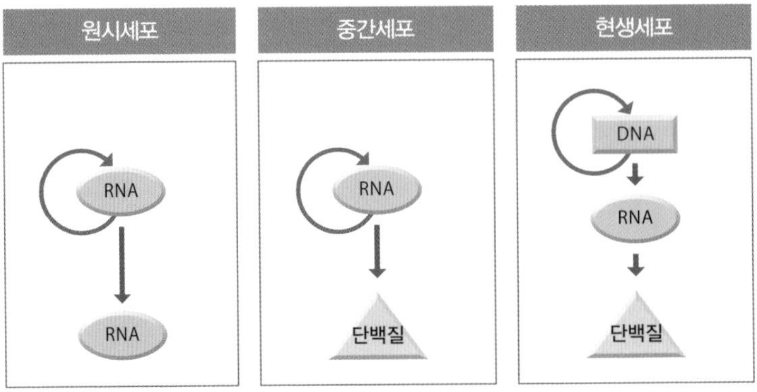

RNA 세계 가설은 RNA가 단백질처럼 효소로 작용할 수 있으므로 DNA나 단백질의 효소 없이도 복제가 가능했을 것이라고 주장한다. 그리고 시간이 흘러, 아마도 중간 어느 단계에서, RNA 효소 기능은 좀더 효율적인 단백질로 이양되었을 것이라고 추측한다.

자만으로 생명체가 생기는 것이 훨씬 가능한 시나리오가 아닐까요? 그러면 원시 지구에 생명의 기원이 되는 단 하나의 분자가 있다면, 그것은 DNA였을까요, 단백질이었을까요? 아니면 RNA였을까요? 참으로 풀기 어려운 문제입니다.

RNA 세계 가설RNA World Hypothesis을 제시하는 과학자들은 RNA라는 물질이 처음 만들어졌을 것이라고 주장합니다. 그들은 RNA의 어떤 측면을 보고 이와 같은 주장을 하는 것일까요? 우선 RNA는 DNA처럼 유전 정보를 갖고 있습니다. 뉴클레오타이드의 순서가 바로 유전 정보입니다. 그리고 이렇게 유전 정보를 갖고 있기 때문에 DNA 역할을 할 수 있습니다. 그 다음으로 RNA는 단백질처럼 효소Enzyme 기능을 할 수 있습니다. 단백질의 기능 중 가장 중요한 기능이 효소 기능이죠. 그리고 RNA는 스스로 복제할 수 있습니다. DNA가 단백질의 도움을 받아 복제하듯이 말입니다.

RNA 세계 가설은 RNA가 원시 지구에서 혼자서 DNA처럼 복제도 하고 단백질처럼 효소 역할도 했을 것이라고 제안합니다. 그리고 시간이 흘러, 아마도 중간의 어느 단계에서, RNA의 효소 기능은 좀더 효율적인 단백질로 이양되었을 것이라고 추측하고 있습니다. 단백질이 RNA보다 효소 기능이 우월하여 RNA를 대체하였을 것이라고 보는 것입니다.

원시 지구에 생명의 기원이 되는 단 하나의 분자가 있다면, 그것은 DNA였을까요, 단백질이었을까요? 아니면 RNA였을까요? 참으로 풀기 어려운 문제입니다. RNA 세계 가설을 제시하는 과학자들은 RNA라는 물질이 처음 만들어졌을 것이라고 주장합니다.

이 가설은 제기된 지 약 50년 정도 됐습니다. 이론적으로는 그럴 듯하지만, 가설을 세우는 것과 가설을 증명하는 것에는 큰 차이가 있습니다. 이 가설이 증명되려면, RNA가 RNA로 복제될 수 있어야 하고 효소로서의 기능을 할 수 있어야 합니다. 더 나아가 단백질 합성도 할 수 있어야 하며, 그 다음으로 DNA도 만들 수 있어야 합니다. 그리고 또 나중에 세포가 될 수 있어야 합니다.

그러면 왜 DNA나 단백질은 아닐까요? 왜냐하면 DNA는 단백질 없이는 복제할 수 없고, 단백질은 가장 먼저 생긴 물질이라고 하기엔 너무 복잡한 물질이며 스스로 복제할 방법이 거의 없기 때문입니다. 그럼, 이제 RNA 세계 가설이 여러 가지 실험적 증거에 기반하여 이론Theory으로 인정받은 과정을 한번 살펴볼까요?

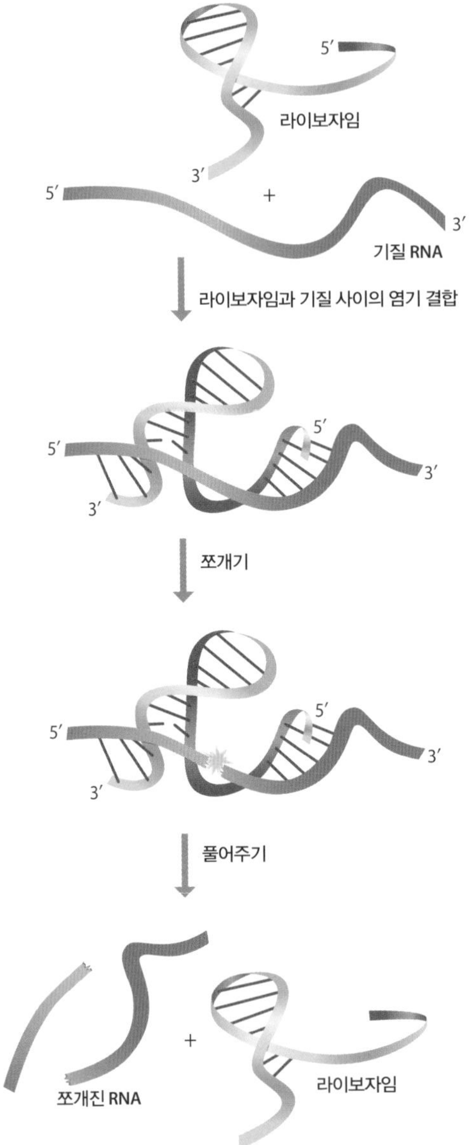

토머스 체크 박사 연구팀은 원시생물체의 특정 RNA, 즉 라이보자임이 마치 단백질 효소처럼 다른 RNA를 자르고 붙이는 것을 발견했다.

RNA 세계 가설이 등장한 지 20년 정도 지났을 무렵, 1980년대 초 테트라하이미나Tetrahymena라는 원생동물을 연구하던 미국 콜로라도대학교의 토머스 체크Thomas Cech 박사 연구팀에서 재미난 현상을 한 가지 발견했습니다. 이 원시생물체의 어떤 RNA가 다른 RNA를 자르고 붙였던 것이었습니다. 자르고 붙이는 것은 단백질 효소의 대표적인 기능 중 하나입니다. 그러니까 RNA가 단백질처럼 효소로 작용해 다른 RNA를 자르고 붙이는 것을 처음으로 발견한 것입니다. 현재 지구 상에 존재하는 진핵생물의 경우, RNA의 인트론을 잘라내고 엑손을 붙이는 스플라이싱 과정에는 스플라이소좀Spliceosome이라고 하는 단백질 복합체가 작용합니다. 그런데 이 원생동물의 세포에서는 RNA가 스스로 RNA를 자르고 붙였습니다. 그래서 이 RNA에는 처음에 '셀프 스플라이싱 RNA'라는 이름이 붙여졌습니다. 이후 스스로 효소로 작용해 RNA를 잘라냈기 때문에 RNA와 효소enzyme라는 단어가 합쳐서 '라이보자임Ribozyme'이라 명명되었습니다.

이런 부단한 연구자들의 노력에 덕분에 월터 길버트(1980년 노벨 화학상 수상자)는 1986년 토머스 체크 박사의 '라이보자임' 발견을 기점으로 "생명의 기원은 RNA 세계로부터"라는 RNA 세계 이론을 주장하기 시작했습니다. RNA가 효소로 작용할 수 있으므로 DNA나 단백질 효소 없이도 복제가 가능할 것이라는 예측이 뒤따랐고, 이것에 힘입어 RNA 세계 가설이 이론의 반열에 오르기 시작한 것입니다.

RNA의 중요성이 날로 부각됨에 따라, 토머스 체크 박사는 RNA의 효소 기능 연구로 노벨 화학상(1989)을 수상했습니다. 그리고 다른 종류의 RNA에서 비슷한 기능을 하는 분자를 발견한 예일대학교의 시드니 앨트먼Sidney Altman 박사도 노벨 화학상을 함께 받았습니다. RNA 연

월터 길버트(왼쪽)와 토머스 체크(가운데)와 시드니 앨트먼(오른쪽)

© www.nobelprize.org

구에 수여된 첫 번째 노벨상이었습니다.

그런데, RNA가 단순히 몇몇 세포에서 효소처럼 작용한다는 사실만으로 정말 원시세포의 유일한 생체물질이라고 말할 수 있을까요? 과학자들은 원시세포에서 그렇게 중요한 역할을 하던 RNA가 지금은 왜 DNA와 단백질 사이의 중간자 역할밖에 하지 못하는지 의문을 품었습니다.

이 질문에 대한 해답의 실마리는 예쁜꼬마선충*C. elegans*를 이용한 연구에서 찾을 수 있었습니다. 예쁜꼬마선충은 간단한 선충류의 동물로 적은 수의 유전자와 세포로 구성된 좋은 모델 생물체입니다. 이 생물체에서, 유전적으로 굉장히 중요한 기능을 하는 분자이면서도 단백질이 아닌 것 같은 물질이 발견되었습니다. 자세히 살펴보니, 그것은 작은 RNA였습니다. 이 작은 RNA는 siRNAsmall interfering RNA로 불리는데, 유전자 발현을 조절하는 RNA였습니다. 조절하는 방법은 두 가지였습니다. 하나는 유전자 발현 과정에서 중간에 만들었던 RNA를 없애는 방법이고, 다른 하나는 RNA가 단백질로 '번역'되는 것을 방해하는 방법이었습니다. 이 siRNA가 유전자 발현에 간섭하면 그 유전자는 단백질로 발현되지 않고 침묵했습니다. 이 현상을 유전자 침묵Gene Silencing이라고 합니다.

siRNA의 발견을 보고하는 논문이 발표되자, 예쁜꼬마선충뿐 아니라 다른 동물들에게도 siRNA가 존재한다는 후속 연구들이 잇달았습니다. 모든 생물에서 siRNA가 있는데다, 이 siRNA를 고등동물의 세포에서도 쉽게 이용할 수도 있기 때문에 이후 전세계적으로 과학자들이 폭발적으로 연구하기 시작했습니다. 이에 따라 siRNA를 처음으로 발표한 앤드류 파이어 박사와 크레이그 멜로 박사는 공로를 인정받아 노벨 생리의학상(2006)을 수상했습니다. RNA 분야에 수여된 두 번째 노벨상이었습니다.

siRNA가 유전자 발현에 간섭하면 그 유전자는 단백질로 발현되지 않고 침묵했습니다. 이 현상을 유전자 침묵이라고 합니다.

이제 RNA는 단순히 유전자 발현 과정의 중간자가 아니라는 것이 자명해졌습니다. RNA가 유전자 발현을 민감하게 조절하는 능동적인 기능을 한다는 것이죠.

그런데 RNA 세계 이론이 좀 더 설득력을 얻으려면, RNA 스스로가 단백질로 번역되는 것을 가능하게 해주어야 합니다. 즉, 단백질 합성공장이라고 앞에서 배운 리보솜에서 RNA가 주도적인 역할을 해야 합니다.

리보솜은 소단위체와 대단위체, 이렇게 두 개로 구성되어 있습니다. mRNA 코돈에 대응하는 tRNA가 있는데, 이 tRNA는 끝에 3개의 염

크레이그 멜로(왼쪽)와 앤드류 파이어(오른쪽)

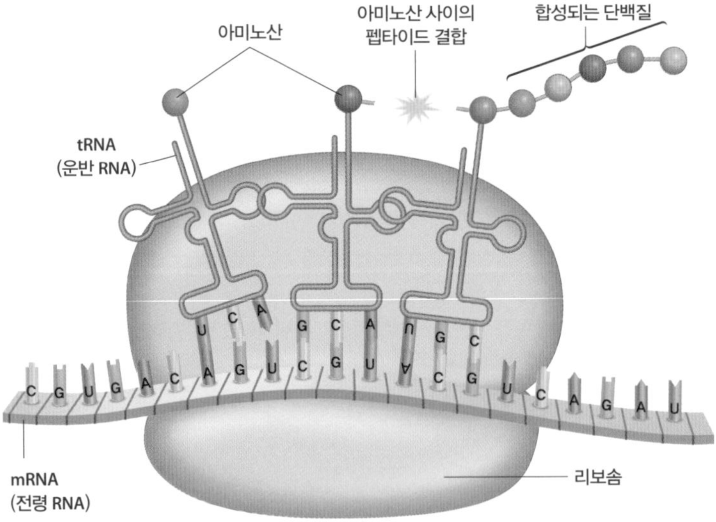

리보솜의 구조. mRNA, tRNA, rRNA의 기능으로, 리보솜에서 단백질이 합성된다.

아다 요나스(왼쪽), 벤카트라만 라마크리시난(가운데), 토머스 스타이츠(오른쪽)는 RNA 연구로 2009년 노벨상을 받았다.

기에 대응하는 아미노산을 끌고 와서 펩타이드 결합을 만들어줍니다. 펩타이드 결합을 만들어주는 효소 부분이 가장 중요하며, 이 곳은 리보솜의 대단위체 안에 있습니다. 2000년도에, 마침내 단백질 합성 대단위체의 구조적 비밀이 풀립니다. 매우 놀랍게도, 펩타이드 결합이 형성되는 부분에 단백질이 아니라 rRNA$_{\text{ribosomal RNA}}$가 있다는 것이 밝혀졌습니다. 다시 말하자면, 이는 단백질을 만드는 펩타이드 결합 형성에 단백질 효소가 없어도 RNA만 있으면 효소 결합이 이루어진다는 것을 뜻합니다. RNA만으로 구성된 원시세포가 단백질 합성까지 할 수 있다는 것이 가능해짐에 따라 RNA 세계 가설은 더욱 설득력을 얻게 되었습니다.

연구는 4개의 실험실에서 이루어졌는데, 이 중 3명에게 노벨 화학상(2009)이 수여되었습니다. 노벨상을 받은 3명은 구조에 관한 연구를 진행했고, 다른 1명은 조금 다른 접근 방법으로 연구를 진행했습니다. 이 4명 모두 같은 결론에 도달했지만 3명에게만 노벨상이 주어진 이유는 노벨상을 3명까지만 줄 수 있어서였습니다. 상을 받지 못한 나머지 1명에 대해, 안타깝게 생각하는 이들이 많이 있습니다.

비암호화 RNA와 RNA 세계

유전체(게놈)Genome란 세포가 가지고 있는 전체 DNA를 말합니다. 인간유전체프로젝트Human Genome Project는 염기 서열 분석 기술의 발달에 힘입어 2003년에 완성되었습니다. 사실 1990년대에 제임스 왓슨이 인간유전체프로젝트 이야기를 꺼낼 때만 해도 과학자들의 반대가 극심했습니다. DNA 염기 서열을 분석하는 데 시간도 많이 걸리고, 돈도 많이 들기 때문입니다. 더욱이 DNA 염기 서열을 분석하는 작업이 단순 노동에 가까워서 아까운 연구 인력을 낭비한다는 반대 의견이 많았습니다. 그러나 이러한 강한 반대에도 불구하고 프로젝트가 진행되었고, 10년 후부터는 급진적인 서열 분석 기술의 발달로 실험실의 대학원생이나 연구원이 아니라 대규모 연구소의 기계가 염기 서열을 분석하기 시작했습니다. 지금은 분석 속도가 굉장히 빨라져 단 며칠 만에 한 사람의 DNA 염기 서열을 모두 분석할 수 있는 수준까지 도달했습니다. 그런데 문제는 유전체는 다 해독되었지만, 그 유전체 정보를 어떻게 활용할지 모른다는 점이었습니다.

그래서 과학자들은 유전체프로젝트의 후속 연구Post-Genome Project로 세포 안에 발현되는 단백질체Proteome 분석에 관심을 갖기 시작했습니다. DNA가 갖고 있는 정보는 유전 정보이지만 실제 세포에서 작용하는 것은 단백질이기 때문입니다. 이 연구에서 도출된 흥미로운 결론은 세포 안에 있는 단백질의 종류는 굉장히 많은데, 희한하게도 이런 단백

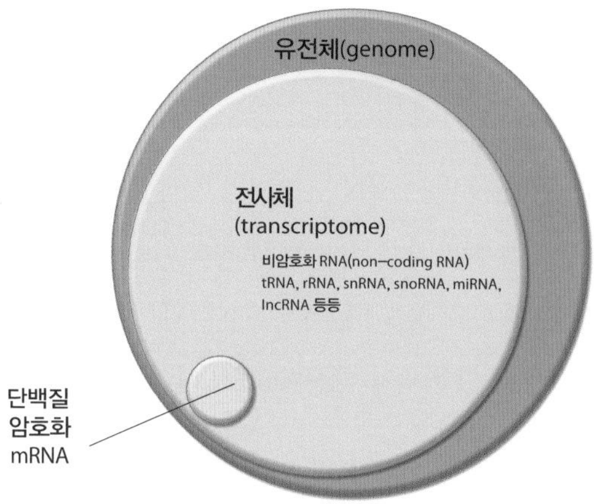

DNA 염기 서열 중 아주 작은 부분만이 단백질을 만드는 데 관여한다.

질을 암호화하는 유전자는 그에 비해 훨씬 적다는 사실이었습니다. 왜 단백질 수보다 이를 만드는 유전자 수가 적을까요? 이 질문은 지대한 호기심을 불러일으켰습니다. 2010년대로 접어들어, NGS Next Generation Sequencing라는 유전자 분석 방법에 획기적인 변혁이 일어나 세포 안에 발현된 모든 RNA인 전사체Transcriptome를 분석할 수 있게 되었고, 위에 제기된 문제에 대한 실마리가 풀리기 시작하였습니다. 유전체 중에서 단백질을 암호화하는 서열뿐 아니라, 발현된 RNA 서열까지 알게 된 것입니다. 이들을 비교 분석한 결과, DNA 중 단백질을 만들지 않아 정크 DNA Junk DNA라고 부르던 부분에서도 거의 빠짐없이 RNA가 만들어진다는 것이 드러났습니다. 즉, DNA는 거의 대부분 RNA로 발현되는데, 그중 2%만 단백질로 만들어지는 것입니다. 이 RNA들은 기존에 우리가 알지 못했던 새로운 종류의 RNA라는 것이 알려졌기 때문에 과학계는 흥분에 휩싸였습니다.

전체 DNA 유전체에서 단백질이 되는 부분은 아주 일부입니다. 전체 RNA 중에서 단백질을 만드는 RNA는 암호화 RNA Coding RNA 인데, 아주 일부분의 RNA만이 이에 해당되는 것이죠. mRNA가 이에 해당됩니다. 단백질을 만들지 않는 RNA는 비암호화 RNA Non-coding RNA, ncRNA 라고 불리는데, 앞에서 배운 rRNA, tRNA를 비롯해 단백질로 만들어지지 않는 많은 종류의 RNA들이 여기에 해당됩니다. 대부분의 DNA 유전체는 RNA로 발현되기 때문에 세포에 비암호화 RNA가 굉장히 많다는 것을 알 수 있습니다.

> 이들을 비교 분석한 결과, DNA 중 단백질을 만들지 않아 정크 DNA라고 부르던 부분에서도 거의 빠짐없이 RNA가 만들어진다는 것이 드러났습니다. 즉, DNA는 거의 대부분 RNA로 발현되는데, 그중 2%만 단백질로 만들어지는 것입니다.

그러면 이 비암호화 RNA는 전체 유전체에서 얼마만큼이나 차지할까요? 초파리 유전체의 경우에는 암호화 RNA가 18%, 비암호화 RNA가 82%입니다. 예쁜꼬마선충 유전체도 비슷한 수준입니다. 그런데 사람의 경우에는 암호화 RNA가 2%, 비암호화 RNA가 98%입니다. 즉, 유전체 중 비암호화 RNA의 비율이 엄청나게 높습니다.

작은 비암호화 RNA와 긴 암호화 RNA

지금으로부터 한 10년 전 과학자들의 관심을 끈 비암호화 RNA가 하나 있습니다. 그 RNA는 바로 '작은 비암호화 RNA small non-conding RNA'입니다. siRNA도 일종의 '작은 비암호화 RNA'입니다. 이 RNA는 작으면서 단백질을 만들지 않는 RNA입니다. '작은 비암호화 RNA'는 miRNA microRNA로서, siRNA와 비슷한 방식으로 단백질이 만들어지는 것을 억제하거나 mRNA의 기능을 저하시키는 방식으로 작용합니다.

최근에는 '작은 비암호화 RNA'가 아니라 '긴 암호화 RNA(lncRNA, '링크 RNA'로 읽음)도 발견되어 이에 대한 연구가 활발히 진행되고 있습니다. lncRNA가 mRNA와 어떤 점에서 차이가 있는지, 어떤 역할을 하는지 등에 대해서 알려진 것이 별로 없습니다. 과학자들은 효소 기능도 하고, 신호 기능도 할 것이라고 추측하고 있습니다.

현재까지 알려진 몇 가지만 예를 들어보겠습니다. RNA는 한 가닥으로 이루어져 있지만, RNA는 실처럼 길게 뻗어 있기만 하는 것은 아닙니다. RNA도 염기쌍이 있기 때문에 서로 인식할 수가 있고, 꼬불꼬불 겹쳐 있을 수도 있습니다. 즉 다양한 형태를 가질 수 있습니다. 이렇게 다양한 형태를 가진 RNA는 단백질과 결합할 수 있습니다. 가령, DNA에서 mRNA로 유전 정보가 전사될 때, 가장 먼저 달라붙는 정찰대에 RNA가 달라붙어 전사를 억제할 수도 있고, 반대로 높여줄 수도 있습니다. 히스톤 단백질은 DNA를 꽁꽁 감싸고 있는데, 이런 히스톤 단백질이 풀어져 있느냐 그렇지 않느냐는 유전자 발현에 아주 중요한 요소입니다. 만약 히스톤 단백질을 풀어주거나 느슨하게 만드는 단백질을 lncRNA가 끌어온다면, 이 RNA에 의하여 유전자 발현이 높아지거나 낮아지게 될 것입니다. 현재 많은 연구자들이 lncRNA의 알려지지 않은 기능들을 속속 발표하는 중입니다.

RNA 세계는 더 확장될 것입니다. 아직까지 알려지지 않은 RNA들

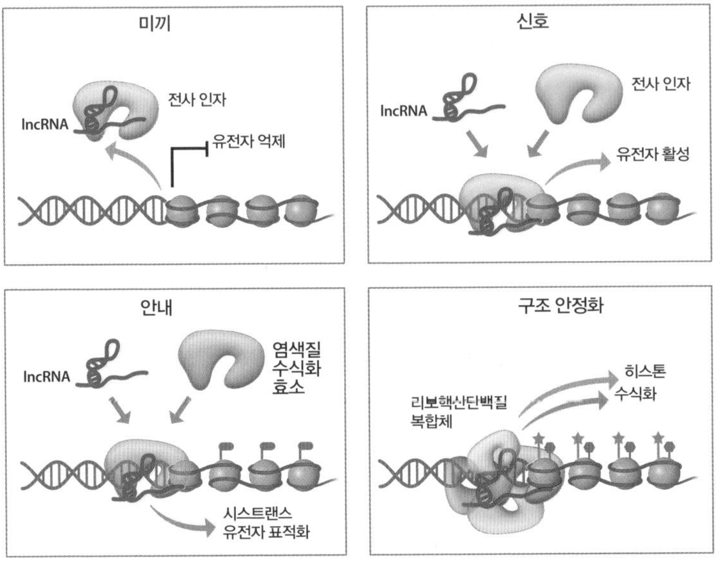

lncRNA가 어떤 기능을 하는지 알려진 것이 별로 없지만, 과학자들은 효소, 신호 등의 기능을 할 것이라 추측하고 있다.

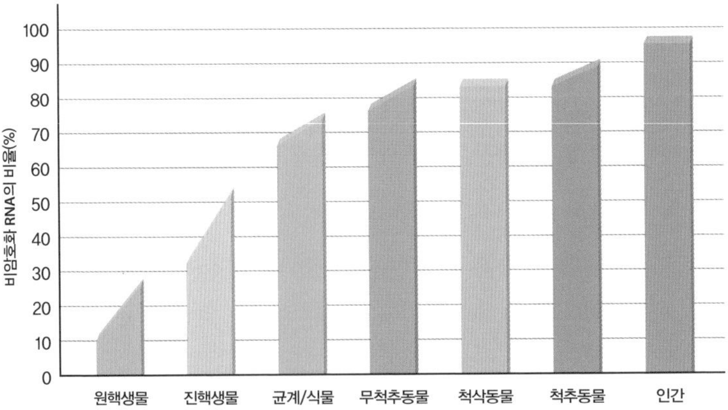

비암호화 RNA 비율은 진화의 끝자락에 있는 생물로 갈수록 더 높아진다.

현재 진화의 끝자락에 있는 생물들은 비암호화 RNA 비율이 굉장히 높습니다. 이 비암호화 RNA는 과연 어떤 기능을 할까요? DNA도 조절하고, 단백질도 조절하고 RNA도 조절하는 등 지금까지 예상하지 못했던 것에서 새로운 기능을 할 가능성도 있습니다.

이 많기 때문입니다. 생물의 진화 과정을 보면 이런 주장이 터무니없는 게 아니라는 것을 말해줍니다. 옆의 아래 그림은 각 생물의 비암호화 RNA 비율이 얼마인지를 보여주고 있습니다. 진화 초기의 개체들에게서는 비암호화 RNA 비율이 아주 낮습니다. 그런데 진화가 이루어짐에 따라, 비암호화 RNA 비율이 늘어납니다. 현재 진화의 끝자락에 있는 생물들은 비암호화 RNA 비율이 굉장히 높습니다. 이 비암호화 RNA는 과연 어떤 기능을 할까요? 단순히 단백질만 조절하지는 않을 것입니다. DNA도 조절하고, 단백질도 조절하고, RNA도 조절하는 등 지금까지 예상하지 못했던 것에서 새로운 기능을 할 가능성도 있습니다.

그러므로, 이제 이런 다양하고 막대한 양의 비암호화 RNA의 발견과 함께 RNA 세계를 RNA 우주로 확장할 때가 왔습니다. 즉, 분자생물학의 중심 원리(센트럴 도그마)를 재정비할 때가 온 것입니다. 이를 '네오 센트럴 도그마Neo Central Dogma'라고 부를 수 있겠지요. 비암호화 RNA는 유전자 발현에도 영향을 미칠 뿐 아니라, DNA, RNA, 단백질에 영향을 주는 중요한 물질로 자리 매김할 가능성이 높습니다. 만약 그렇게 된다면 RNA야말로 우리 몸속의 숨겨진 우주라고 할 만하지 않을까요? 여러분도 앞으로 이 흥미로운 분자를 관심을 가지고 지켜봐주세요.

Q **DNA는 두 가닥이고, RNA는 한 가닥입니다. DNA 중 한 가닥만 복제된다고 하셨는데, 나머지 한 가닥은 버려지는 것인지 아니면 다른 것을 하는지 궁금합니다.**

A DNA에서 RNA가 만들어질 때, 한쪽 가닥만 만들어집니다. RNA 중합효소는 방향성이 있어서 한쪽 방향으로만 이동합니다. 그래서 반대 가닥의 DNA에 붙으면 전혀 다른 RNA가 만들어집니다. 유전체를 분석한 결과, 양쪽 가닥의 DNA에서 많은 종류의 RNA가 만들어진다는 것이 밝혀졌습니다. 동시에 만들어지지 않을 수는 있지만, 실제로 RNA가 양쪽에서 만들어지기 때문에 두 가닥을 다 이용한다고 생각하면 될 것 같습니다.

Q **비암호화 RNA가 많이 만들어진다고 하셨는데, 비암호화 RNA가 계속 축적되면 어떻게 쓰이나요? 그냥 축적만 되는 건지 아니면 어디에 정확히 쓰이는 건지 궁금합니다.**

A 그게 이제 막 연구하기 시작한 분야입니다. 그중에 대표적인 예인 microRNA는 비교적 연구가 많이 돼 있습니다. microRNA의 경우에는 유전자 발현을 할 때 RNA가 단백질이 되는 과정에서 조절을 하는 역할을 합니다. 즉, 유전자 발현을 세밀하게 조절fine tuning한다고 할 수 있지요. 그러니까 다른 비암호화 RNA들도 여러 다른 방법으로 유전자 발현을 조절하거나 구조적인 역할을 할 것으로 예측하고 있습니다.

Q **RNA가 여러 가지 기능을 할 수 있는 것이 단사이기 때문인지, 그리고 RNA가 안정적이지 않다는 사실이 단점인 것인지 궁금합니다.**

A RNA는 DNA와 달리, 5탄당에 화학적으로 활성화된 산소가 있어서 매우 불안정하고 쉽게 분해됩니다. 특히 RNA 단사일 때 그렇지요. 그러나 세포 내의 RNA는 두 가지 이유로 안정화될 수 있고 다양한 기능을 할 수 있습니다. 첫 번째 RNA는 구조를 가집니다. RNA는 단사로 존재하는 것보다 서열의 일부가 서로 상보성이 있어서 이중사로 접혀 있는 경우가 더 많습니다. 그 결과 RNA는 구조의 다양성을 가질 수 있고, 이에 따라 기능의 다양성도 가질 수 있는 것입니다. DNA 같은 경우에는 이중 가닥이기 때문에 정보성은 있지만, 어떤 기능적인 측면은 RNA보다 떨어진다고 할 수 있습니다. 두 번째, RNA는 홀로 존재하는 경우는 거의 없고 항상 단백질과 결합하고 있습니다. 그렇기 때문에 RNA의 다양한 기능은 어떤 단백질과 결합하느냐에 따라 결정된다고도 할 수 있습니다.

Q **제가 알고 있기로는, 원시 지구 환경에서 간단한 유기물이 RNA 같은 핵산으로 합성되는 과정이 아직 증명되지 않은 것으로 알고 있는데, 그렇다면 RNA 세계 이론에서는 이 문제를 어떻게 해결하고 있는지 궁금합니다.**

A 굉장히 중요한 문제입니다. 왜냐하면 사실 화학적으로 뉴클레오타이드를 만들기가 굉장히 힘듭니다. 원시 지구 환경에서 중요한 화학물질이 만들어져 생명체가 되는 과정을 화학적 진화라고 하는데, 아무것도 없는 원시 지구 상태에서 뉴클레오타이드가 만들어진다고 하는 것은 현격한 화학적 진화라고 할 수 있습니다. 유리와 밀러의 실험을 통해서도 뉴클레오타이드를 만

드는 게 쉽지 않습니다. 그럼에도 불구하고 어떤 기회로 하나 만들어지면, 복제를 할 수 있는 특성이 있는데다 환경에 적응할 수 있는 특성이 있기 때문에 세포의 주요 성분이 될 수 있었겠지요. 쉽지는 않지만 만들어진 것이고 결국 환경에 적응을 하여 현생 세포가 되었겠지요. 그래서 우주에서 외계생명체를 찾을 때 뉴클레오타이드가 만들어져 있느냐를 중요한 부분으로 보고 있습니다.

Q **siRNA가 유전자 발현을 억제한다고 했는데, 그러면 유전병이 있는 유전자와 같이 특정 유전자의 발현을 억제할 수 있나요?**

A 굉장히 좋은 질문입니다. siRNA를 통한 질병 치료는 분자생물학 연구가 어떻게 의학에 응용될 수 있는지를 보여주는 좋은 예가 될 것입니다. siRNA는 mRNA를 없애서 특정 유전자의 발현을 억제합니다. 만약 암세포에서 잘못된 유전자의 발현이 과다하게 일어났다면 이 유전자의 mRNA와 작용하는 siRNA를 암세포에 투입하여 단백질로 발현되는 것을 억제한다면 암의 발생을 막을 수 있겠지요. 또한 질환의 원인이 되는 돌연변이 우성 유전자를 겨냥할 수도 있습니다.

Q **RNA가 전사되는 과정에서 RNA 스플라이싱이 일어나잖아요? 우리 몸은 어떤 것을 근거로 엑손과 인트론을 구분하여 엑손을 남기고 인트론은 잘라내는지 궁금합니다.**

A 사실 DNA도 굉장히 길고 RNA도 굉장히 깁니다. DNA의 어느 부분을 전사해야 하는지 알리는 DNA 서열 신호가 있듯이,

전사된 pre-mRNA에도 스플라이싱을 요구하는 RNA 서열 신호가 있습니다. DNA의 신호를 보고 RNA 중합효소가 와서 전사를 하듯이, RNA에 있는 어떤 서열을 보고 스플라이소솜이 안착해서 인트론을 잘라냅니다. 그러니까 DNA나 RNA는 자체적으로 서열을 가지고 있는데, 그 서열이 일종의 신호 기능을 한다고 생각하면 됩니다.

맞춤약 치료 시대가 온다

이민구 · 연세대학교 의과대학 약리학교실 교수(에비슨 특훈교수)

연세대학교를 졸업하고, 동 대학교 대학원에서 의학 박사학위를 받았다. 미국 텍사스주립대학교 의과대학 리서치 펠로우를 거쳐, 현재 연세대학교 의과대학 약리학교실 교수(에비슨 특훈교수)로 재직 중이다. 2003년부터 지금까지 연세대학교 의과대학 약물수송유전체 연구센터 센터장을 맡고 있다. 대한의학회 분쉬의학상 젊은의학자상(2001), 대한의사협회 우수한국인 의과학자 20인(2002), 연세대학교 연세학술상(2003), 보원재단 연세의대 보원학술상(2004), 연세대학교 최우수연구업적상(2005), 대한의사협회 의당학술상(2007), 연세대학교 계연학술상(2011), 국가과학기술위원회 정부연구개발 최우수성과상(2012), 경암교육문화재단 경암학술상(2014)을 수상했다.

몸에 딱 맞는 옷처럼, 내 몸에 딱 맞는 약을 처방받을 수 있다면 얼마나 좋을까요? 인간은 서로 비슷해 보이지만, 생김새가 모두 다르듯이 몸에 생긴 병의 원인도 다르고, 약에 대한 반응도 다르게 나타납니다. 그래서 같은 질병에 표준 약을 표준 용량으로 주더라도, 어떤 사람에게는 효과가 있고, 어떤 사람에게는 효과가 없습니다. 심지어 거의 대부분의 사람에게 효과가 있는 약이 특정인에게는 부작용을 일으킬 수 있습니다. 미국의 경우, 의사들이 표준적인 처방을 내렸는데도 매년 10만 명 정도가 약물 부작용에 의해 사망하는 것으로 알려져 있습니다. 우리나라의 인구가 미국의 약 7분의 1 정도 되므로, 매년 약 1만 5000명 정도가 약물 부작용에 의해 사망한다고 예측할 수 있습니다. 약물에 대한 개인차는 왜 생기는 것일까요? 개인차가 생기는 이유를 알게 된다면, 약물 부작용으로 인해 사망할 확률을 낮출 수 있지 않을까요? 간단히 말해, '맞춤약'이라고 하는 것은, 개인별로 효과적인 약과 효과적이지 않은 약을 미리 알아내서 알맞게 진료하는 것을 말합니다.

개인별 정밀 치료

생명현상을 과학적으로 규명하는 현대에 맞춤약 치료는 어떻게 발전하고 있을까요? 근대 의학의 아버지로 불리는 윌리엄 오슬러 경Sir William Osler, 1849~1919은 다음과 같이 말한 적이 있습니다. "사람 사이에 다양성이 없었더라면 의학은 예술이 아니라 과학이 될 뻔했다." 그에게 의학은 과학이 아니라 예술이었습니다. 환자를 치료하는 것은 도자기를 빚는 예술가의 작업과 비슷하다고 생각하여, 의사의 주관적인 경험을 기반으로 환자 개인 간의 다양성을 파악하고 이에 맞추어 치료하는 것이 중요하다고 생각하였습니다. 그러나 최근 눈부신 과학의 발전으로 의학자들은 과학적 방법에 근거하여 개인 간의 다양성을 파악할 수 있게 되었으며, 이에 따라 합리적인 방법으로 개인별 정밀 치료가 가능하게 되었습니다.

'맞춤 정밀 의학'을 실현하기 위한 미래 의학의 방향으로 소위 'P4 Medicine'이 제안되고 있으며, 이는 (1) 개인별 진료Personalize Medicine, (2) 예측 진료Predictive Medicine, (3) 예방 진료Preventive Medicine, (4) 참여 진료Participatory Medicine를 말합니다.

최근 눈부신 과학의 발전으로 의학자들은 과학적 방법에 근거하여 개인 간의 다양성을 파악할 수 있게 되었으며, 이에 따라 합리적인 방법으로 개인별 정밀 치료가 가능하게 되었습니다.

개인별 진료는 지금처럼 표준 질환에 표준 치료를 하는 것이 아니라, 개인별로 상황에 맞추어 진료하는 것을 말합니다. 예측 진료는 특정 약이 효과가 있을지 없을지를 미리 판단하고 이에 따라 진료하는 것을 말합니다. 예방 진료는 질병에 걸릴 확률이 높을 경우 그에 맞춰 치료하는 것입니다. 가령, 영화배우 안젤리나 졸리는 그녀의 부모로부터 유방암 유전자를 물려받았다는 사실을 알고 예방 차원에서 수술을 했습니다. 참여 진료는 의료진이 환자와 함께 질병 및 치료에 대한 지식과 정보를 공유해서 약물 투여나 수술 여부를 의사가 독단적으로 결정하는 게 아니라 환자와 함께 결정하는 것을 말합니다. 수술했을 때의 장점, A라는 약을 먹었을 때의 장단점, B라는 약을 먹었을 때의 장

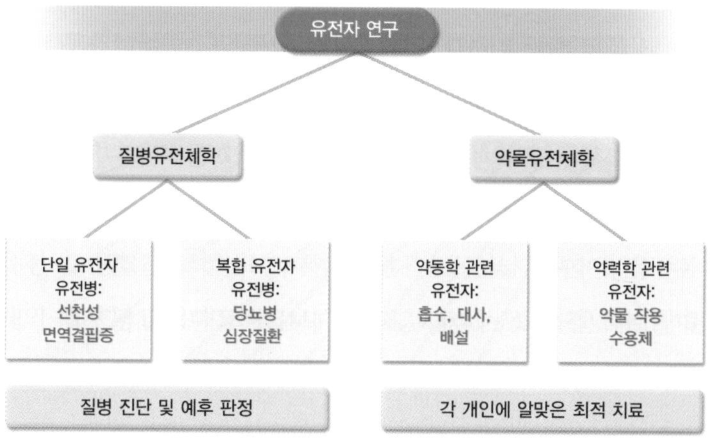

유전자 연구는 크게 질병유전체학과 약물유전체학으로 나뉠 수 있다. 질병유전체학은 질병 진단과 예후 판정에 주목하고, 약물유전체학은 각 개인에 알맞은 최적 치료에 주목한다.

단점 등을 다 공유하고 상의하는 것입니다.

개인별 정밀 치료를 진행하기 위해서는 특정한 약이 특정 환자에게 효과가 있을지, 그렇지 않을지를 미리 알아낼 수 있는 지표가 필요합니다. 이를 생체 지표바이오마커, Biomarker라고 하며, 다양한 것들이 바이오마커가 될 수 있습니다.

예를 들어, 우울증 환자에게 약을 처방할 때, 환자의 세로토닌 수용체에 대한 분자 영상을 촬영하고 분석하면서 어떤 종류의 약물이 환자에 적합한지 파악한 후에 그에 맞추어 약을 처방할 수 있습니다. 따라서 이 경우 세로토닌 수용체 영상 정보는 약물 사용의 중요한 바이오마커가 될 수 있습니다. 그런데 비용 대비 효용성을 고려할 때 많은 의학자들은 환자의 유전자 정보가 가장 중요한 바이오마커가 될 것이라고 생각하고 있습니다. 유전자 검사 결과는 비교적 간단하면서도 많은 유용한 정보를 제공할 수 있습니다.

인체 질환에 대한 유전자 연구는 크게 두 방향에서 진행됩니다. 질병유전체학과 약물유전체학이 바로 그것입니다. 질병유전체학은 어떤 질병의 발생부터 예후까지를 유전학적으로 예측하는 학문 분야이며, 약물유전체학은 어떤 환자의 치료에 약물이 효과적인지 아닌지를 유전자 분석을 통하여 예측하는 학문 분야입니다. 약물유전체 연구를 통해 얻을 수 있는 것은 크게 두 가지입니다. 하나는 질병 치료에 효과적인 약물과 그것의 적정한 용량을 알아내고 부작용을 감소시킴으로써 개인별 맞춤 치료를 가능하게 해줍니다. 또 다른 하나는 신약 개발에 많은 도움을 줄 수 있습니다.

약물유전체학은 약리학의 한 분야로 약물유전체학을 이해하기 위해서는 먼저 약리학에 대해서 살펴볼 필요가 있습니다. 약리학은 약물과 우리 몸과의 모든 상호 반응을 연구하는 학문입니다. 이 약리학은 약동학Pharmacokinetics과 약력학Pharmacodynamics으로 나뉠 수 있습니다. 약은 우리 몸에 들어와서 일정 시간 동안 존재하며 약효를 내다가 우리 몸 밖으로 나가줘야 합니다. 이렇게 약이 우리 몸으로 들어왔다가 나가는 과정을 연구하는 분야가 약동학입니다. 또한 약물은 몸으로 들어오면 생체 조직에서 일정한 약효(약물 반응)를 나타냅니다. 체내로 들어온 약물이 생체조직 및 세포들에서 어떤 약물 반응을 유발하는지 연구하는 분야가 약력학입니다. 약동학 및 약력학 관련 유전자들은 약물유전체 연구의 중요한 대상이 됩니다.

약물유전체학을 연구하는 방법으로는 지식기반에 근거한 연구Knowledge-based study와 비편향 연구Non-biasd study로 나뉩니다. 지식기반에 근거한 연구는 유전자 연구를 시작할 때부터 특정 유전자를 선택해서 연구하는 것을 말하며 편향 연구Biased study라고도 합니다. 어떤 약물이 있을 때, 의학적 지식이나 컴퓨터 시뮬레이션(생물정보학 분석)을 통해 약물과 관련될 것이라고 여겨지는 특정 유전자를 선택하는 것입니다. 그러고 나서 선택된 유전자의 정보와 약물 반응을 비교해 약이 효과적으로 적용되는 지표(바이오마커)를 찾아나가는 것입니다. 이와 달리, 비편향 연구는 특정 유전자를 지정하지 않고 전체 유전자를 대상으로 약물 반응과 관련 있는 유전자 지표를 찾아나가는 연구 방법입니다.

지식기반에 근거한 약물유전체 연구

이제, 지식기반에 근거한 연구가 어떻게 진행되는지를 소개하겠습니다. 먼저 기존 의학적 · 약리학적 지식에 근거하여 약물 반응 관련 유전자를 선택합니다. 예를 들어, 약물이 체내에 들어왔다가 나가는 과정과 관련된 약동학적 유전자를 선택하거나, 약이 체내에서 약효를 나타내는 과정과 관련된 약력학적 유전자를 선택하는 것입니다.

우리 몸이 지닌 해독 과정의 원칙은 몸으로 들어오는 지방성 물질 중 몸이 필요로 하지 않는 물질, 즉 외인성 유래물질을 물에 녹을 수 있도록 만든 다음 체외로 내보내는 것입니다. 이것이 해독 과정의 가장 기본적인 원칙입니다.

그러면 약동학적 유전자들로는 어떤 것들이 있을까요? 체내로 들어온 약물은 흡수, 분포, 대사, 배설 등과 같은 과정을 겪게 되는데, 이와 관련된 주요 유전자는 약물대사효소 유전자와 약물수송체 유전자입니

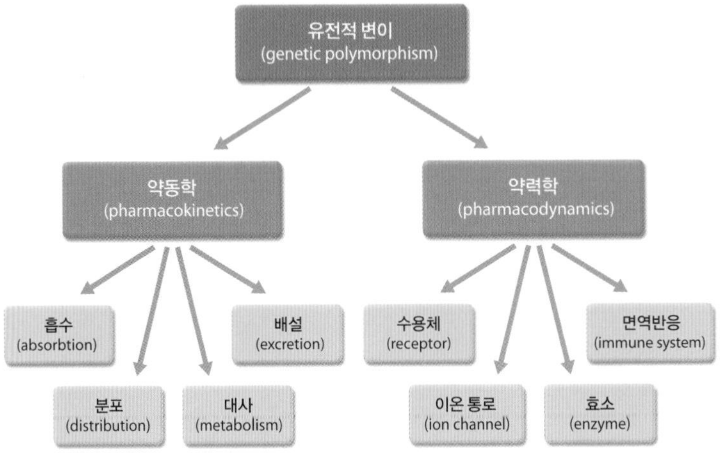

맞춤 치료를 위한 약물유전체학 연구

다. 이들은 우리 몸의 해독작용과 관련이 있습니다. 사실, 약은 일종의 독성 물질이고, 몸의 해독작용과 약동학은 같은 맥락에서 접근할 수 있습니다.

생명체는 지구 환경의 여러가지 독성 물질에 노출되어 있습니다. 따라서 생명체는 개체 보전과 종족 보전을 위하여 독성 물질로부터 자신을 보호하는 여러 해독 장치가 필요합니다. 독성 물질은 물리화학적 특성에 따라 친수성親水性과 소수성疏水性으로 나뉩니다. 말 그대로, 친수성 물질은 물과 친한 물질이며, 소수성 물질은 물과 친하지 않는 물질입니다. 친수성 물질은 물에 녹고, 소수성 물질은 기름에 녹습니다. 우리 몸의 세포막은 지방으로 되어 있기 때문에, 물에 녹는 친수성 물질은 몸으로 잘 들어오기가 힘듭니다. 반면 기름에 녹는 지방성 물질은 몸으로 쉽게 들어올 수 있습니다. 따라서 소수성 물질이 우리 몸에 더 위험하게 됩니다. 우리 몸이 지닌 해독 과정의 원칙은 몸으로 들어오는 지방성 물질 중 몸이 필요로 하지 않는 물질xenobiotics, 즉 외인성 유래물질을 물에 녹을 수 있도록 만든 다음 체외로 내보내는 것입니다. 이것이 해독 과정의 가장 기본적인 원칙입니다. 약물대사 효소는 소수성 물질을 친수성으로 만드는 데 필요하고, 약물수송 단백질은 이를 체외로 배출하는 작용을 합니다.

약물대사 효소는 약물 및 독물(외인성 유래물질)을 1~2단계로 나누어 처리합니다. 1단계에서는 산화 · 환원반응 등을 통하여 약물 혹은 독성물질의 화학적 반응성을 높여줍니다. 대표적인 1단계 효소로는 사이토크롬 P450cytochrome P450, CYP 효소가 있습니다. 2단계에서는 글루쿠론산glucuronic acid이나 글루타티온glutathione과 같은 친수성 물질을 1단계 산물에 붙여줍니다. 그러면 외인성 유래물질은 어떻게 될까요? 비누처럼 하나의 물질이 기름에도 녹고, 물에도 녹을 수 있는 양쪽성amphiphilic 물질로 변하게 되는 것입니다. 이렇게 되면 소변이나 대변을 통해 약물과 독물을 몸 밖으로 내보낼 수 있습니다.

약물대사 효소들 중에서는 각 사람 간에 유전자 변이가 많이 존재하는 효소들이 있습니다. CYP2C9, CYP2D6, NAT2, UGTs 등이 그런 효소들입니다. 이는 인류의 진화 과정에 있어 이 효소들이 한때는 꼭 필요했지만 현재는 별로 중요하지 않아 다양성이 허용되고 있기 때문에 나타난 현상입니다. 유전학적으로는 선택 압력selective pressure이 별로 존재하지 않는 유전자들이고, 돌연변이가 생겨도 개체 보전이나 종족 보전에는 별다른 영향을 미치지 않는 유전자입니다. 그런데 약 200년 전부터 인류가 지구 상에 존재하지 않던 물질을 화합물로 만들어 약으로 사용하면서부터 문제가 생기기 시작했습니다. 이 물질을 대사하는 효소가 정상적으로 기능하는 사람과 그렇지 않은 사람 간에 약물 반응이 극명한 차이를 보이기 때문입니다.

대표적인 경우로 CYP2D6 효소가 있습니다. 서양인의 7%는 유전적으로 기능이 없는 CYP2D6 효소를 가지고 있습니다. 하디-바인베르크 법칙Hardy-Weinberg law에 따르면, 유전형이 p+q면 표현형은 $p^2+2pq+q^2$입니다. 여기서 q^2은 CYP2D6 효소 기능이 없는 열성표현형 7%를 말합니다. 따라서 유전형 비율은 $\sqrt{0.07}$로 약 25%쯤 됩니다. 그러니까 인구 집단의 4분의 1이 기능이 없는 유전자를 1개 이상 갖고 있는 겁니다. 그런데 운 나쁘게도 어머니, 아버지로부터 물려받은 2개 유전자가 모두 기능이 없는 돌연변이라면 CYP2D6 효소가 제 기능을 하지 못하게 됩니다. 서양인의 경우 그 비율이 약 7%입니다. 이 경우 어떻게 될까요? 해당 약물을 대사하는 능력이 현저히 감소하게 됩니다. 약물을 물에 녹을 수 있도록 바꿔서 소변이나 대변으로 내보내야 되는데, 약이 들어와 계속 몸속에 남아 있는 겁니다. 이 경우 다른 사람과 동일한 용량을 투입하더라도 몸에서 약의 혈중 농도가 굉장히 높아집니다. 이렇게 되면 효과가 좋아질 수도 있지만, 부작용이 생길 가능성이 매우 커집니다.

비슷한 사례로, CYP2C19 효소를 들 수 있습니다. 동양인의 약 20%가 기능이 손상된 CYP2C19 효소를 갖고 있습니다. 보리코나졸Voriconazole이라는 약제는 진균(곰팡이) 질환 치료제로 CYP2C19 효소에 의하여 대사됩니다. 건강한 사람은 진균 질환에 잘 걸리지 않지만, 당뇨병을 오랫동안 앓은 환자 및 면역억제제를 투여해 면역 기능이 떨어진 환자(예 : 백혈병 치료를 위한 골수이식 환자)의 경우, 진균이 전신 감염을 일으킬 수 있습니다. 곰팡이가 핏속을 타고 다니면서 뇌, 폐 등 몸속 주요 기관을 감염시키는 것입니다. 따라서 골수 이식을 준비하는 어린이 환자에게는 예방 차원에서 많은 용량의 보리코나졸을 투여하곤 합니다. 그런데 CYP2C19 효소 기능이 저하된 환자에게 일반인에게 투여하는 동일한 용량을 줄 경우, 보리코나졸 혈중 농도가 높아지고 이에 따라 약제의 독성이 매우 커져서 환자가 위험할 수 있습니다.

유전자 검사뿐 아니라, 내용을 잘 아는 의료진이 필요합니다. 약물의 종류별로 어떤 사람에게는 독성이 커지고, 어떤 사람에게는 약효가 없고, 어떤 사람에게는 약물 농도가 높아져 효과가 더 좋아질 가능성도 있기 때문입니다. 이런 내용을 잘 아는 의사가 환자에 맞게 처방해야 개인별 정밀 치료가 가능해집니다.

다른 예로는 클로피도그렐Clopidogrel이라는 약제가 있습니다. 클리피도그렐은 혈전 형성을 억제하는 약물로 뇌졸중 환자나 심장병 환자 등에게 혈관이 혈전으로 막히는 일이 없도록 하는 약입니다. 이 약은 CYP2C19 효소에 의해 한 번 대사가 되어야 효과를 나타내는 물질로 CYP2C19 효소 기능이 없는 사람들에겐 투여해도 별 효과를 기대할 수 없습니다. 따라서 개인별 정밀 치료는 유전자 분석 후 단순히 "당신은 CYP2C19 효소가 없습니다."라고 말해준다고 해서 바로 이루어질 수 있는 것이 아닙니다. 유전자 검사뿐 아니라, 내용을 잘 아는 의료진이 필요합니다. 동일하게 CYP2C19 효소의 기능이 없는 환자들일지라도, 약물의 종류별로 어떤 사람에게는 독성이 커지고(예 : 보리코나졸), 어떤 사람에게는 약효가 없고(예 : 클로피도그렐), 어떤 사람에게는 약물 농도가 높아져 효과가 더 좋아질 가능성도 있기(예 : 오메프라졸) 때문입

반응 없음(효소 발현 없음)	활성 감소	활성 증가
CYP2A*6, 2A6*4A, 2A6*4B, 246*4D, 2A6*5, 2A6*3	CYP2A6*6, 2A6*7, 2A6*9	
CYP2C19*2A, 2C19*2B, 2C19*3, 2C19*4, 2C19*5A, 2C19*5B, 2C19*6, 2C19*7, 2C19*8		
CYP2D6*3A, 2D6*4A, 2D6*4B, 2D6*4C, 2D6*4D, 2D6*4K, 2D6*4X2, 2D6*5, 2D6*6A, 2D6*6B, 2D6*6C, 2D6*7, 2D6*8, 2D6*11, 2D6*12, 2D6*13, 2D6*14, 2D6*15, 2D6*16, 2D6*19, 2D6*20, 2D6*38	CYP2D6*2A, 2D6*9, 2D6*10A, 2D6*10B, 2D6*17, 2D6*18, 2D6*36, 2D6*41	CYP2D6*2XN CYP2D6*1XN
	CYP1A2*1C	CYP1A2*1F
	CYP2E1*2	CYP2E1*1D
	CYP2C9*2, 2C9*3	
CYP3A5*3, 3A5*5, 3A5*6		CYP3A5*1
		CYP2B6*6

사이토크롬 P450 효과는 그와 관련된 유전자별로 다양하게 나타난다.

니다. 이런 내용을 잘 아는 의사가 환자에 맞게 처방해야 개인별 정밀 치료가 가능해집니다.

지금까지는 약동학과 관련된 이야기를 소개했지만, 이제 화제를 바꿔 약력학과 관련된 이야기를 좀더 해보겠습니다. 십여 년 전 이레사라는 약이 세상의 주목을 받았습니다. 폐암 치료제로, 일부 폐암 환자들에게 치료 효과가 좋은 항암제였습니다. 많은 폐암 환자들은 이 약을 사용하고 싶어했지만 우리나라 건강보험과 제약회사와의 약가 협상이 늦어져서 한동안 의사들이 처방하지 못했던 약물입니다.

이 약의 특성을 이해하기 위해서는 상피생장인자Epidermal Growth Factor, EGF를 이해해야 합니다. EGF는 폐 상피세포나 유선세포와 같은 세포를 증식하게 하는 인자입니다. 생리적으로 이들 세포들이 증식해야 할 필요가 있을 경우, 우리 인체 조직은 EGF 신호를 보내 폐 상피세포나 유선세포의 EGF 수용체를 활성화시켜 세포 증식을 유도합니다. 그런데 EGF 수용체에 돌연변이가 생길 경우, 필요하지도 않는데 EGF 수용체가 활성화되어 세포를 자꾸 증식시키고 암을 유발시킵니다. 이레사는 EGF 수용체의 기능을 억제하는 약물입니다. 그런데 이 약은 담배를 안 피운 사람과 여성 폐암 환자에게 더 효과적이었습니다. 이것은 무엇을 뜻할까요? 폐암 환자 중, 흡연 경험이 없는 환자에게 나타난 폐암은 상당 부분 EGF 수용체 변이 때문에 폐암에 걸렸다는 것을 의미합니다. 그렇기 때문에 약물의 적용 대상을 정할 때, 뜬 구름 잡듯이 '여성' 혹은 '담배를 안 피운 사람'이라고 정하는 것 대신, 암 조직을 떼어내 유전자 검사를 한 후 EGF 수용체에 변이가 있으면 약을 사용하고 그렇지 않으면 약을 사용하지 말라고 하면 될 것입니다. 현재는 임상에 이 방법이 많이 적용되고 있어서, 이레사뿐 아니라 최근에 나온 여러 항암표적치료제Target-specific drug의 경우 이들 치료 약물이 효과가 있을지 없을지 미리 확인하는 경우가 많습니다.

전체 유전자를 대상으로 연구하는 방법

지금까지 언급한 것들은 특정 약동학 · 약력학 유전자를 선정해서 약물을 연구하는 '편향 연구'에 속하는 것들입니다. 이제부터는 전체 유전자를 대상으로 약물 반응 관련 유전자를 연구하는 방법을 살펴보겠습니다. 전체 유전자를 대상으로 연구하는 방법의 원리는 간단합니다. 사람의 전체 DNA 염기 서열에는 특정 위치를 알 수 있는 표지marker들이 있습니다. 가장 대표적인 표지는 범죄 수사에 많이 이용되는 미니새틀라이트 표지Minisatellites marker입니다. 그러나 미니새틀라이트 표지는 그 수가 많지 않기 때문에, 주로 마이크로새틀라이트 표지Microsatellites marker 또는 단일염기다형성single nucleotide polymorphism, SNP이라고 불리는 표지를 사용하여 유전자 바이오마커를 찾습니다. SNP는 A, T, G, C로 이루어진 사람의 유전자 염기 서열에서 약 100~1000개의 염기 서열마다 각 사람 간에 1개씩 다른 경우로 총 100만 개에서 1000만 개 정도가 사람 유전자에 존재하는 것으로 알려져 있습니다. 최근에는 표지를 이용하지 않고 30억 개에 이르는 유전자 서열 전체를 차세대유전자분석 방법으로 알아낸 다음 이를 이용해 연구하기도 합니다.

그러면 도대체 유전자 마커 혹은 염기 서열의 변이를 어떻게 이용하여 연구한다는 것일까요? 간단히 말해, 약물 반응이 있는 사람과 약물 반응이 없는 사람을 구별한 후, 그들 사이의 유전자 변이를 비교하고 조사해보는 것입니다. 옆의 그림에서 특정 유전자 변이가 있는 사람(붉은색 표시)은 유전자와 약물 반응의 상관관계를 연구한 결과 약의 효과가 없는 것으로 판별되었습니다. 그러면, 이 경우 앞으로 환자 치료를 할 때 환자의 DNA 염기 서열 상에서 해당 변이(붉은색 표시)가 있으면 약을 사용하지 않고, 그렇지 않은 경우(푸른색 표시)는 약을 사용하면 됩니다. 이렇듯 원리는 간단해 보입니다. 그러나 실제로 해보면 그렇게 간단하지만은 않습니다.

이를 이해하려면 통계학적 개념이 필요합니다. 일반적인 의학적 · 생물학적 연구에서는 보통 통계학적 제1종 오차를 1%로 놓고 연구를 수행합니다. 즉, 귀무가설(두 집단의 차이가 없다는 가설, 여기서는 해당 유전자 마커가 약물 반응과 관련이 없다는 가설)의 가능성이 1%보다 작으

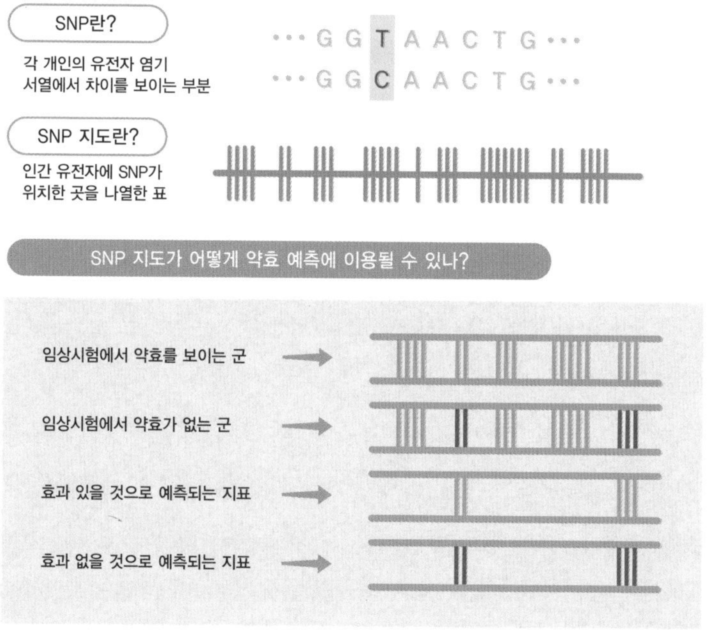

SNP를 표지로 사용해 약물의 효과 여부를 예측할 수 있다.(Roses AD, *Nature* 2000 참조)

면 약효와 관련이 있는 것으로 판정할 수 있습니다. 그런데 유전자 마커 100만 개를 대상으로 연구한다고 한다면, 100만 개의 1%인 1만 개 정도가 실제 약효와 관련이 없더라도 통계적으로는 약효와 관련된 유전자로 나오는 오류 판정을 하게 됩니다. 이런 통계적 문제를 본페로니 문제Bonferroni problem라고 합니다. 따라서 전장 유전자를 대상으로 하는 연구에서는 본페로니 문제에 의한 통계적 오류를 제거하기 위하여 보통 제1종 오차 한계를 5×10^{-8}정도의 매우 작은 값으로 놓고 연구를 하게 됩니다. 이렇게 하더라도 보통 10여 개 이상의 여러 유전자 변이가 약효와 관련이 있는 것으로 나오는 경우가 많습니다. 이 경우 다른 인구 집단에서 추가 연구를 하든지 아니면 분자생물학적 연구 등을 통하여 최종적으로 약물 반응과 관련된 가장 중요한 유전자를 결정하게 됩니다. 따라서 일반적으로 약물 반응 예측 바이오마커를 찾는 연구는 유전학적 · 임상학적 · 분자생물학적 방법을 총 동원하는, 많은 비용과 시간이 들어가는 연구입니다.

신약 개발 촉진

신약 개발을 할 때, 실험실 연구와 동물 실험이 끝나면 인간을 대상으로 임상 시험을 진행합니다. 임상 시험은 여러 단계로 이루어집니다. 1단계에서는 소수의 정상인 자원자를 대상으로 이 약에 독성이 있는지를 시험하고, 2단계에서는 소수의 환자를 대상으로 이 약이 효과가 있는지 시험하며, 3단계에서는 다수의 환자를 대상으로 신약이 기존의 치료법보다 더 효과가 있는지를 시험합니다.

임상 시험을 거치다 보면, 신약이 일부 환자에게만 효과가 있고, 나머지 대다수에게는 효과가 나타나지 않는 경우를 발견하는 경우가 있습니다. 이런 경우, 과거에는 신약으로 개발하기가 힘들었습니다. 그렇지만, 유전자 연구를 통해 새로운 신약에 효과를 보이는 사람을 파악할 수 있으면 신약으로 최종 개발되어 환자 치료에 사용될 수 있습니다. '이레사' 같은 항암제가 대표적인 약물입니다. EGF 수용체 유전자 변이가 있는 사람에게 효과가 좋으므로 암조직 유전자 검사 후 해당 환자에게 사용하면 됩니다. 최근에 개발되는 항암 분자표적치료제들은 처음 신약 개발을 할 때부터 약이 잘 들을 사람들을 미리 판정하는 동반진단검사법companion diagnostics을 같이 개발하기도 합니다.

맞춤약 치료가 실용화되려면

현재 의료진들이 내리는 처방은 개인별 정밀 치료라기보다는 표준 질환에 대한 표준 처방이 많습니다. 그리고 이에 따른 시행착오trial and error를 거치는 진료를 하게 됩니다. 예를 들어 어떤 질환의 환자를 치료할 때 A, B, C, D라는 네 가지 약 가운데 한 가지를 골라야 하는 상황이라면, 의사가 환자에게 가장 적합한 약물을 찾을 때까지 A, B, C, D 약물을 차례로 써보게 됩니다. 그러나 약효를 미리 예측할 수 있는 지표(바이오마커)가 개발되면 의사는 처음부터 환자에게 가장 적합한 약제를 선택할 수 있습니다.

전향적 임상 시험은 일부 환자는 기존의 치료 방법으로 치료하고, 나머지 환자는 유전자 검사를 통한 새로운 치료법으로 치료하여 그 결과를 비교하는 방법입니다. 이를 통해 새로운 진료법의 비교 우위가 확실할 경우 모든 의료진이 새로운 방법으로 환자를 진료하도록 진료 지침을 변경할 수 있습니다.

인간유전체(게놈)프로젝트가 2001년 마무리되면서 많은 사람들이 이 프로젝트가 끝나면 바로 맞춤약 시대가 올 것이라고 기대하였습니다. 그러나 실제 개인별 정밀 치료가 정착되기 위해서는 여러 가지 사회경제적 문제가 해결되어야 합니다. 예를 들어, 의료진의 경우 평소에 하던 대로 표준 진료를 하다가 환자에게 부작용이 발생하면 과거에는 책임이 없었지만, 맞춤약 시대에는 유전자 검사를 하지 않고 치료했다는 이유로 인해 책임을 져야 하는 부담이 발생하게 됩니다. 따라서 의료

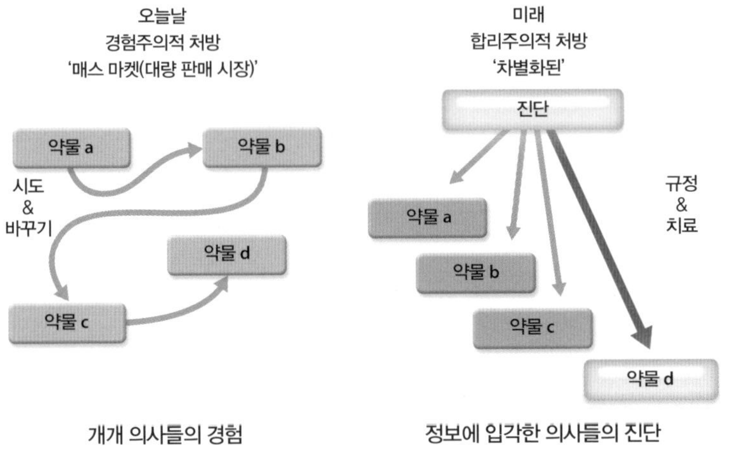

맞춤 약물 치료 시대가 도래하면 경험에 의존한 진단이 아니라 정보에 입각한 진단으로 환자에게 딱 맞는 약물을 처방하게 될 것이다.

진의 입장에서는 꼭 유전자 검사 후에 약을 처방해야 하는지에 대한 더 많은 과학적 근거 제시를 요구하게 됩니다. 경제적인 입장에서 보면, 유전자 검사 비용과 관련된 의료 비용이 증가하는 문제가 발생합니다. 따라서 유전자 검사 비용을 누가 부담할 것인지에 대한 사회적 합의가 이루어져야 합니다. 또한 제약회사의 입장에서도 잘 팔리던 약이 유전자 검사를 꼭 해야만 하는 약으로 변경되면 매출 감소가 예상되기 때문에 가급적 이를 피하려고 할 것입니다.

따라서 이런 모든 문제를 극복하기 위해서는 의학계, 정부(예 : 식품의약품안전처), 산업계가 합의를 이룰 수 있는 충분한 과학적 근거를 수립하고, 이에 따라 진료 지침을 표준 치료에서 개인별 정밀 치료법으로 변경하는 것이 필요합니다. 근거를 마련하는 대표적인 방법으로는 여러 병원이 참여하는 전향적 임상 시험이 있습니다. 전향적 임상 시험은 일부 환자는 기존의 치료 방법으로 치료하고, 나머지 환자는 유전자 검사를 통한 새로운 치료법으로 치료하여 그 결과를 비교하는 방법입니다. 이를 통해 새로운 진료법의 비교 우위가 확실할 경우 모든 의료진이 새로운 방법으로 환자를 진료하도록 진료 지침을 변경할 수 있습니다.

유전자 연구는 항상 윤리적 문제를 동반하게 됩니다. 유전자를 연구하는 연구자는 연구 대상이 되는 환자의 개인별 생물학적 · 사회적 정보를 갖게 되고 이에 따라 사생활을 침해할 수 있습니다. 또한 환자의 건강과 관련된 정보가 사회에 유출될 경우 여러 윤리적 문제를 유발합니다. 만약 어떤 사람이 유전자로 인해 대장암이나 유방암에 걸릴 확률이 높다는 것이 알려지면, 보험회사는 그 사람을 보험에 가입시키지 않으려고 할 것이며 직장에서도 채용을 꺼릴 수가 있습니다.

따라서, 맞춤약 시대를 맞이하기 위해서는 의학자, 임상가, 경제학자, 윤리학자, 정부 · 제약계 · 의료보험 관계자 등 여러 분야의 전문가가 종합적인 토론을 거친 다음 가장 합리적인 방법으로 개인별 정밀 진료 방법을 제시하는 것이 필요합니다.

참고문헌

Roses AD. Pharmacogenetics and the practice of medicine. *Nature* 2000;405:857-865.

The White House Precision Medicine Initiative. https://obamawhitehouse.archives.gov/precision-medicine

Q **CYP2D6이나 CYP2C19의 기능이 감소할 경우 똑같은 약물을 투입해도 부작용이 잘 일어난다고 말씀하셨는데요, 이를 해결하는 연구가 어느 정도까지 진행되었나요?**

A CYP2D6이나 CYP2C19는 약물대사 효소인데, 이 효소들의 기능이 감소하면 일반적으로 약물의 혈중 농도가 높아집니다. 이 경우는 다른 치료 약물이 있으면 다른 약물로 바꾸는 것이 좋고, 이것이 불가능하면 약물의 용량을 줄여서 해결할 수 있습니다. 잘 알려진 CYP 효소 유전자 변이의 경우 각 약물의 용량을 얼마로 줄이는 것이 좋은지에 대한 가이드라인이 제시되어 있습니다.

Q **우리나라에서 맞춤약 치료에 정통해 개인별로 약물을 처방해주는 의사들이 있는지 궁금합니다.**

A 우리나라 유명 대학병원들은 대부분 암 표적 치료와 관련된 유전자 맞춤 치료를 이미 시행하고 있습니다. 가장 대표적인 질환은 만성골수성백혈병입니다. 이 질환은 9번과 22번 염색체가 교차되어 발생되는 필라델피아 염색체로 인해 생기는 질환입니다. 대부분의 환자는 글리벡이라는 약제로 치료되지만 일부 돌연변이가 있는 경우는 다른 약제로 치료를 해야 합니다. 유전자 검사를 통해 이를 미리 알아낼 수 있으며, 현재 우리나라 많은 병원에서 이와 관련된 정밀 진료를 시행하고 있습니다. 또한 암이 아닌 질환에 대하여도 점차 유전자 바이오마커를 활용하는 경우가 늘고 있습니다.

Q **한의학에서는 태양인, 태음인, 소양인, 소음인 등으로 사람의 체질을 나누는데요, 개인별 맞춤 치료는 이러한 한의학에도 적용될 수 있는지요?**

A 제가 한의학을 전공하지 않아서 자세히는 잘 모르겠습니다만, 기본 원칙은 같다고 여겨집니다. 사람의 체질이 저마다 다르므로, 체질에 맞춰 약물을 처방하는 것이니까요. 의학자들이 약물 반응과 관련된 유전자를 찾아내려면 약물이 잘 듣는 사람, 잘 듣지 않는 사람 등의 표현형이 잘 정의되어야 합니다. 그래야 유전자 분석을 했을 때 관련된 유전자를 찾을 수 있습니다. 그런 면에서, 여러 명의 한의사가 동일하게 각 환자에 대하여 태양인, 태음인, 소양인, 소음인의 표현형을 일치되게 구분할 수 있다면, 각 표현형과 관련된 유전자를 규명할 수 있을 것입니다.

2장

살아 있는 것들의 전략

단백질의 운명과 자가포식

송현규 · 고려대학교 생명과학부 교수

서울대학교에서 화학을 전공하여 박사학위를 받았다. 독일 막스플랑크 생화학 연구소, 미국 하버드대학교 의과대학 연구원, 국립암센터 선임연구원을 거쳐, 현재 고려대학교 생명과학부 교수로 재직 중이다. X-선 결정학을 이용하여 단백질 구조를 규명하는 구조생물학 전문가로 세포 내 단백질 분해에 관심을 가지고 연구하는 중이다. 마크로젠과학자상(2012년), Sigma-Aldrich 화학자상(2015년) 등을 수상했다.

아침에는 네 발, 낮에는 두 발, 밤에는 세 발로 다니는 것은 무엇일까요? 한 번쯤 들어봤을 이 질문은 스핑크스의 수수께끼입니다. 답은 사람이죠. 사람은 태어나서는 네 발로 기어다니다가, 생애의 대부분을 두 발로 걷고, 나이가 들어서는 지팡이를 짚다가 마침내 죽습니다. 일반적으로 사람의 일생은 이러합니다. 그런데 오늘 이 자리에서 이야기할 단백질도 생애 주기life cycle를 갖고 있으며 시기에 따라 모양 등에 변형이 생깁니다.

단백질의 일생

생체의 거의 모든 기능을 조절하는 로봇, 단백질의 일생을 한번 볼까요? 세포 내 DNA의 정보는 RNA로 전달되고, 그 정보에 따라 리보솜에서 폴리펩타이드 사슬이 합성됩니다. 그런데 이런 폴리펩타이드 사슬이 생체 내에서 제 역할을 하기 위해서는 단백질이 접히는 폴딩folding이 이루어져야 합니다. 폴딩을 통해 삼차원 구조로 변신하는 것입니다. 이렇게 제대로 된 구조를 이루어야만 단백질은 제 기능을 수행할 수 있습니다. 구조생물학은 이런 분자 구조, 특히 단백질의 3차원 구조를 연구하는 학문입니다.

여기서 우리는 '구조'에 주목할 필요가 있습니다. 사람의 손이 넓적한 바닥과 갈라진 손가락으로 생긴 데에는 다 이유가 있습니다. 이런 구조를 가지게 되면 물건을 잘 잡을 수 있습니다. 양서류를 보면 물갈퀴가 있는데, 그것은 헤엄을 잘 칠 수 있도록 해줍니다. 결국 생긴 모양이 기능을 결정할 때가 많다는 거죠. 따라서 단백질도 제 기능을 할 수 있으려면 잘 접혀서 제대로 된 구조를 갖추어야 합니다. 그리고 단백질은

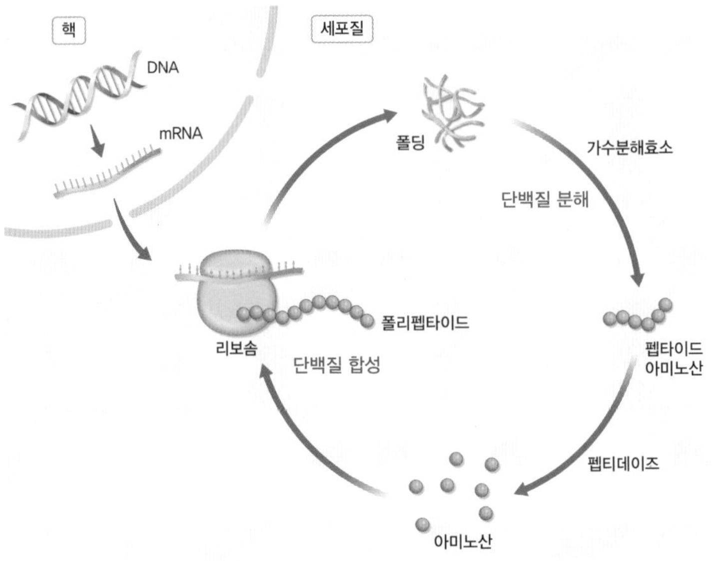

DNA 정보에 따라 합성된 단백질은 기능을 다하고 나면 가수분해효소와 같은 단백질에 의해 아미노산으로 분해된다.

같은 형태를 계속 유지하면서 존재해야 하는 것이 아니라, 기능을 다하고 나면 없어져야 합니다. 즉 세포 내 단백질들은 영원히 존재하는 것이 아니라, 기능을 다한 단백질들은 세포 내에서 제거되어 다시 아미노산 수준으로 분해되어야만 합니다. 그래야 또 다시 새로운 단백질을 만들 수 있습니다.

가수분해효소와 같은 단백질들은 기능을 다한 단백질을 없애줍니다. 우리 몸에는 가수분해효소가 생각보다 많습니다. 거의 10~15% 정도 되는 단백질들이 다른 단백질을 없애고 자르는 데 기여하는 가수분해효소입니다. 단백질을 잘라버리면 아미노산이 남는데, 이 아미노산은 다시 새로운 단백질을 만들 때 사용됩니다. 중요한 것은 기능을 다 한 단백질과 그렇지 않은 단백질을 잘 선택해서 없애야 한다는 점입니다. 세포 내에는 수많은 단백질들이 존재합니다. 별처럼 많다는 의미에서 '단백질 우주protein universe'라는 표현을 쓰기도 합니다. 단백질이 새로 합성되고, 또 분해되는 일련의 메커니즘은 여러 복잡한 단계를 거치기 때문에 에너지 차원에서 보면 매우 비효율적인 과정입니다. 그래서 가수분해효소는 기능을 다 수행했거나 꼭 분해되어야 할 단백질만을 제거해야 합니다. 특히, 단백질 분해는 공유결합으로 연결된 펩타이드 결합을 파괴하는 것이기 때문에 원하지 않게 펩타이드 결합을 파괴한 경우 되돌릴 수가 없습니다. 또 여러 가지 이유로 제대로 폴딩을 못했거나 3차원 구조가 손상된 단백질의 경우에도 세포 내에서 즉시 제거돼야 합니다.

> 미생물부터 인간에 이르기까지 모든 생명체는 세포 내에 단백질을 분해하는 정교한 시스템을 갖고 있습니다. 이런 단백질 제거 과정에는 다음의 세 가지가 딱 맞아떨어져야 합니다. 제거해야 할 기질 선택뿐만 아니라 타이밍과 장소도 맞아야 되는 겁니다.

그런데 이런 제거 과정이 그리 단순하지는 않습니다. 사실 굉장히 복잡합니다. 세포 내 단백질을 분해하는 가수분해효소들은 매우 정교하게 작용해야 하고, 만약 가수분해효소의 작용에 문제가 생기면 세포는 제대로 생존할 수가 없습니다.

미생물부터 인간에 이르기까지 모든 생명체는 세포 내에 단백질을 분해하는 정교한 시스템을 갖고 있습니다. 이런 단백질 제거 과정에는 다음의 세 가지가 딱 맞아떨어져야 합니다. 제거해야 할 기질 선택뿐만 아니라 타이밍timing, 때맞춤과 장소도 맞아야 되는 겁니다.

우선 기질 선택이 잘 이루어지려면 구조 정보가 매우 중요합니다. 왜냐하면 효소가 단백질들을 자르려면 모양을 정확히 인식해서 딱 맞는 것만 잘라야 하기 때문입니다. 또 하나 중요한 것이 타이밍인데, 필요한 단백질을 바로 없애버리면 안 되기 때문입니다. 우리 일상 생활에 빗대자면 생필품을 준비했는데 쓰지도 않고 버리면 안 되는 것과 마찬가지입니다. 그리고 세포 내 작동하는 장소도 아주 중요합니다. 어떤 가수분해효소는 특정 세포 내 소기관에만 모여 있고, 특정 기질은 세포 내의 특정 구획에만 존재하기 때문입니다. 세포 내에서 응집해서 크기가 커진 단백질들이라면 한꺼번에 없애야 하고, 어떤 경우에는 미토콘드리아와 같은 세포 내 소기관을 파괴해야 될 때도 있습니다.

그러면 구체적으로 어떤 과정을 거쳐 분해하거나 제거하는 것일까요? 너무나도 복합한 작용 기전들이 존재하지만 여기서는 제가 현재 연구를 하고 있는 기질 선택의 예를 소개해보도록 하겠습니다.

기질 선택의 예 : 아미노-말단 규칙

아미노산은 아미노 그룹과 카복시 그룹으로 구성되어 있습니다. 아미노산 하나에 카복시 그룹과 결합할 아미노산의 아미노 그룹이 붙고 또 붙고 하는 과정을 계속 거쳐서 펩타이드 결합이 이루어지기 때문에, 앞쪽은 아미노 그룹이, 뒤쪽은 카복시 그룹이 남습니다. 여기서 앞쪽을 아미노-말단N-end이라고 하고, 뒤쪽을 카복시-말단이라고 합니다.

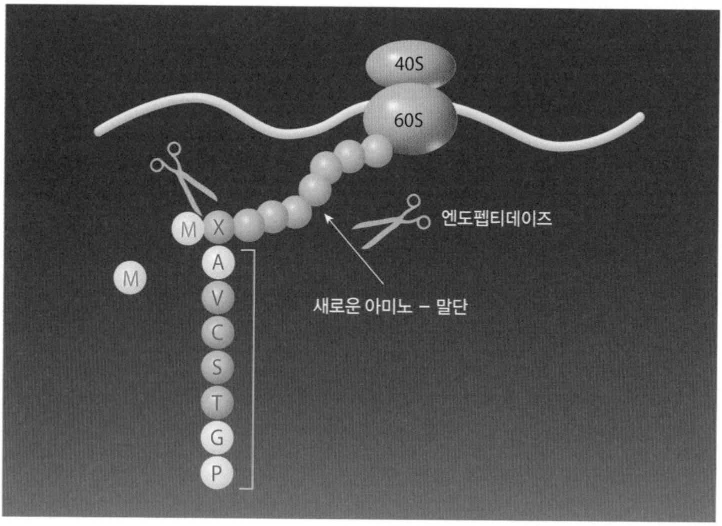

단백질을 자르면 새로운 아미노-말단이 만들어지는데, 이렇게 새로운 아미노-말단이 만들어지면, 만들어진 아미노산에 따라 단백질의 수명이 결정된다.

리보솜ribosome이 단백질을 합성할 때, 일반적으로 맨 처음에 있는 아미노산은 메티오닌Met입니다. 이는 어느 생명체나 대부분 마찬가지로 나타납니다. 그런데 만들어진 메티오닌은 어떤 경우 펩티데이즈peptidase라는 특정 효소에 의해 잘려나갑니다. 그러면 그 다음 번 아미노산이 아미노-말단이 됩니다. 가수분해효소가 단백질을 중간에 싹둑 잘라 새로운 아미노-말단이 만들어지기도 합니다. 우리가 음식을 먹으면, 소화관의 소화 효소들이 단백질을 분해시킵니다. 이런 소화 효소들은 대부분 단백질 가수분해 효소입니다. 대표적으로 트립신이 있습니다. 단백질을 자르면 새로운 아미노-말단이 만들어지는데, 이렇게 새로운 아미노-말단이 만들어지면, 만들어지는 아미노산에 따라 세포 내에서 그 단백질의 수명이 결정됩니다. 이런 규칙을 '아미노-말단 규칙'이라고 하는데 모든 생명체에 다 보존되어 있습니다.

아미노-말단 기질을 인식하는 Ubr1 단백질

1986년 미국 캘리포니아공과대학Caltech의 알렉산더 바르샤브스키Alexander Varshavsky 교수는 효모로 유비퀴틴ubiquitin 연구를 진행하다가 특이한 사실을 하나 발견했습니다. 유비퀴틴 다음에 다른 단백질을 붙여 융합단백질을 만든 다음 유비퀴틴의 카복시-말단을 자르는 효소로 잘라보았더니, 새로이 생기는 아미노-말단 가운데 아미노산 잔기가 양(+)전하를 띠거나 소수성 기가 달라붙은 것들이면 단백질들이 세포 내에서 굉장히 빨리 없어졌습니다.

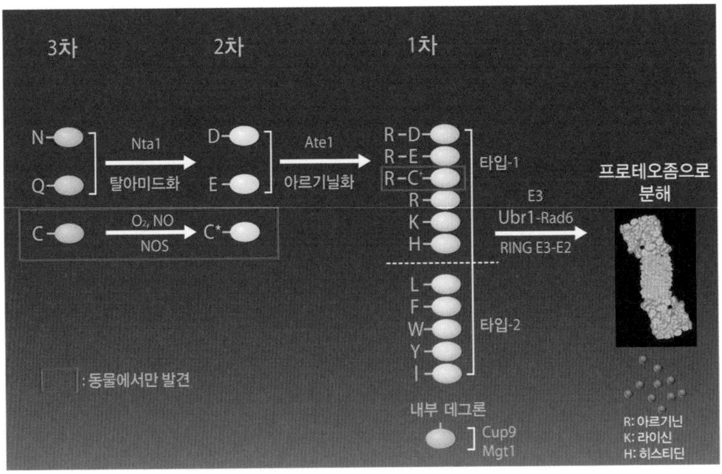

아미노산 잔기가 양(+)전하를 띤 아미노산이 아미노-말단에 위치한 단백질의 경우, 세포 내에서 가수분해효소에 의해 굉장히 빨리 없어진다.

메티오닌Met, 세린Ser, 알라닌Ala 등의 아미노산들은 굉장히 오랫동안 안정적이었습니다. 그러나 아르기닌Arg, 라이신Lys 등 잔기가 양(+)전하를 띤 아미노산이나, 페닐알라닌Phe, 루신Leu 등 소수성 기가 달라붙어 있는 아미노산들이 맨 앞에 오면 이상하게 빨리 없어졌습니다. 알렉산더 바르샤브스키 교수는 이 현상에 아미노-말단 규칙N-end rule이라는 이름을 붙였습니다.

> 새로이 생기는 아미노-말단 가운데 아미노산 잔기가 양(+)전하를 띠거나 소수성 기가 달라붙은 것들이면 단백질들이 세포 내에서 굉장히 빨리 없어졌습니다.

그러면 도대체 어떤 일이 일어난 것일까요? 살펴보니, 아르기닌Arg/R, 라이신Lys/K, 히스티딘His/H 등 양(+)전하를 띤 잔기를 끝에 갖고 있는 단백질들은 Ubr1 단백질에 의해서 아미노-말단이 인식되어, 프로테오좀proteasome이라고 하는 굉장히 큰 가수분해효소에 의해서 제거되는 것이었습니다. 또 소수성 잔기가 있는 페닐알라닌Phe/F, 루신Leu/L 등의 아미노-말단에도 이와 똑같은 일이 일어났습니다.

가수분해효소 작용의 타이밍 예 : 세포 주기

가수분해효소 작용의 타이밍(때맞춤)을 설명하는 예로 세포 주기를 살펴보겠습니다. 세포 주기는 크게 간기와 분열기로 나눌 수 있습니다. 간기 중 S기는 유전자를 복제하는 단계입니다. 복제가 끝나면 세포는 세포 분열을 준비합니다. 분열기는 굉장히 짧습니다. 분열기를 자세

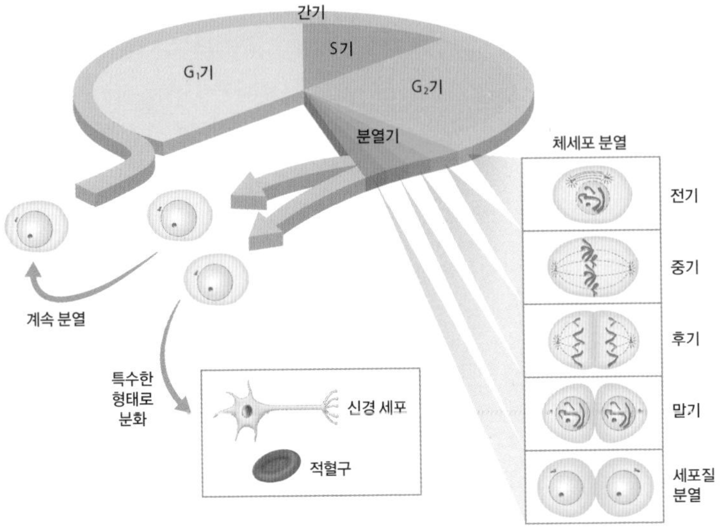

세포 주기는 크게 간기와 분열기로 나뉜다.

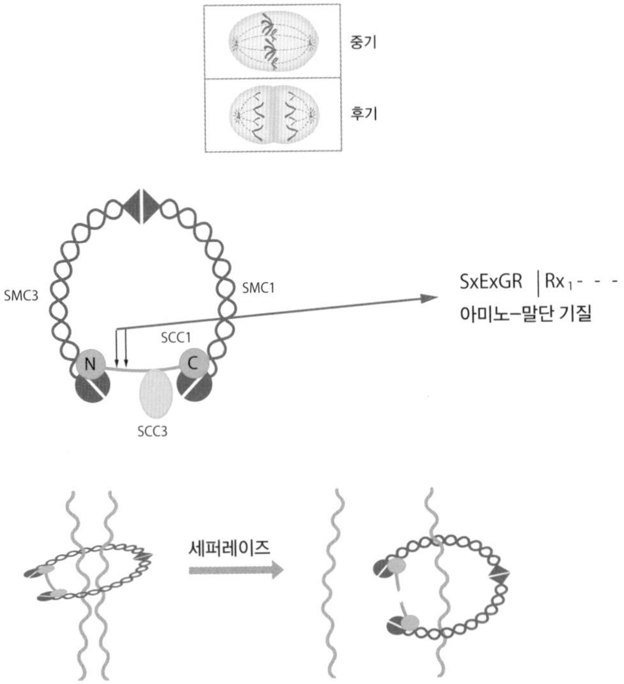

분열기의 중기에서 후기로 갈 때 염색체 분열이 진행된다.

히 보면, 전기, 중기, 후기, 말기, 세포질 분열을 거쳐 결국 2개의 세포가 됩니다. 이 중에서 가장 중요한 단계는 중기에서 후기로 가는 염색체 분열 단계입니다. 이때에는 두 개의 분열되지 않은 자매염색체sister chromatid를 양극에서 자꾸 잡아당기고 있지만, 준비가 다 될 때까지 하나의 세포 내에 있습니다. 이는 코헤신cohesin이라는 단백질 복합체가 반지(링)같이 DNA를 못 가게 막고 있기 때문입니다. 그러다 세포 분열 준비가 다 끝나면 세퍼레이즈separase라는 가수분해효소가 특정 위치의 펩타이드 결합을 자릅니다. 그러면 링이 탁 풀리면서 결국 유전 물질이 극으로 이동하게 됩니다. 이런 세퍼레이즈의 작용은 타이밍이 정확히 딱 맞아야 합니다. 여기서 다 설명하기는 어렵지만, 정확한 타이밍을 맞추기 위해 굉장히 많은 단백질들이 관여합니다.

가수분해효소의 작용 장소 예 : 구획화

가수분해효소의 작용 위치를 설명하기 하기 위해 세포의 구조를 잠시 보겠습니다. 세포 안에서는 식물세포이든 동물세포이든 세포 내 소기관들의 정확한 위치가 있고, 그 기능들이 다 구획화되어 있습니다. 예를 들어, DNA는 핵 안쪽만 존재하고 단백질 합성은 리보솜이 존재하는 세포질에서만 이루어집니다. 그리고 세포질에는 리소좀lysosome이라는 세포 내 소기관이 존재하여 막으로 된 다른 구조물과 융합해 단백질을 없애버립니다. 그 현상이 자가포식 작용입니다. 이제, 구획화와 관련하여 자가포식 작용과 거대 단백질 가수분해 효소인 프로테아좀에 대해서 설명하겠습니다.

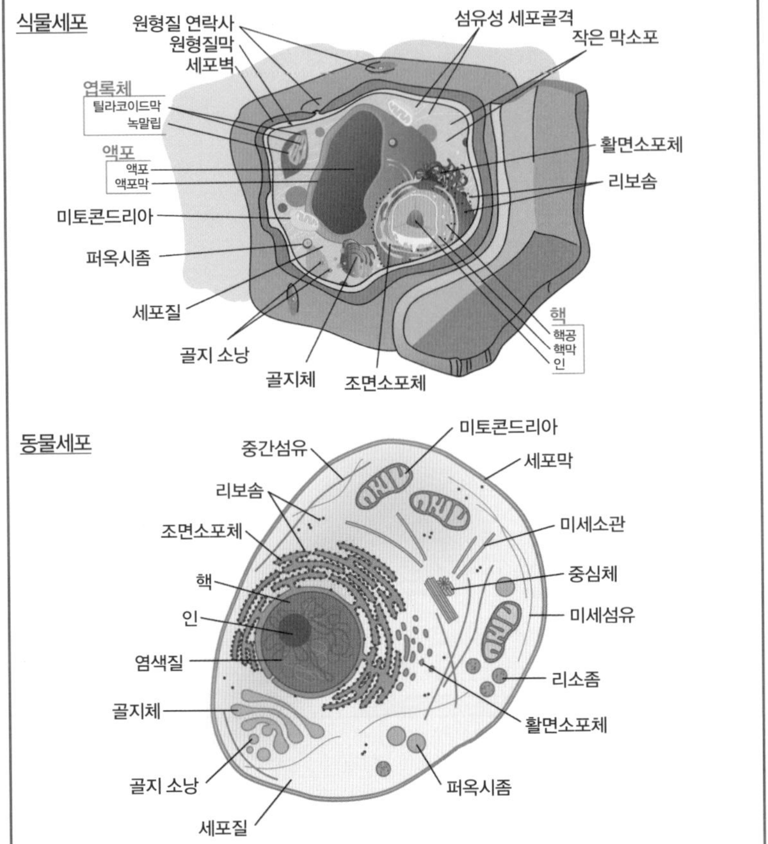

식물세포, 동물세포를 막론하고 세포 안에서는 세포 내 소기관들의 정확한 위치가 있으며, 그 기능들이 다 구획화되어 있다.

자가포식 작용

앞서, 단백질 분해 외에, 세포 내 소기관 전체가 한꺼번에 부서지기도 한다고 얘기했습니다. 이는 자가포식 작용에 의해 이루어집니다. 자가포식은 영어로 'autophagy'라고 하는데, 여기서 'auto'는 '자기self'를

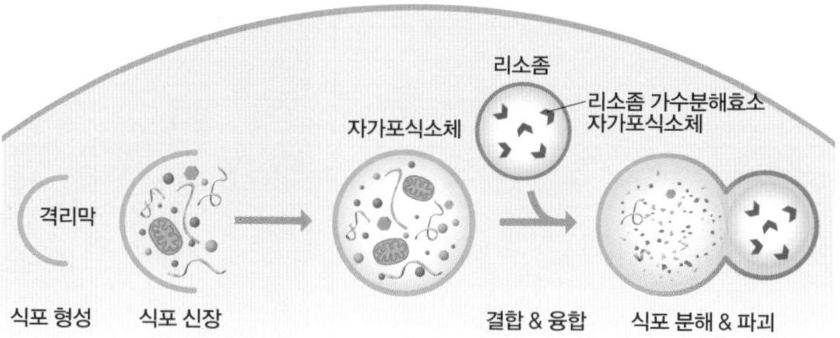

세포가 자신의 단백질을 분해하거나 불필요한 세포 내 소기관을 제거하는 것을 '자가포식'이라고 한다.

뜻하고, 'phagy'는 '먹기eating'를 뜻합니다. 이 현상은 효모에게 영양분을 주지 않았을 때 세포가 세포 내 소기관을 마구 부서뜨린다는 사실을 관찰함으로써 발견되었습니다. 세포 내 소기관 전체를 부서뜨리면 아미노산들이 많이 생길뿐더러 지질도 만들어지고 생장에 필요한 많은 전구체들이 만들어집니다. 이 외에도 병원균을 없애기 위해서 '자가포식 작용'이 일어나곤 합니다. 예를 들어 살모넬라 균이 몸에 침투하면 자가포식 작용을 통해 이 균을 없애버립니다. 사실, 단백질 차원에서 유비퀴틴을 붙여 균을 한꺼번에 없애는 건 쉽지 않습니다. 그런데 자가포식 작용을 하면, 막으로 외부에 들어온 물질(병원균)이나 제거해야 할 세포 내 소기관 같은 것을 둘러싼 다음 리소좀과 융합하는 방식으로 한꺼번에 부서뜨릴 수 있습니다. 리소좀 안에는 약 40~50종류의 단백질

자가포식 작용을 하면, 막으로 외부에 들어온 물질(병원균)이나 제거해야 할 세포 내 소기관 같은 것을 둘러싼 다음 리소좀과 융합하는 방식으로 한꺼번에 부서뜨릴 수 있습니다.

자가포식 작용의 기전을 발견한 공로로 노벨 생리의학상을 수상한 오스미 요시노리

가수분해효소가 있습니다. 그리고 이렇게 부서진 것들에서 생기는 전구체들을 다른 용도로 사용할 수 있기 때문에 자가포식 작용은 세포가 항상성을 유지하기 위한 매우 효과적인 작용입니다. 쉽게 말하자면, 쓰레기를 버릴 때 작은 조각의 쓰레기를 하나하나 버리지 않고 굉장히 큰 용량의 쓰레기 봉투에 한꺼번에 넣어서 처리하는 방식과 유사합니다. 자가포식 작용은 초기에 비선택적으로 작용하는 것으로 알고 있었으나, 제거할 물질에 따라서 선택적으로 작용한다는 것도 알아냈고, 인체의 많은 질병과도 밀접하게 연결된다는 것이 밝혀지면서 많은 새로운 연구들이 진행되고 있습니다. 2016년에는 자가포식 작용의 기전을 발견한 공로로 일본의 오스미 요시노리大隅 良典 교수가 노벨 생리의학상을 수상했습니다.

프로테아좀과 유비퀴틴

세포 내에도 구획화가 이루어져 있지만, 마찬가지로 단백질도 구획화가 되어 있습니다. 프로테아좀proteasome이라는 거대 단백질 복합체의 경우는 기능조절부, 촉매중심부, 다시 기능조절부로 구획화가 되어 있습니다. 기능조절부는 유비퀴틴이 붙어 있는 기질들을 인식합니다.

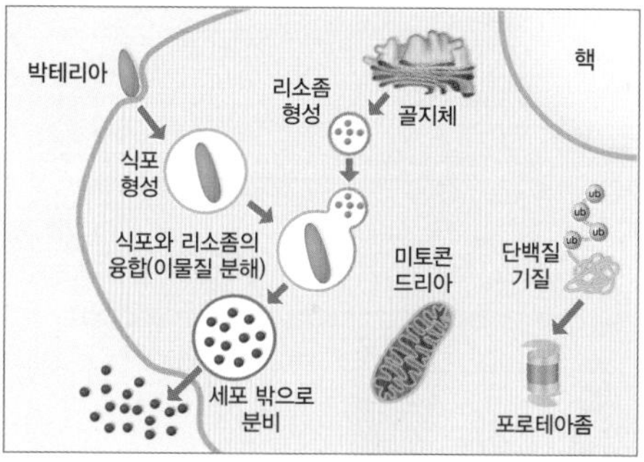

박테리아와 같은 외부 물질이 침입하면 식포가 형성되어 외부 물질을 둘러싸고, 식포와 리소좀이 융합되어 리소좀 안의 가수분해효소에 의해 박테리아 등이 분해된다.

단백질 가수분해효소 프로테아좀은 기능조절부, 촉매중심부, 기능조절부로 구성되어 있다.

그리고 프로테아좀 안쪽에 존재하는 구멍으로 단백질들을 집어넣습니다. 안으로 들어간 단백질은 다 분해가 됩니다. 이렇게 구획화가 이루어져 있는 까닭은 촉매중심부가 바깥에 있다면 단백질을 마구 부술 수 있어서입니다. 제대로 기능하기도 전에 새로 만들어진 단백질들을 없애버리면 안 되죠. 그래서 여러 조절 기작에 의해 촉매중심부 안으로 들어간 단백질들만 부서뜨리게 되어 있는 것입니다. 이처럼 세포 안의 단백질들은 굉장히 정교하게 작용합니다.

세포 내에서 단백질의 정교한 제거가 이루어지기 위해서는 유비퀴틴ubiquitin이라는 작은 크기의 단백질이 표적단백질에 부착되어야 합니다. 유비퀴틴과 관련해서는, 유비퀴틴을 발견한 아론 치카노버Aron Ciechanover와 아브람 헤르슈코Avram Hershko, E1-효소를 발견한 어윈 로즈Irwin rose가 2004년 노벨 화학상을 수상했습니다. 노벨상이 수여된 것은 그만큼 유비퀴틴 연구의 중요성을 크게 인정받았기 때문입니다.

아론 치카노버(왼쪽), 아브람 헤르슈코(가운데), 어윈 로즈(오른쪽)는 유비퀴틴 연구에 대한 공로를 인정받아 2004년 노벨 화학상을 수상하였다.

유비퀴틴이 표적에 부착되고 프로테아좀proteasome이라는 거대 가수분해효소 복합체에 의해 분해되는 과정은 세포 내 단백질 운명을 이해하는 데 매우 중요합니다.

세포 내 단백질 및 소기관 분해

요약하자면, 세포 내 단백질들은 특정 부분이 제거되어야만 정확한 기능을 하기도 하며, 제대로 폴딩이 안 된 단백질들은 즉시 제거되어야 합니다. 어떤 경우는 단백질 폴딩을 도와줘서 다시 원상 복귀를 하기도 합니다. 즉 폐기 대신 수선을 해서 다시 사용하는 것이죠.

단백질 품질관리protein quality control를 위해 세포 내에는 많은 샤페론chaperone과 가수분해효소protease들이 있습니다. 어떤 단백질 복합체의 경우는 두 가지 기능을 모두 가지고 있으면서 상황에 따라 로마의 신 야누스Janus처럼 정반대의 작용을 합니다.

세포 내에서 단백질 응집체를 분해하거나 세포 내 소기관 전체를 분해하기 위해서는 자가포식을 일으켜야 합니다. 자가포식소체에 분해시킬 물질들을 포집하고 리소좀과의 융합을 통해 분해시킵니다. 즉, 유비퀴틴-프로테아좀과 자가포식 작용-리소좀 경로가 세포 내에서 단백질을 제거하는 두 가지 방식입니다.

일단 제거하기로 결정되면 진핵생명체들은 제거하고자 하는 단백질에 유비퀴틴이라는 작은 단백질을 붙이고, 이를 인식하는 프로테아좀에 의하여 표적 단백질을 아미노산으로 분해시킵니다. 세포 내에서 단백질 응집체를 분해하거나 세포 내 소기관 전체를 분해하기 위해서는 자가포식autophagy을 일으켜야 합니다. 자가포식소체autophagosome에 분해시킬 물질들을 포집하고 리소좀과의 융합을 통해 분해시킵니다. 즉, 유비퀴틴-프로테아좀과 자가포식 작용-리소좀 경로가 세포 내에서 단백질을 제거하는 두 가지 방식입니다.

단백질 분해에 문제가 생기면 많은 경우 질병으로 연결됩니다. 예를 들어, 앞서 소개한 세포 주기 조절은 단백질을 부서뜨리는 방법으로 진행됩니다. 세포 주기 조절이 제대로 이루어지지 않아서, 세포 분열이 더 이상 이루어지면 안 되는데도 계속 세포가 분열하면 결국 암이 생깁니다. 이렇게 계속 세포 분열이 이루어지는 것은 세포 주기 조절에 문제가 있기 때문입니다. 따라서 굉장히 많은 암이 단백질 분해와 관련이 깊습니다.

또 한 가지, 파킨슨병이나 치매와 같은 퇴행성 신경질환은 뇌에 단백질이 침착되어서 생깁니다. 단백질들이 침착되는 상황이 문제를 일으

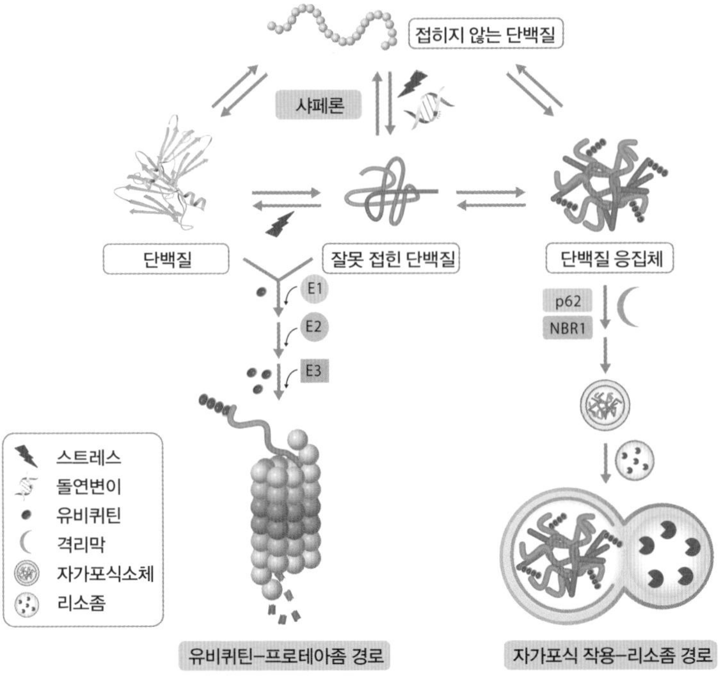

세포 내 단백질을 제거하는 두 가지 방식이 있는데, 하나는 유비퀴틴-프로테아좀 경로에 의한 단백질 제거이고, 다른 하나는 자가포식 작용-리소좀 경로에 의한 단백질 제거이다.

키는 것이죠. 단백질 응집체를 제거해야 되는데 제거하지 못하면, 이렇게 질병이 일어나게 됩니다.

유비퀴틴-프로테아좀 분야 신약 개발

유비퀴틴은 1970년대 말에 발견되었습니다. 그러나 초기에는 큰 관심을 받지 못하다가 2000년대가 되면서 유비퀴틴 응용 연구가 매우 각

광받게 되었습니다. 최근에는 단백질 분해와 관련된 기전에 기초하여 신약을 개발하는 움직임이 큽니다.

밀레니엄 파머슈티컬스Millennium Pharmaceuticals라는 제약회사는 유비퀴틴 활성화 E1-효소를 표적으로 하는 약물을 개발한 바 있으며, 이 밖에 여러 제약회사들을 중심으로 유비퀴틴 접합 E2-효소나 단백질 가수분해효소를 표적으로 하는 약물들이 많이 개발되었습니다.

예를 들어 프로테아좀 저해제는 현재 암 환자를 대상으로 사용되고 있습니다. 모든 암에 다 듣는 건 아니지만, 특성다발성골수종myeloma처럼 혈액 관련 암에는 아주 효과적인 편입니다. 프로테아좀은 세포 내 많은 단백질들의 분해를 담당하는데 그 활성을 저해시키면, 세포 내에 단백질들이 축적되면서 세포의 성장이 멈추고 분화도 하지 못합니다. 비록 프로테아좀 저해제는 암세포뿐 아니라 정상세포에도 영향을 미치지만, 주로 암세포가 아주 큰 영향을 받기 때문에 항암 효과를 나타냅니다.

특히 프로테아좀 저해제로 나온 베르케이드Velcade는 특성다발성골수종, 외투세포 림프종 등의 암에 효능이 매우 좋은 것으로 알려져 있습니다. 이 항암제는 1995년 마이오제닉스Myogenics 사가 처음 합성하였고, PS-341란 첫 이름으로 다발성골수종암 환자들을 대상으로 임상 시험을 진행했습니다. 1999년 10월부터 밀레니엄 파머슈티컬스가 임상 시험을 확대했으며, 2003년 5월에 미국 식품의약품안전청(FDA)의 승인을 받았습니다. 이 프로테아좀 저해 항암제 베르케이드는 현재까지 전세계적으로 수많은 암 환자의 목숨을 구한 것으로 알려져 있습니다.

구조생물학과 신약 개발

신약 개발을 하려면, 단백질 분해 영역뿐 아니라 다른 영역들의 연구도 함께 이루어져야 하는데, 그중 구조생물학 분야의 역할이 매우 큽니다.

예를 들어보겠습니다. HIV(인간면역결핍바이러스)는 단백질을 한 가닥 사슬로 만드는데, 이때 HIV 프로테아제(가수분해효소)가 필요한 위치에서 잘라줘야만 단백질이 제 기능을 할 수 있습니다. 그러면 HIV 프로테아제가 제대로 기능하지 못하도록 하면 어떻게 될까요? 그렇습니다, HIV 바이러스가 살아갈 수가 없습니다. 이렇게 HIV 프로테아제의 구조를 이해한 후, 활성 부위 구조에 맞는 물질을 집어넣으면 약이 될 수 있습니다. 즉 단백질 구조 정보를 알고 난 후 그에 맞는 물질을 디자인하면, 신약 개발 과정을 단축시킬 수 있습니다.

신약 개발의 초기 단계에서부터 단백질의 구조를 미리 알고 있다면, 그 신약(표적단백질의 기능을 저해하는 신약)을 개발하는 시간을 훨씬 더 단축시킬 수가 있을 겁니다.

단백질의 구조와 기능 간에는 밀접한 관계가 있습니다. 예를 들어 달걀판의 구조(모양)는 달걀이 깨지지 않도록 만들어진 것입니다. 드라이버와 깔때기가 지금과 같은 모양을 갖는 이유는 나사못을 잘 박을 수 있거나 용액을 잘 전달하는 기능 때문입니다. 단백질의 모양도 그 기능에 따라서 천차만별입니다. DNA 이중나선 구조의 크기와 동일한 크기의 구멍을 가지고 DNA에 결합하는 단백질이 있는가 하면, 특정 각도로 구부러져 항원을 잘 인식하는 구조의 항체도 있습니다. 신약 개발

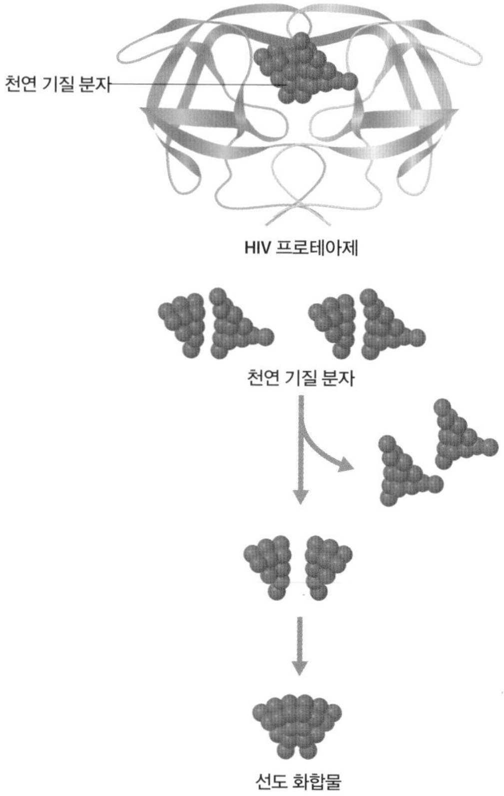

HIV 프로테아제 구조를 이해한 후 활성 부위 구조에 맞는 물질을 디자인하면, HIV에 대한 신약을 개발할 수 있다.

의 초기 단계에서부터 단백질의 구조를 미리 알고 있다면, 그 신약(표적 단백질의 기능을 저해하는 신약)을 개발하는 시간을 훨씬 더 단축시킬 수가 있을 겁니다.

구조 기반 신약 개발 과정

단백질 구조 정보를 기반으로 하는 신약 개발은 다음과 같은 과정을 거칩니다. 맨 처음 표적단백질의 유전자 정보를 찾아내는 작업을 진행해야 합니다. 유전자 정보는 데이터베이스에 널려 있고 이를 생물정보학을 이용해 찾아내는 것입니다. 그런 다음 생화학이나 분자생물학 기법을 이용해 단백질을 대량으로 만들어냅니다. 유전자 조작 등은 분자생물학 영역에 해당하는 것입니다. 크로마토그래피와 같은 생화학 기

생물정보학	표적 분자 선정
분자생물학 및 생화학	클로닝, 발현, 순수 분리
예술	결정화
물리학 및 화학(결정학)	X-선 실험, 방사광 이용
IT(계산)	수학적 계산
컴퓨터 그래픽스	분자모형 및 정밀화
의약학	구조기반 신약 개발

구조 기반 신약 개발 과정에는 생물정보학, 분자생물학, 생화학, 물리학화학, IT, 컴퓨터 그래픽, 의약학 등 다양한 학문들의 융합이 이루어져야 한다.

법을 통해 단백질을 순수하게 분리해낼 수 있습니다. 그 다음의 '결정화'부터는 보통 생물학자들의 작업과는 꽤 다른 영역이고 물리학이나 화학의 결정학에서 하는 일과 비슷합니다. 단백질 결정을 만드는 것은 매우 어려운 일이어서 '예술의 영역'이라고 하기도 합니다. 만들어진 단백질 결정들은 굉장히 예쁩니다. 그리고 이런 결정들을 방사선 가속기 등을 이용해서 실험하고 데이터를 모은 다음, 컴퓨터 그래픽을 사용해 단백질 모형을 만듭니다. 단백질 모형을 가지고 화합물을 디자인하거나 그렇게 디자인된 것들의 약효를 테스트하는 작업은 의약학 영역에 해당합니다. 새로운 신약은 이처럼 다양한 학문들의 융합이 이루어져야만 가능합니다.

ADEP 계열 항생제 개발

구체적으로 우리 실험실에서 진행하고 있는 연구를 하나 소개해보도록 하겠습니다. 우리 실험실에서는 항생제 개발을 목적으로 가수분해효소 연구를 많이 합니다. 박테리아에는 우리 몸에 있는 프로테아좀과 비슷한 거대한 가수분해효소 복합체가 있습니다. 그중 하나가 ClpP라는 단백질입니다. 바이엘 사에서 독립한 AiCuRis 회사는 주로 항생제와 항바이러스제를 만드는 곳인데, 이 회사가 스트렙토미세스Streptomyces라는 균에서 ADEPacyldepsipeptide라는 물질을 분리해냈습니다. 이 독일 회사로부터 ADEP 물질을 제공받아 ClpP라는 단백질의 구조-기능 연구를 해오고 있습니다. 이 물질은 펩타이드 여러 개를 붙여놓은 것과 같은 모양을 하고 있습니다. 이 물질은 다른 균을 잘 죽이는데, 이유를 알아보니 ClpP라는 가수분해효소의 활성을 더 좋게 해줘

서였습니다. 가수분해효소가 필요한 경우에만 작동하여 균 단백질을 잘라야 하는데, 무작위로 단백질을 없애는 것입니다. 그래서 균이 죽었던 것입니다. 균을 죽이므로, ADEP라는 물질은 항생제로 활용할 수 있는 물질이 될 수 있습니다. 그러면 어떤 과정을 거쳐서 항생제와 같은 기능을 할 수 있는 것일까요?

저희 연구실에서 ClpP와 그 항생제 후보 물질과의 복합체 구조 연구를 통하여 해답을 얻을 수 있었습니다. ClpP 가수분해효소의 활성부위로 단백질 기질이 들어가려면 아주 작은 구멍을 통과해야 합니다. 그런데 항생제가 붙으면 그 단백질이 전달되는 구멍이 확 넓어집니다. 구멍이 넓어지면 부숴야 할 단백질이 구멍 안으로 쉽게 들어가게 될 것이고, 그러면 안쪽의 활성 부위와 기질이 잘 붙어서 분해가 되는 것이죠. 이런 식으로 단백질의 구조나 구조를 변화시키는 방법을 통해서 효과적인 신약을 개발할 수가 있습니다.

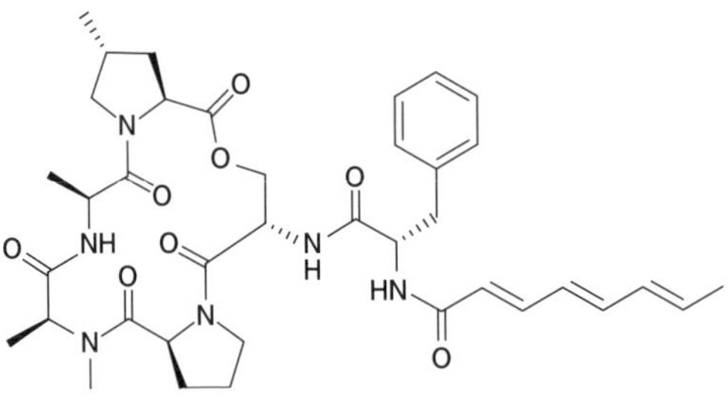

ADEP는 Cl_pP 가수분해효소의 활성을 더 좋게 만들어 균을 잘 죽이는 물질이다.

ClpP 활성 기전을 보여주는 유튜브 동영상

서양 속담에 "Seeing is Believing(보는 것이 믿는 것이다)"이라는 말이 있습니다. 많은 구조생물학 실험실들은 "보는 것이 믿는 것이다"라는 표어를 붙여놓고 연구합니다. 우리 실험실에서는 단백질 구조 전체를 보고 그 이후 어떻게 기능을 할 것인가를 많이 고민합니다. 세포생물학 기법 등을 이용하여 간접적으로 기능을 테스트하는 것보다는 직접적으로 단백질 분자가 어떻게 생겼는지를 보는 것이 그 기능을 이해하는 데 굉장히 중요하기 때문입니다. 물론 약을 개발할 때도 매우 유용하게 사용됩니다.

Q **프로테아좀 저해제가 단백질 분해를 저해한다고 하셨는데요, 이 경우 이 약의 부작용이 나타나지 않을까요?**

A 암세포는 계속해서 자라야 하기 때문에 훨씬 더 영향을 많이 받습니다. 약학자들은 정상세포에게는 영향을 주지 않으면서 암세포에만 영향을 많이 주는 농도 등을 알아내려고 합니다. 약이라는 것이 사실 몸 안에 있지 않은 물질을 먹는 것이라서 많은 부작용들이 있습니다. 그 부작용들이 나타나지 않거나 적어도 최소화되면서 약효가 있는 농도를 찾아내는 것이 중요합니다.

Q **유비퀴틴이 분해할 단백질에 붙어서 프로테아좀을 불러 가수분해를 일으킨다 했는데, 그렇게 되면 유비퀴틴도 같이 프로테아좀 안에 들어가서 분해되는, 일종의 일회용 단백질인지 궁금합니다.**

A 유비퀴틴은 굉장히 많은 단백질입니다. 얼마나 많으면 이름이 유비퀴틴이겠습니까? 많기 때문에 ubi-라는 이름이 붙여진 겁니다. 유비퀴틴이 재생되는 정확한 메커니즘은 2002년에 이르러서야 발견되었습니다. 프로테아좀이라고 하는 큰 단백질이 있는데, 거기에서 유비퀴틴과 기질을 딱 잘라주는 효소 활성이 발견됐습니다. 그러니까 프로테아좀이 유비퀴틴이 붙은 기질을 집어넣는 단계 중에서, 기질 쪽만 집어넣고 유비퀴틴은 잘라냅니다. 유비퀴틴을 부서뜨리지 않고 다시 세포질로 보내 그 유비퀴틴이 또 다른 단백질들에 이용되게끔 만들어져 있는 것입니다.

Q **세포 내에서 많은 단백질들이 프로테아좀에 의해서 분해가 되는데, 만약에 이런 분해 과정이 제대로 이루어지지 않으면 세포 내에서는 어떤 현상이 발생하나요?**

A 단백질 분해 현상이 제대로 일어나지 않으면 많은 경우 질병으로 이어집니다. 예를 들어서 parkin 단백질은 E3에 해당하는 단백질입니다. 그것이 잘못되면 단백질들이 세포 내에 침착이 됩니다. 그런 침착이 축적되면 세포 중에서 도파민에 민감한 세포들이 먼저 죽기 시작합니다. 파킨슨병 환자들 중 상당수가 엘도파(L-DOPA)를 먹는데, 이 약물은 병의 진행을 더디게 할 뿐 치료하지는 못합니다. 신경질환들은 아직도 연구할 것이 많습니다.

Q **아미노-말단 규칙을 설명하실때, 아르기닌처럼 양(+)전하를 띤 것이 아미노-말단에 있으면, 금방 없어진다고 하셨는데 왜 그런 건지 궁금합니다.**

A Ubr1 단백질들은 항상 세포 내에 존재하면서 아르기닌 같은 잔기(residue)가 아미노-말단에 있는지를 항상 감시하고 있습니다. 그래서 아르기닌이 생기기만 하면 항상 작동합니다. 그런 이유 때문에 아미노-말단에 아르기닌이 있으면 그 단백질은 항상 불안합니다. 양(+)전하를 띤 것들로는 아르기닌, 히스티딘, 라이신, 이 세 가지입니다. 이 세 가지 잔기가 아미노-말단에 존재하면 Ubr1이라는 단백질에 의해 인식되고, 곧바로 유비퀴틴-프로테아좀 경로에 의해서 제거됩니다.

암, 유전질환, 그리고 RNA

심해홍 • 광주과학기술원 생명과학부 교수

북경대학교를 졸업하고, 중국과학원 생물물리연구소에서 석사학위를, 한국과학기술원에서 박사학위를 받았다. 미국 매사추세츠주립대학교 의학전문대학원 박사후연구원을 거쳐, 현재 광주과학기술원 생명과학부 교수로 재직 중이다.

리보핵산이라는 말을 들어본 적 있나요? 리보핵산은 RNA의 다른 이름입니다. 데옥시리보핵산은 DNA의 다른 이름입니다. RNA는 DNA와 굉장히 다른 기능을 가지고 있는데, 아직까지 밝혀진 것들이 많지 않아서 굉장히 주목받고 있는 분야 가운데 하나입니다.

생물의 특징

사람, 포유류, 곤충, 식물, 박테리아를 아우르는 공통점은 이들이 모두 '생명'이라는 것입니다. 생명과 생명이 아닌 것을 구분하는 것들로는 자기증식 능력, 에너지 변환 능력, 항상성 유지 능력 등을 꼽을 수 있습니다.

구체적으로, 생명을 지닌 것들은 다음과 같은 특성을 지녔습니다.

- 체내에 필요한 물질이 합성 · 분해되는 '물질 대사'
- 환경의 변화를 감지하고 반응하는 '자극과 반응'
- 외부 환경의 변화에도 체내 환경을 일정하게 유지하려는 '항상성 유지'
- 종족 유지를 위해 자신과 닮은 자손을 남기려는 '생식과 유전'
- 세포가 커지거나 세포 분열에 의해 수가 늘어나며 자라는 '발생과 성장'
- 환경의 변화에 변화할 수 있는 '적응과 진화'
- 세포로 구성된 '정교하고 복잡한 체제'

우리는 먹고 마시고 움직이고 잠을 잡니다. 이런 활동을 하는 우리의 몸은 세포로 구성되어 있습니다. 갓난아기의 경우에는 20조 개의 세포로, 성인의 경우에는 60조~100조 개의 세포로 구성되어 있습니다. 세포란 모든 유기체를 지탱시키는 기본 구조이자 활동 단위입니다. 박테리아 등의 유기체는 세포 하나로 구성된 단세포 생물이고, 인간을 포함한 모든 유기체는 다세포 생물입니다. 그래서 각각의 세포는 적어도 그 자체로 완전하며, 스스로 활동할 수 있습니다. 또한 영양소를 에너지로 전환시킴으로써 고유한 기능을 수행하며, 필요에 따라 번식할 수도 있습니다.

세포, 생명체의 기본단위

식물세포와 동물세포는 둘 다 세포핵과 핵막을 갖고 있습니다. 식물세포에는 세포벽이 존재하고, 동물세포에는 세포막이 존재한다는 차이가 있습니다.

그러면 세포의 최소 요건은 무엇일까요? 첫째 유전 물질이 있습니다. 둘째 단백질이 있습니다. 셋째 세포막이나 세포벽이 있어 물질 출입이 조절됩니다. 아무것이나 막 들어오면 안 되기 때문입니다.

DNA는 유전 물질입니다. 유전자는 유전의 기본단위로, DNA 서열 중 단백질 합성 정보를 갖고 있는 부분을 일컫습니다.

DNA 구조를 잘 보면, 아데닌, 사이토신, 구아닌, 티민이라는 염기가 포함되어 있습니다.

DNA는 염기, 오탄당sugar, 인산기로 구성되어 있는데, 오탄당과 오탄당 사이를 인산기phosphate가 연결하기 때문에 이 연결을 무한대로 늘릴 수 있습니다. 이렇게 염기, 당, 인산이 결합한 것을 뉴클레오타이드라고 합니다. DNA는 이중나선 구조로 되어 있으며, 염기들끼리는 수소결합을 이루고 있습니다.

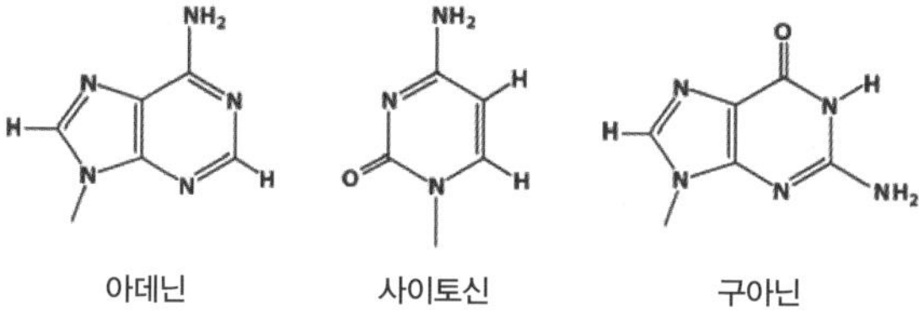

DNA 염기의 구조

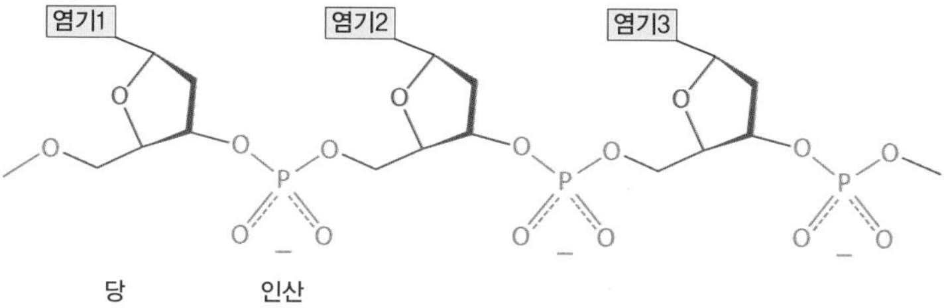

DNA는 염기, 오탄당, 인산기로 구성되며, 오탄당과 오탄당 사이를 인산기가 연결한다.

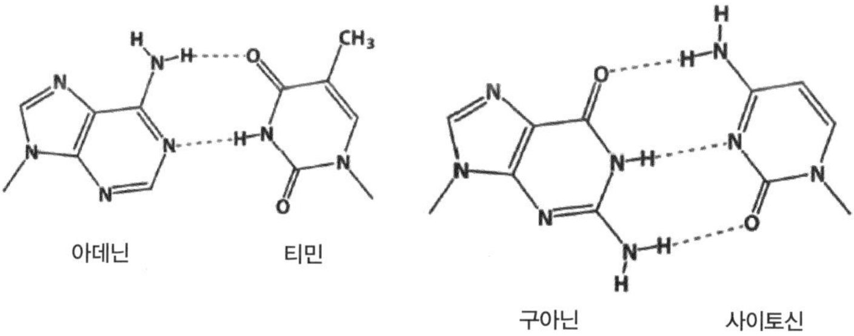

수소결합을 통해 아데닌은 티민과 염기쌍을 이루고, 구아닌은 사이토신과 염기쌍을 이룬다.

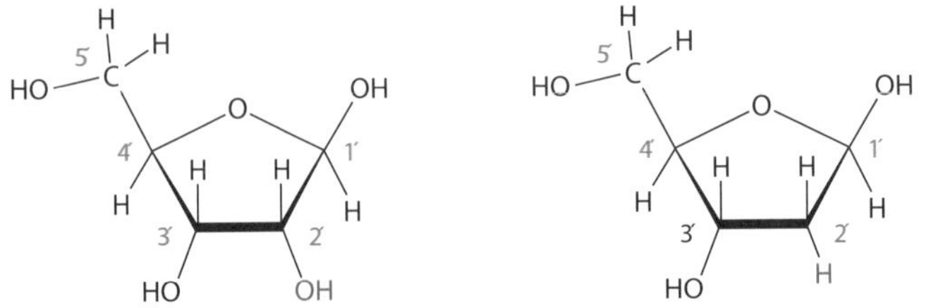

RNA DNA

RNA에는 수산기가 붙어 있고 DNA에는 수소가 붙어 있다.

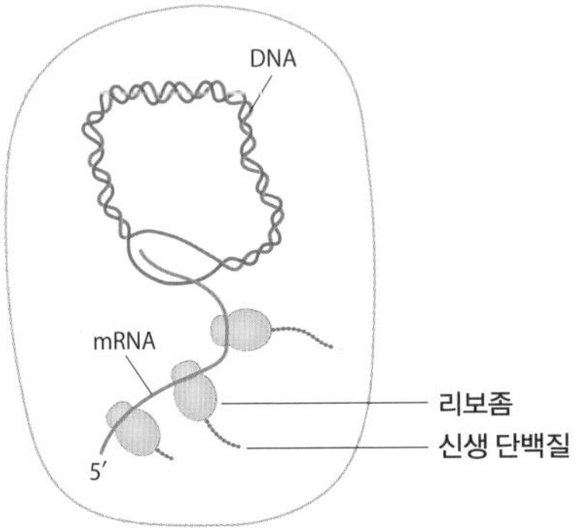

원핵생물

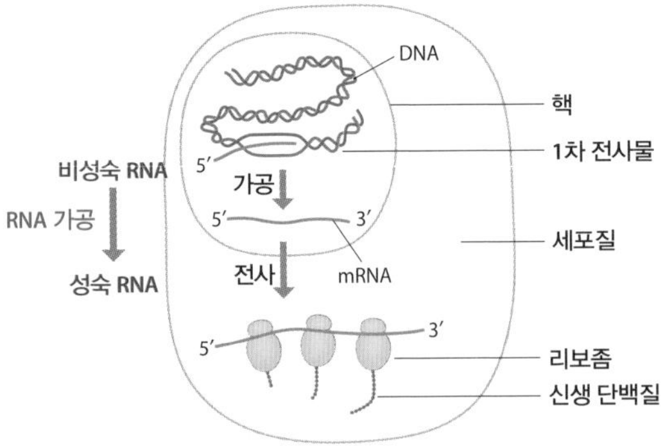

진핵생물

진핵생물에서의 전사는 원핵생물과 달리 RNA 가공 과정을 거치는데, 이를 통해 비성숙한 RNA가 성숙한 RNA가 된다.

이 수소결합은 염기와 염기 사이를 결합시키는데, 산소(O)와 수소(H) 원소가 결합하기도 하고, 수소(H)와 질소(N)가 결합하기도 합니다. DNA의 염기들은 A는 T, G는 C와 염기쌍을 이룹니다.

다세포 생물에서 모든 세포의 DNA는 같습니다. 우리 몸에는 기능이나 형태에 따라 다양한 세포들이 있습니다. 피부를 이루는 상피세포, 근육을 이루는 근세포, 뼈를 이루는 골세포, 감각이나 운동에 관여하는 신경세포 등 매우 다양합니다. 또 혈액 속에는 적혈구나 백혈구가 있고, 정세포와 난세포와 같은 생식세포, 모발을 이루는 모피세포도 있습니다.

질문을 하나 던지겠습니다. 유전 물질은 같은데, 왜 손끝에는 손톱이 자라고 머리에는 머리카락이 자랄까요? 분화 때문일까요? 간단히 말하자면, 각 세포가 분화될 때, DNA에서 필요한 정보만 가져오기 때문입니다. 사람 몸의 유전 정보는 모든 세포의 DNA에 전부 존재합니다. 사람의 유전자 수는 약 2만 5000개~3만 개입니다.

RNA

리보핵산이란 오탄당의 일종인 리보스를 기본으로 뉴클레오타이드를 이룹니다. 하나의 나선이 길게 꼬여 있는 구조이며, DNA 일부가 전사됩니다. DNA에서는 염기로 A, C, G, T가 있지만, RNA에서는 염기로 A, C, G, U우라실, uracil가 있습니다.

세포는 유전자 발현 과정에서, DNA에서 mRNA를 만들며(전사), mRNA에서 단백질을 만듭니다(번역). 즉 RNA는 유전 정보를 운반하거나 전달하는 역할을 하는 것을 알 수 있습니다. 대체로, 중간에 RNA

가 없으면 DNA에서 단백질로 가는 건 불가능합니다(최근 RNA에서 DNA로 가는 다른 경로가 밝혀져 연구가 진행 중입니다). 각각의 세포는 필요한 DNA 부분만 복사를 하는데, 그것을 RNA가 담당하는 것이죠. 예를 들어 쉽게 해석하면, 머리카락 세포는 자기가 필요한 유전 정보만 가지고 옵니다. 그래서 복사된 RNA는 세포질로 나와서 단백질을 만들게 합니다. 즉 DNA는 유전 정보 자체를 담아놓는 물질 정도로 볼 수 있습니다.

구조적으로, DNA는 RNA와 차이를 보여줍니다. 오탄당의 2′ 위치를 보면, RNA에는 수산기(–OH)가 붙어 있고, DNA에는 수소(H)가 붙어 있습니다.

그런데 수산기(–OH)가 있으면 어떨까요? 불안정합니다. 그러니까 RNA 자체는 불안정하다고 생각하시면 됩니다. 반면 DNA는 RNA에 비해서 안정적입니다.

여기서 잠시, 원핵생물과 진핵생물에서의 전사를 살펴보고 넘어가겠습니다. 원핵생물이란 무엇일까요? 핵이 없는 생물입니다. 원핵생물에서는 핵이나 세포질과 같은 세포 내 소기관이 없기 때문에, 전사와 번역이 거의 동시에 진행됩니다. 즉 DNA에서 RNA가 만들어지면, 리보솜이라는 복합체가 단백질을 만들어냅니다.

이와 달리 진핵생물에는 세포 안에 핵이 있습니다. 진핵생물에서는 DNA에서 RNA가 만들어지는데, 이때 RNA는 반드시 RNA 가공 과정을 거쳐 성숙한 RNA가 되어야 단백질을 만들 수 있습니다. 오늘의 핵심 주제는 바로 이 RNA 가공 과정입니다. 그리고 RNA는 반드시 핵 밖으로 나와야만transport 리보솜들이 달라붙어서 단백질을 만들 수가 있습니다.

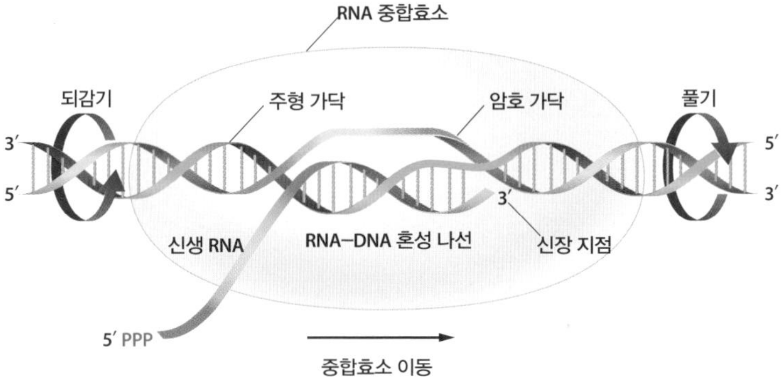

RNA 중합효소는 전사에서 핵심적인 역할을 한다.

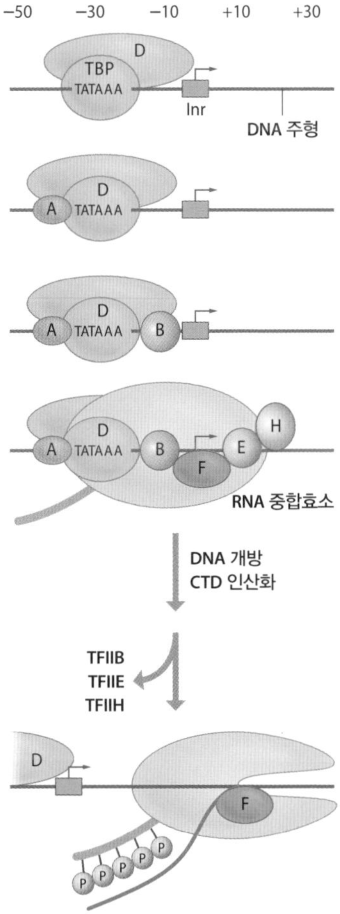

진핵생물의 전사 과정에는 RNA 중합효소뿐 아니라 다른 단백질이 필요하다.

RNA 중합효소가 전사를 책임진다

원핵생물에서 유전자 발현의 첫 단계는 '전사'입니다. 이 전사에서 핵심적인 역할을 해내는 것은 RNA 중합효소입니다. RNA 중합효소는 DNA에 달라붙어서 이중나선인 DNA를 풀어서 RNA를 만듭니다. RNA는 풀어준 부분의 DNA와 염기쌍base pairing을 이룹니다. RNA 중합효소는 DNA를 따라 쭉 앞으로 진행해 나가면서 DNA의 앞부분을 풀어줍니다. 그리고 풀어진 상태의 두 가닥을 뒷부분에서 다시 감아줍니다. 이 과정에서 DNA를 따라 가는 것이 RNA 중합효소입니다.

RNA 가공 과정이란 진핵생물에서만 일어나는 과정입니다. 이 과정을 통해 비성숙한 RNA가 RNA 가공 과정을 거쳐서 성숙한 RNA로 만들어집니다.

RNA 가공 과정은 진핵생물에서만 일어나는 과정입니다. RNA 중합효소뿐 아니라 다른 단백질들이 필요합니다. 이 과정을 통해 비성숙한 RNA가 RNA 가공 과정을 거쳐서 성숙한 RNA로 만들어집니다.

RNA에는 여러 종류가 있습니다. 여기서 모든 RNA를 다 다룰 수는 없으므로, tRNA와 mRNA의 가공 과정만 소개해보도록 하겠습니다.

옆의 위 그림은 비성숙한 tRNA가 성숙한 RNA로 바뀌는 것을 보여줍니다. 구체적으로, Leader 서열이 없어졌습니다. 그리고 3′ 이어맞추기 자리splice site에 존재하는 두 개 염기가 제거되면서 CCA 염기가 달라붙었습니다. 아래 부분의 인트론이 없어지고 G–ψ–A 서열이 추가되었습니다.

옆의 아래 그림을 한 번 볼까요? DNA에서 mRNA로의 전사 과정

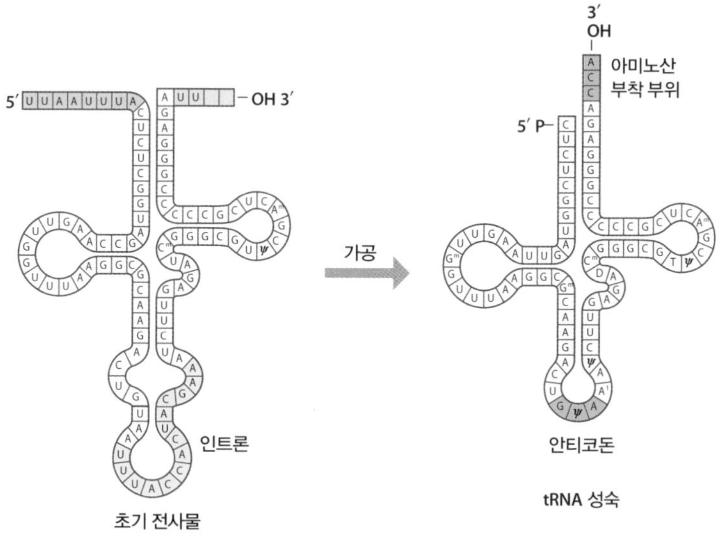

tRNA는 가공 과정을 거쳐 비성숙한 tRNA에서 성숙한 tRNA가 된다.

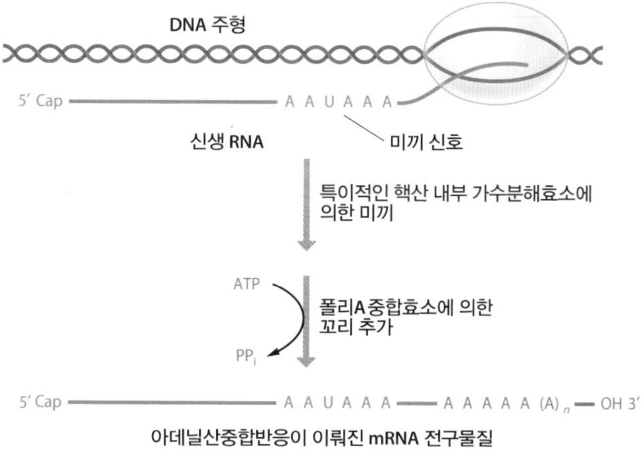

mRNA로 전사되는 과정에서 다수의 염기가 달라붙는다.

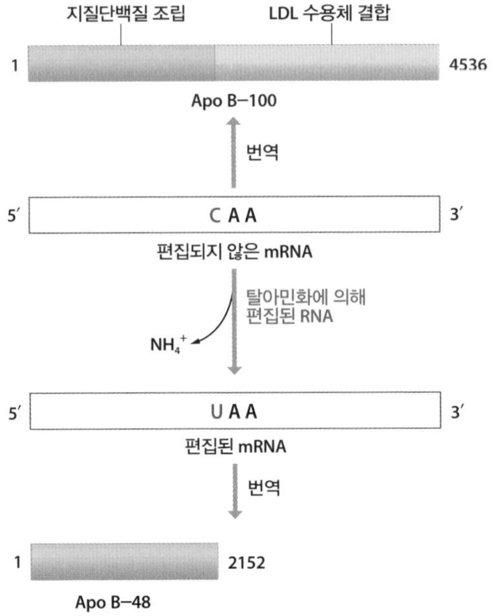

비성숙한 RNA에서 성숙한 RNA로 바뀌는 과정에는, 틀린 것을 수정하는 편집 과정도 포함되어 있다.

을 보여주는 그림입니다. 자세히 보면, 전사 과정에서 DNA에 없는 A-A-A 서열이 붙어 성숙한 mRNA가 됩니다. 우리 몸에는 똑똑한 효소들이 많아서 A-A-U-A-A-A와 같은 서열을 보면 바로 뒤를 효소가 잘라버린 다음, 또 다른 효소가 달라붙어서 A-A-A-A-A-(A)n과 같은 것을 추가해줍니다.

비성숙한 RNA가 성숙한 RNA로 바뀌는 과정에는 편집 과정도 있습니다. 틀린 것을 수정하는 과정을 '편집'이라고 합니다.

Apo B-1000 단백질을 예로 들어볼게요. 위 그림을 보면 mRNA에서 Apo B-100이 만들어집니다. 어떤 특별한 경우, 파란색 부분만 포함한 단백질을 만들고 싶다면, 우리 몸은 정확하게 이를 편집할 수가 있습니다. 편집이 되지 않는 mRNA에는 C-A-A라는 것이 있는데, 편집이 된 상황에서는 U-A-A가 있습니다. U-A-A는 단백질 번역을 정확하게 끊는 서열입니다. 리보솜은 이런 서열만 보면 번역을 하지 않고 번역을 중지시킵니다. 이 과정을 통해 Apo B-48이라는 단백질을 만들 수 있는 것입니다.

RNA 스플라이싱

RNA는 엑손과 인트론 부분으로 나뉘어집니다. 단백질을 만드는 부분은 엑손이며, 단백질을 만들지 않는 부분은 인트론입니다. 진핵생물의 전사 과정을 통해 만들어진 RNA에는 인트론이 포함되어 있습니다. 그런데 인트론이 포함되어 있으면 단백질 합성이 불가능합니다. 인트론은 반드시 없어져야 하는 부분입니다. 그리고 RNA에서 인트론만

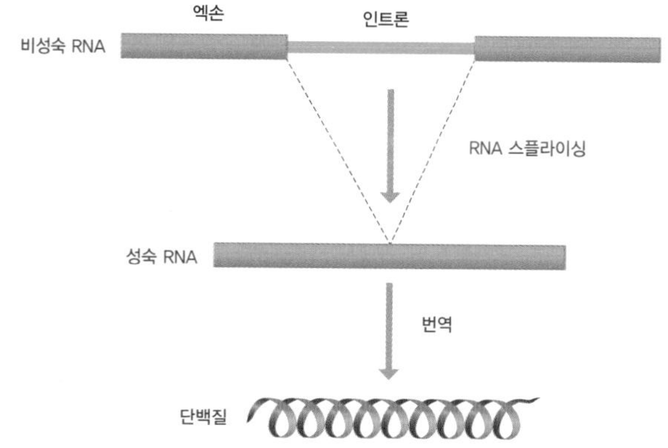

RNA에서 인트론만 잘라 없애는 과정을 RNA 스플라이싱이라고 한다.

잘라 없애는 과정을 RNA 스플라이싱RNA splicing이라고 합니다. 이 과정을 거쳐야 비성숙한 RNA는 성숙한 RNA가 됩니다. 이렇게 성숙한 RNA여야만, 단백질 합성이 이루어지는 번역 과정을 RNA에서 진행시킬 수 있습니다.

지금까지 알려진 것 가운데, RNA 스플라이싱을 결정하는 요소 중 하나는 RNA 서열상에 위치해 있습니다. 옆의 그림을 보면 RNA 스플라이싱이 일어난다는 것을 알 수 있는데, 5'의 엑손과 인트론 사이의 경계에는 어떤 서열이 필요합니다. 그 다음 중간에 브랜치 포인트Branch Point를 형성하는 서열과 폴리피리미딘 트랙polypyrimidine Tract을 형성하는 서열이 필요합니다. 또 오른쪽 3'의 엑손과 인트론 경계선상에도 어떤 특별한 서열이 필요합니다.

RNA 스플라이싱을 결정하는 두 번째 요소는 단백질 복합체 혹은 단백질 RNA 복합체입니다. 이 단백질 복합체는 굉장히 큽니다. 적어도 100가지 종류 이상의 단백질로 이루어진 복합체입니다. 그리고 다섯 가지 중요한 RNA도 있습니다. 왜 이렇게 큰 단백질 복합체가 필요한지는 정확하게 알려져 있지는 않습니다. 다만 이 복합체가 중요한 과정을 수행하는 것은 틀림없습니다.

> 핵심은, 엑손과 인트론이 섞인 비성숙한 RNA로 단 한 가지의 성숙한 RNA가 아니라 여러 개의 성숙한 RNA를 만들 수 있다는 데 있습니다.

그러면 고등동물일수록 유전자 수가 많을까요? 인간은 파리보다 덩치가 엄청 큽니다. 덩치가 큰 만큼 유전자 수가 많은 건 아닙니다. 사실

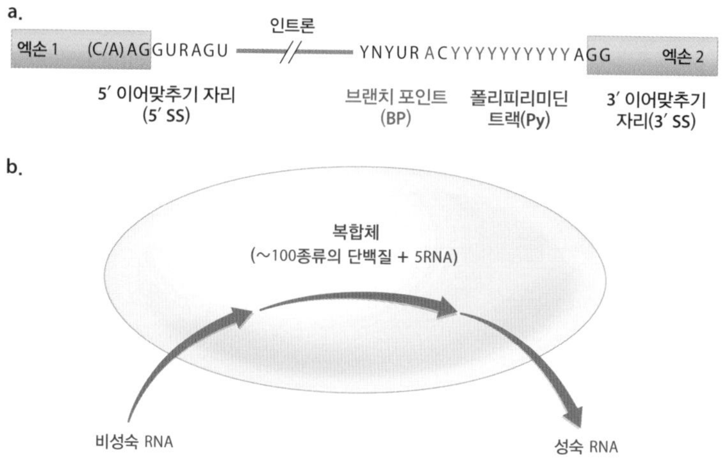

RNA 스플라이싱을 결정하는 요소로는 RNA 서열상에 위치해 있는 특정 서열뿐 아니라 단백질 RNA 복합체가 있다.

인간의 유전자 수는 파리와 비슷합니다. 조금 더 많을 뿐입니다. 사람은 2만 5000여 개~3만여 개이고, 파리는 2만여 개이며, 애기장대는 2만 5000개, 그리고 예쁜꼬마선충은 1만 9000여 개입니다. 굉장히 비슷하죠? 그러나 인간은 모든 동식물보다 우리가 똑똑하다고 생각합니다. 그게 왜 그럴까요? 인간에게 필요한 단백질 종류가 굉장히 많기 때문에 그럴 것입니다. 그러니까 똑똑하려면 단백질 수를 늘려야 되는데, 그것은 RNA 스플라이싱 때문에 가능해진 것으로 보입니다.

다음으로, 선택적 RNA 스플라이싱에 대해 알아보겠습니다. 핵심은, 엑손과 인트론이 섞인 비성숙한 RNA로 단 한 가지의 성숙한 RNA가 아니라 여러 개의 성숙한 RNA를 만들 수 있다는 데 있습니다. 하나의 유전자로부터 서로 굉장히 다른 성숙한 RNA가 만들어질 수 있고, 이 RNA들은 굉장히 다른 단백질을 만들어냅니다. 다시 말하면 한 개의

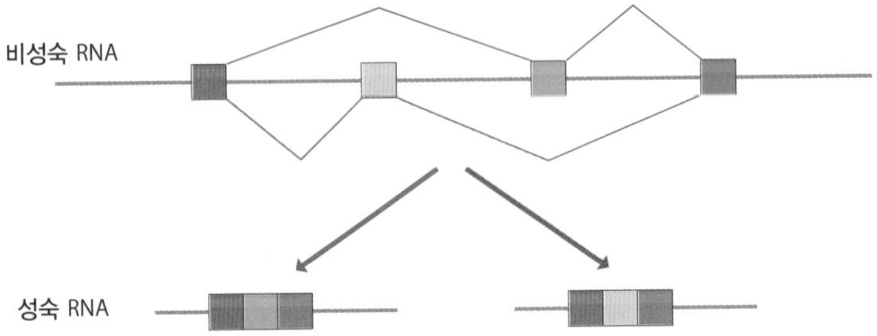

비성숙한 RNA로 여러 개의 성숙한 RNA를 만들 수 있으며, 이는 선택적 스플라이싱에 의해 가능해졌다.

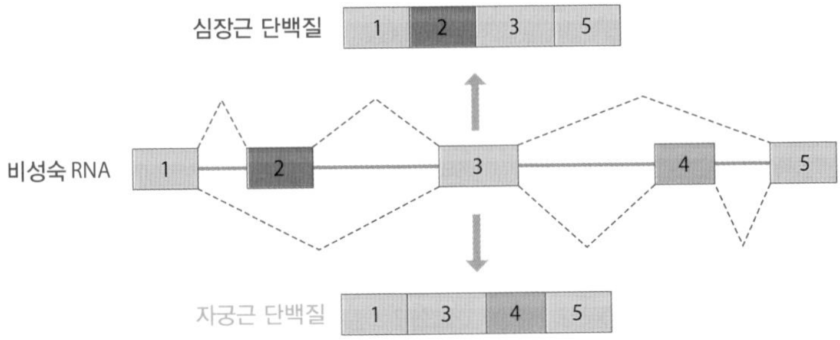

선택적 스플라이싱의 사례

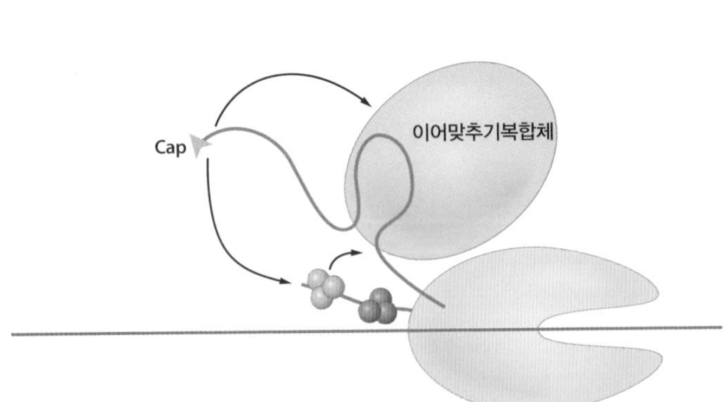

RNA에 모자를 씌우면, RNA의 안정화가 이루어진다.

유전자로부터는 한 개의 비성숙한 RNA가 만들어지지만, 이를 통해 만들어지는 성숙한 RNA는 가짓수가 무궁무진하게 많은 것입니다. 서로 다른 단백질이 선택적인 스플라이싱을 통해서 만들어지는 것이죠. 사람이 파리보다 똑똑한 이유는 선택적 RNA 스플라이싱이 사람에게 훨씬 많이 일어나서 더욱 다양한 단백질을 만들어내면서 다양한 기능을 가지는 세포를 형성하기 때문이라고 할 수 있습니다.

옆의 가운데 그림은, 하나의 유전자에서 선택적 RNA 스플라이싱을 통해서 기능이 상이한 단백질이 만들어지는 과정을 보여주고 있습니다. 똑같은 비성숙한 RNA로부터, 자궁에서는 자궁근 단백질을 만들고, 심장에서는 심장근 단백질을 만듭니다. 선택적 스플라이싱 과정을 통해, 심장근 단백질에서는 2번 엑손이 발현되고, 자궁근 단백질에서는 2번 엑손은 발현되지 않고 4번 엑손이 발현됐기 때문입니다. 이런 식으로 굉장히 다른 종류의 단백질이 만들어집니다.

앞에서, RNA는 －OH기 때문에 안정하지 못하다고 언급한 바 있습니다. 생명체는 안정하지 못한 것을 알아서 안정하게 만들도록 노력합니다. 아데닌 꼬리poly A tail를 붙여주는 것이 안정하게 만드는 한 단계이고, RNA에 5′ cap(모자)을 씌우는 것도 한 단계입니다. 모자를 씌우면 외부에서 공격할 때 모자부터 공격하기 때문에, 모자만 공격당하고 몸은 안전하게 됩니다.

지금까지, 여러 가지 RNA 가공 과정을 얘기했습니다. 그중에서도 RNA 스플라이싱 과정은 거의 모든 생물학적 과정에 관여를 합니다. 분화, 발달, 대사, 신호 전달, 세포 주기, 단백질 운명을 결정하는 과정, 에너지를 전달하는 과정, 세포 내 이동 등 전부 다 관여합니다. 그래서 RNA 스플라이싱에 문제가 생기면 유전성 질병과 암 등이 발생할 수가 있습니다. 단백질 합성에서, RNA 스플라이싱 과정은 선택이 아니라 필수입니다. 필수 과정에 문제가 생기면 다양한 질병에 노출될 수밖에 없습니다.

RNA 스플라이싱과 질병

우리나라에서는 유전성 질병에 대한 관심이 뜨겁지가 않습니다. 암도 중요하지만, 유전성 질병에 대한 깊은 연구가 필요한 실정입니다. 왜냐하면 유전자 발현이라는 기본적인 사항을 이해해야만 암과 같은 질병도 해결할 수 있기 때문입니다. 암을 완벽하게 이해하려면, 유전성 질환과 암을 연결시킬 필요가 있다고 여겨집니다. 낭포성 섬유증, 색소성 망막염, 근육 긴장 퇴행 위축, 중추성 근위축증 등은 모두 RNA 스플라이싱과 관련된 질병입니다. 유전성 질환은 DNA 상에 문제가 있는 것으로, 대대로 이어가는 질환이라고 볼 수가 있습니다.

DNA 변이가 생기면, RNA 스플라이싱에 변이가 생길 수 있습니다. 돌연변이 A, 돌연변이 B, 돌연변이 C 등은 서로 다른 성숙한 RNA를 만들어 서로 다른 단백질을 만들 수 있습니다. 즉 DNA 변이는 RNA 스플라이싱의 변이를 유도하고, 이 RNA 스플라이싱의 변이는 서로 다른 단백질을 만들어낼 수 있는 것입니다. 이 중 어떤 단백질은 질병을 일으키는 단백질일 수가 있습니다. 물론 더 좋은 단백질일 수도 있습니다. 그러나 대개 RNA 스플라이싱 과정에 문제가 생길 경우에는, 단백질이 만들어지지 않거나, 적게 만들어지거나, 나쁜 단백질이 만들어집니다.

예를 들어, 중추성근위축증은 유전 질병으로 유전성 유아 사망률이

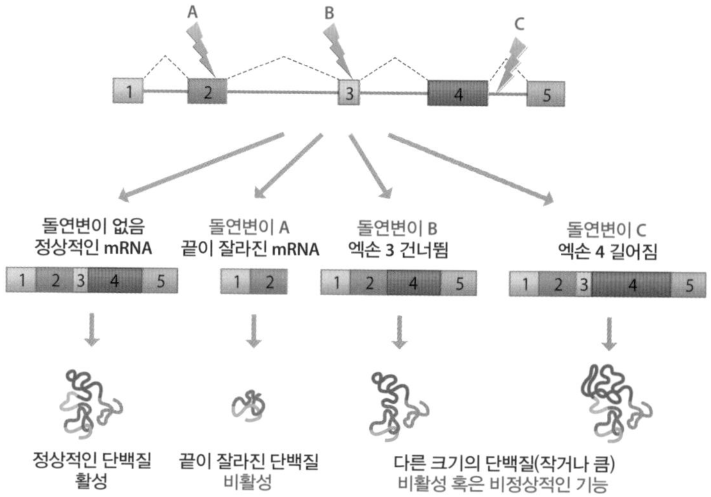

DNA에 변이가 생기면 RNA 스플라이싱에 변이가 생길 수 있다.

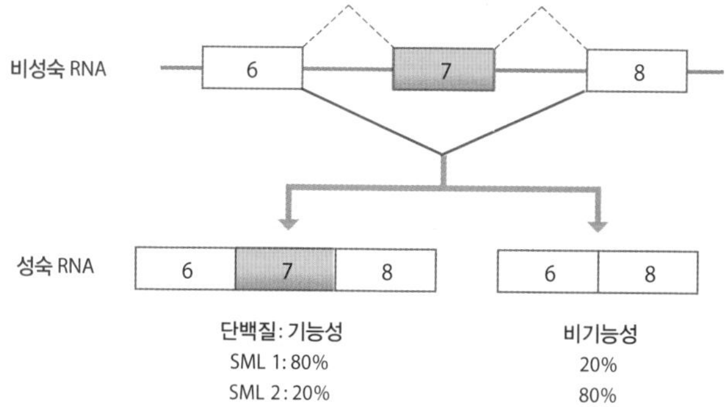

SMN1은 기능성 단백질을 SMN2보다 더 잘 만들어낸다.

매우 높은 질환입니다. 척수에 존재하는 운동뉴런이 퇴화되거나 죽어서 척수 위축을 일으키는 질환이죠. 발병 원인은, SMN1이라는 유전자를 잃어버렸기 때문입니다. 약간 희망적인 사실은, 모든 환자들은 적어도 SMN1이라는 유전자의 쌍둥이 유전자인 SMN2를 가지고 있다는 점입니다. 이 쌍둥이 유전자는 거의 비슷하고 아주 약간만 다릅니다.

그런데 쌍둥이 유전자라고 하지만, RNA의 선택적 스플라이싱 과정은 다릅니다. 앞 그림에서처럼, 7번 엑손이 들어가거나 들어가지 않는 선택적 스플라이싱이 일어나는데, SMN1의 경우는 7번이 들어가는 경우만 단백질 기능이 있고, 7번이 빠진 경우에는 단백질이 기능이 없습니다. 이렇게 기능이 없는 상황을 SMN2는 SMN1보다 더 많이 만들어냅니다. 7번이 빠지는 경우가 약 80%입니다. 어떤 경우는 90%입니다. 그러면 RNA 스플라이싱 과정을 조금 조정해서 7번이 빠지지 않게 하면 되지 않을까요? 이런 생각에 기반해 미국에서는 굉장히 많은 돈을 투자해 지금도 연구를 진행하는 중입니다. 우리 실험실에서도 이 연구를 진행하고 있습니다. 다시 말하면 SMN2라는 유전자가 만들어낸 단백질로는 충분하지 않고, SMN2 RNA 스플라이싱을 조절해서 더 많은 기능적 단백질을 만들어내는 것이 연구 목표입니다.

세포가 조절되지 않아 성장을 계속하는 질병

암의 경우, RNA 스플라이싱 과정이 암을 유발하는 단백질을 더 만드는 방향으로 진행되어 생길 수도 있습니다.

암은 세포가 조절되지 않아 성장을 계속하는 질병입니다. 보통 암에는 여섯 가지 특징이 있습니다. 첫째 자가성장 신호가 굉장히 많습니다. 성장 인자growth factor가 필요하지 않아도 그냥 알아서 성장합니다. 둘째, 보통의 세포는 너무 많이 성장하면 항상 조절regulation되지만, 암은 성장 억제 신호에 대해 반응하지 않습니다. 셋째, 정상세포는 자기 수명이 다하면 소멸되어 죽지만 암세포는 죽지 않습니다. 넷째, 암세포는 암세포 내부에서 혈관을 형성합니다. 혈관을 통해 영양을 공급받아 사는 것입니다. 다섯째, 자기가 알아서 복제를 계속 수행합니다. 여섯째, 전이를 일으킵니다. 많은 암 환자가 전이 때문에 사망합니다.

과거에는 항암제의 독성이 너무 강해서 항암제의 독성 때문에 사망하는 환자 수가 아주 많았습니다. 항암제를 썼을 때 암세포가 죽는 비율을 반응률이라고 하는데, 요즘 반응률은 과거에 비해 낮아지는 대신 항암제의 독성 때문에 환자가 사망하는 비율도 낮아졌습니다.

항암제를 개발할 때는 암세포와 정상세포를 구분하는 방향으로 발전을 해야 됩니다. 항암제가 암세포만 골라서 죽이고, 정상세포는 공격하지 않는 것이 가장 좋을 것입니다.

그러면 암세포는 정확하게 뭐가 다를까요? 예를 들면, 정상세포에서는 발현되지 않지만 암세포에서는 많이 발현되는 물질이 있습니다. 신호 전달을 통한 치료 등으로 암세포에 많이 발현된 물질을 없애면 암세포가 죽거나 더 증식되는 것은 막을 수 있을 겁니다. 암세포에서 이런 물질의 발현을 억제하면, 암세포에는 상당히 심각한 영향을 미치겠지만 정상세포에는 양이 적기 때문에 영향이 적을 겁니다.

유전자 입장에서 얘기를 하면, 정상세포가 암세포가 될 때에는 암 억제 유전자에서 변화가 나타나야 됩니다. 크게 두 가지 경로가 있는데, 첫째, 정상세포에서는 암억제 유전자가 굉장히 많은 기능을 하고 있습니다. 이것이 기능을 상실하면 암 유전자는 기능을 획득하게 됩니다. 둘째, 정상세포에서 암 유전자의 기능이 획득되면 암세포로 변할 수 있습니다.

암이 전이를 하려면 여러 가지 과정이 필요합니다. 암세포는 혈관을 통해서 영양을 공급받습니다. 암세포는 혈관을 통해서 전이를 하는데, 혈관에 들어가서 우선 심장으로 갑니다. 그러면 혈액 순환을 통해서 뇌

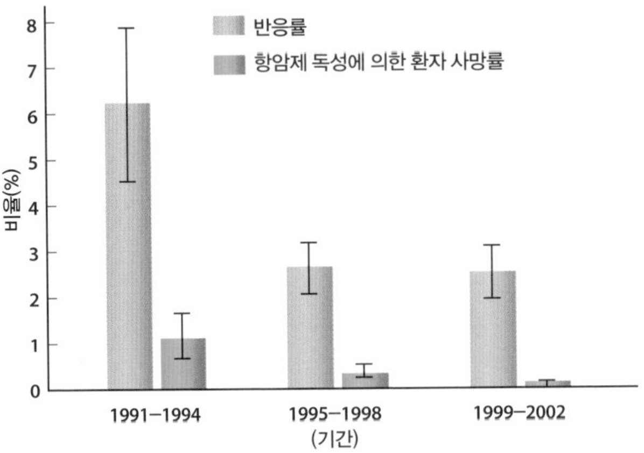

항암제 반응율이 낮아지는 대신 항암제 독성에 의한 사망률도 낮아지고 있다.

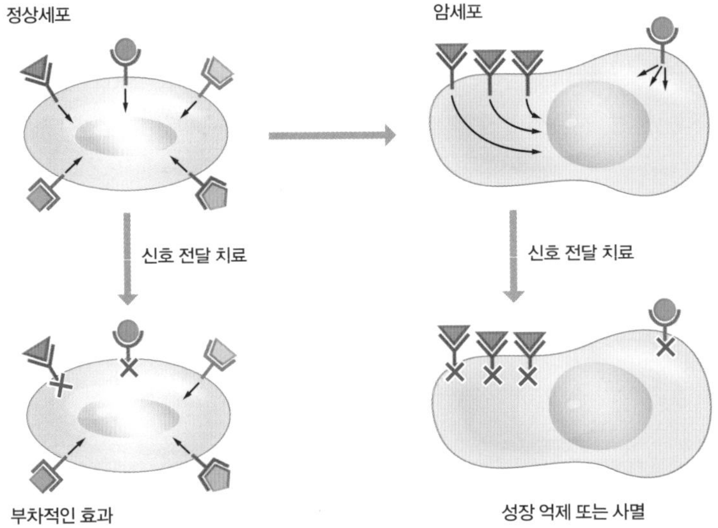

최근 암세포에 많이 발현되는 물질을 신호 전달 치료로 없애는 방법이 연구되고 있다.

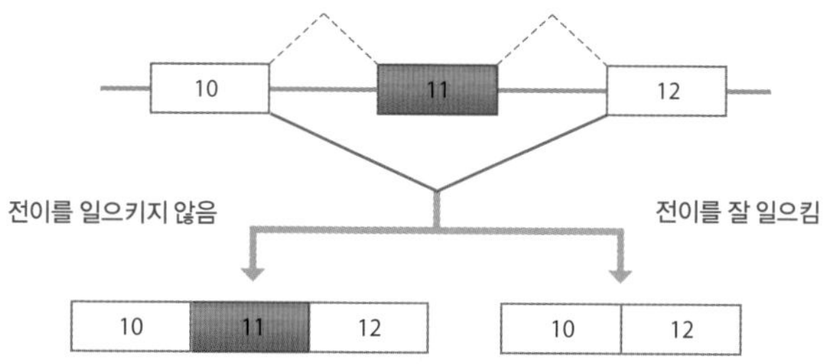

RNA 스플라이싱에 의해 RON 유전자의 11번이 없어지면 암 전이가 잘 일어난다.

나 뼈 혹은 폐로 갑니다. 이런 기관으로 간 다음에 혈관에서 빠져나옵니다. 그리고 미세 전이micrometastasis를 통해서 암 덩어리를 만듭니다. 전이된 암 덩어리는 영양을 공급받지 못하면 죽지만, 스스로 또 혈관을 만들어내게 되면, 처음의 조직에서 다른 조직으로 옮겨왔을지라도, 처음처럼 똑같은 상태로 만듭니다.

RON 유전자는 우리 실험실에서 연구하는 것입니다. 11번이 포함된 상황에서는 암 전이를 일으키지 않지만, 포함되지 않았을 때는 전이를 잘 일으킵니다. 그러면 이 과정을 누가 조절을 할까요? 이것을 알아내는 것이 우리 실험의 목표였습니다. 최근에 이것을 조절하는 중요한 단백질을 발굴했습니다. 이 중요한 단백질들이 어떻게 조절되는지, 그것에 대한 앎이 깊어질수록 어떤 희열을 느낄 수 있었습니다. 이것이 기초 연구의 매력이라고 생각합니다.

알다시피, 유전자는 많은 것을 결정합니다. 그러나 모든 것을 결정하는 것도 아닙니다. 여러분이 이미 가지고 있는 유전자를 가지고 어떤 인생을 사는가, 이 부분은 여러분들의 몫이라는 점을 알려주고 싶습니다.

Q **RNA 스플라이싱 과정에서 인트론이 핵막 안에 남아 있잖아요? 그 인트론이 안에 남아 있는 이유가 있을 거라고 생각이 듭니다. 인트론이 핵막 안에 남아서 하는 일과 핵막 안에 인트론이 계속 남는다면 인트론으로 가득 찰 거라는 생각을 해봤습니다. 뭔가가 인트론을 없앤다든지 그런 일을 할 거 같은데, 어떻게 되는지 알고 싶습니다.**

A 아주 좋은 질문입니다. 인트론이 빠져나가서 무엇을 할까요? 기존의 연구에서 인트론은 그냥 분해되어 없어진다고 생각했습니다. 그러나 그것은 과거의 이론입니다. 한 10년 전까지도 그렇게 생각을 했지만 요즘에 많은 사실들이 추가로 밝혀졌습니다. 오늘 얘기하진 않았지만, RNA에는 비암호화 RNA, micro RNA, ring RNA 등 여러 가지가 있는데, 인트론이 이런 RNA를 만들어낸다고 하는 연구 결과가 많습니다. 아까 얘기하다시피 인트론은 쓸모없는 것이 아니고, 또 인트론이 꽉 차 있는 것이 아니고, 거기서 유용한 RNA가 또 만들어져서 결국은 또 다른 기능을 한다는 겁니다. 그래서 다른 기능을 하는 RNA가 만들어지기 때문에 그것으로만 꽉 찰 수는 없습니다. 세포는 굉장히 똑똑하기 때문에 필요한 것만 만듭니다.

Q **암에는 양성 종양과 악성 종양 두 가지로 나누어진다고 배웠습니다. 아까 말씀하신 Ron 유전자에서 스플라이싱 과정을 통해 10, 11, 12가 나오면 전이가 되지 않고, 또 10, 12 나오면 전이가 된다고 하는데 암에도 유전자에 따라서 암의 공격성이나 특징 같은 게 달라집니까?**

A 발현 과정에서 유전적인 특징도 중요한데, 가장 중요한 것은 유전자가 발현하는 과정에서 문제가 생기지 않았을까 하는 점입

니다. 그리고 11번이 빠지거나 들어가는 Ron 유전자에 대해서 얘기를 했는데, 그것은 악성 종양에서 발생합니다.

Q **유전자가 세포의 기능에 따라서 발현이 다르게 되는 거잖아요? 그러니까 손톱 세포는 손톱에서 나고, 머리카락은 머리카락에서 나는 것처럼 그렇게 다르게 유전자가 발현이 되는데, 그것을 세포에서 어떻게 발현을 시키는지 궁금합니다.**

A 손톱세포는 손톱으로 가야 하는지 어떻게 알까요? 그 분야 연구가 많이 진행되어 있습니다. 분화를 결정하는 요인은 상당히 많습니다. 환경적인 것도 있고, 또 정확하게 신호 전달과 관련된 부분도 있습니다. 그러나 너무 광범위한 주제라서 지금 특정하게 좁혀서 설명하기는 어렵습니다.

뇌는 부위별로 다른 기능을 한다

나흥식 • 고려대학교 의과대학 생리학교실 명예교수

고려대학교를 졸업하고, 동 대학원에서 의학 박사학위를 받았다. 미국 텍사스주립대학교 방문연구자를 거쳐, 고려대학교 의과대학 생리학교실 교수로 재직했다. 한국뇌신경과학회 회장, 한국뇌연구협회 회장을 역임했다. 만성 통증, 만성 가려움증 관련 SCI급 국제학술지에 70여 편의 논문을 발표했으며, 개발한 신경병증성 통증 모델은 '통증대백과사전'(Springer, 2008, 2013)에 수록됐다. 대한통증연구학회 학술상(2008)을 수상했으며, 고려대학교 석탑강의상(2006, 2007, 2010, 2011, 2012, 2013, 2014, 2015), 고려대학교 의과대학 올해의 교육부문 우수교원상(2009, 2010)을 받았다.

여러분은 이미 뇌과학자입니다. 뇌를 잘 알지 못한다고 하더라도, 생각하고, 판단하고, 칭찬하고, 비판하는 이 모든 것이 뇌의 기능으로 이루어지는 것이며, 이런 것을 할 줄 알면 이미 뇌과학자입니다. 오늘 이 자리에서는 뇌의 다양한 기능을 뇌 부위와 연관시켜 몇 가지를 소개해 보려고 합니다.

우리 몸속의 장기는 중요한 장기일수록 더 보호를 받습니다. 여러 장기 중 무엇이 가장 중요할까요? 아마도 뇌, 척수, 심장, 허파, 간, 신장, 생식기관, 소화기관, 뼈, 골격근, 피부 순으로 꼽아볼 수 있을 겁니다.

뇌는 머리뼈 속에 들어가 있습니다. 머리뼈는 가장 단단한 뼈입니다. 머리뼈만큼 단단한 뼈는 우리 몸에 없습니다. 척수는 척추뼈 속에 들어가 있습니다. 등뼈 속에 척수라는 신경다발이 들어가 있습니다. 심장과 허파는 갈비뼈와 갈비뼈 사이에 들어가 있습니다. 갈비뼈의 보호를 받긴 하지만 약간은 허술합니다. 날카로운 것에 찔리면 위험할 수 있습니다. 간, 신장은 반쯤 갈비뼈의 도움을 받고 있는 것 같습니다. 생식기관은 골반뼈 위에 얹혀 있습니다. 일단 이렇게 뼈가 보호하는 장기들은 중요한 장기들입니다. 소화기관의 경우, 보호하는 뼈가 없습니다. 뼈를 보호하는 건 골격근입니다. 그리고 이 모든 것을 피부가 보따리처럼 감싸고 있습니다.

제가 여기서 강조하고 싶은 것은 자연에는 '괜히', '우연히'가 없다는 사실입니다. 전부 다 의미가 있습니다. 그렇다면 뇌 속에서 가장 보호를 받는 것은 무엇일까요? 뇌는 크게 대뇌, 뇌간, 소뇌, 척수로 구분될 수 있습니다. 대뇌와 소뇌는 가운데에 있는 뇌교가 연결하고 있습니다. 숨골은 뇌교 속에 포함되어 있습니다. 뇌가 숨골을 보듬고 있는 것처럼 보입니다. 즉 장기 중에서 숨골이 가장 안전한 위치에 있는 것을 확인

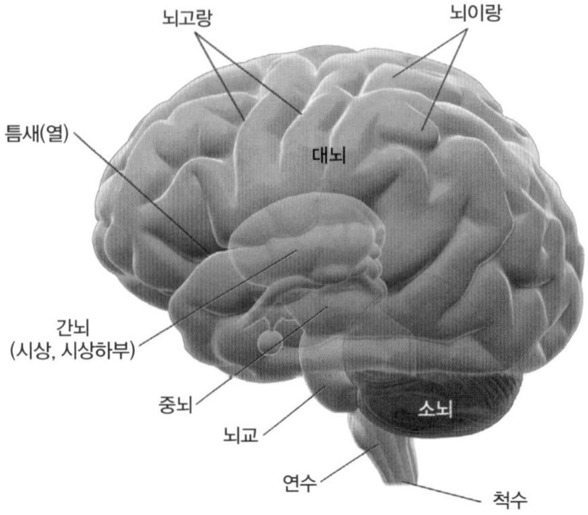

뇌는 크게 대뇌, 뇌간, 소뇌, 척수로 구분될 수 있다.

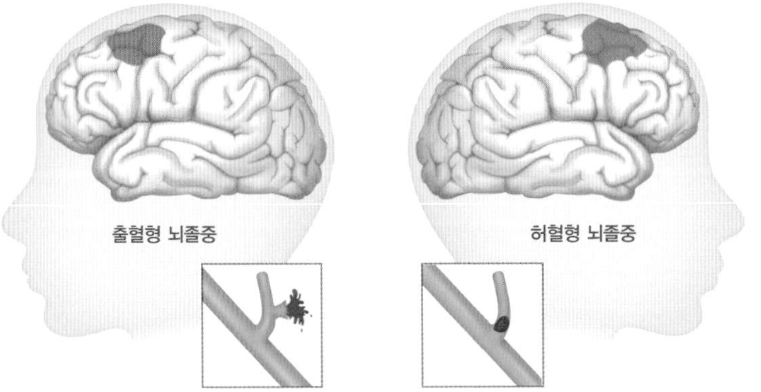

뇌졸중은 뇌혈관이 터지거나(출혈형 뇌졸중) 막힐 때 나타나는 질환이다. 이렇게 혈관이 터지거나 막히면 대뇌가 제 기능을 하지 못하게 된다. 대개 운동 기능에 문제가 생겨 손과 발을 자기 뜻대로 움직일 수가 없다.

할 수 있습니다.

뇌는 각 부위별로 다른 기능을 합니다. 대뇌피질은 운동과 감각을 관할하는 고위 기능을, 전전두엽(앞이마엽)은 통찰과 이타심을 관장합니다. 해마는 기억과 관련된 뇌 부위이고, 편도는 공포와 관련된 뇌 부위입니다. 먼저 고위 기능 중 하나인 운동에 대해 알아보겠습니다.

뇌졸중은 뇌혈관이 터지거나 막힐 때 나타나는 질환입니다. 중풍이라고도 불리죠. 이렇게 혈관이 막히거나 터지면 대뇌가 제 기능을 하지 못하게 됩니다. 쉽게 말해 운동 기능이 무너지는 것입니다. 손과 발을 자기 뜻대로 움직일 수가 없습니다. 그러나 그렇다고 해서 목숨을 잃는 것은 아닙니다. 그러나 앞에 언급했던 숨골이 잘못되면 바로 사망합니다. 왜냐하면 호흡과 심장 혈관을 담당하는 순환중추가 숨골에 있기 때문입니다. 그만큼 중요하기 때문에 대뇌와 소뇌가 보듬고 있는 것이죠.

뇌는 각 부위별로 다른 기능을 합니다. 대뇌피질은 운동과 감각을 관할하는 고위 기능을, 전전두엽은 통찰과 이타심을 관장합니다. 해마는 기억과 관련된 뇌 부위이고, 편도는 공포와 관련된 뇌 부위입니다.

대뇌피질의 감각 기능

이제 감각 기능을 살펴보겠습니다. 사실, 제 전공이 만성통증과 가려움증입니다. 우리가 가려움증을 느낄 때 가려운 곳을 긁는 이유는 무엇일까요? “가려우니까 긁는 거죠. 그걸 질문이라고 하세요?”라는 반응이 여기저기서 들리는 것 같군요. 여하튼, 틀린 대답은 아닙니다.

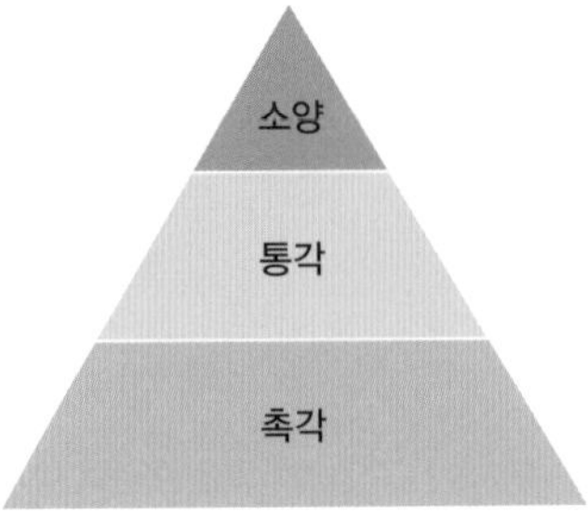

감각의 먹이 사슬. 가려움은 통각에 의해 억제되고, 통각은 촉각에 의해 억제된다.

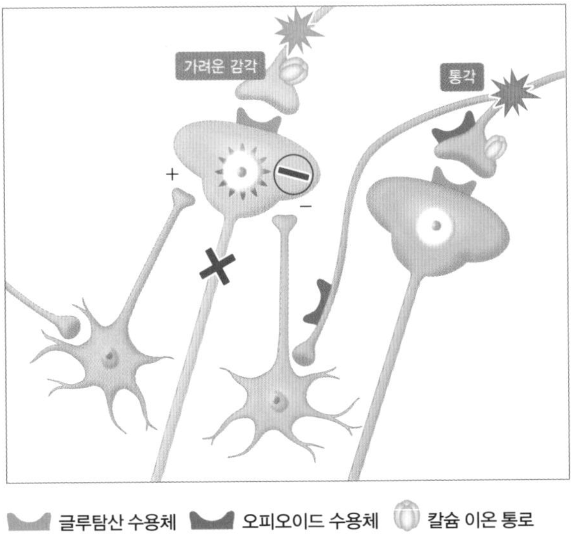

통각은 가려운 감각을 억제시킨다.

사람들은 모기에 물리면, 그곳을 박박 긁습니다. 심지어 시원하다면서 피가 나올 때까지 박박 긁는 사람들도 있습니다. 왜 그럴까요? 간단히 말해, 통각이 가려운 감각을 억제하기 때문입니다. 가려운 감각을 날려버리고, 통각에 지배당하면 당장은 가렵지 않습니다. 그냥 아픈 것이죠. 뇌가 속는 것입니다. 더 들어가볼까요? 사람들은 아프면 그곳을 살살 문지릅니다. 지나가다가 거실 식탁 모서리에 탁 부딪쳤어요. 어떻게 반응할까요? 공통적으로 대개의 사람들은 문지릅니다. 촉각이 통각을 가로막기 때문입니다. 동물들이 아픈 곳을 살살 핥는 것도 이런 이유 때문입니다. 이렇게 살짝 들여다봐도, 감각들이 서로 전쟁하고 있는 것을 간파할 수 있습니다. 지금까지 설명한 것을 한번 연결 사다리로 만들어보겠습니다.

가려움은 통각에 의해 억제되고, 통각은 촉각에 의해 억제됩니다. 비유하자면, 통각이라는 세금을 내서 가려운 감각을 걷어내고, 촉각을 지불해서 통각을 거두어들인 것이라고 할 수 있습니다. 사람들은 여러 감각 가운데 가려운 감각을 끔찍하게 싫어합니다.

척수로 들어온 통각은 가려운 감각이 시냅스 연결을 하려는 순간에 먼저 시냅스 연결을 함으로써, 가려운 감각의 시냅스 연결을 방해합니다. 가려운 감각은 날아가버려서 결국 뇌로 전달되지 못합니다. 이렇게 되면 사람은 아프다는 것만 느끼게 됩니다. 가려움은 통각에 의해 억제되고, 통각은 촉각에 의해 억제됩니다. 비유하자면, 통각이라는 세금을 내서 가려운 감각을 걷어내고, 촉각을 지불해서 통각을 거두어들인 것이라고 할 수 있습니다. 사람들은 여러 감각 가운데 가려운 감각을 끔찍하게 싫어합니다.

음악을 감상하는 사람들을 보면, 많이들 눈을 감고 감상합니다. 이는, 사람들이 뇌과학을 모르더라도, 시각을 차단하면 청각이 더 잘 기능한다는 것을 알기 때문입니다. 시각은 모든 감각 중의 으뜸으로, 시냅스 연결을 가장 많이 하는 감각입니다. 이런 시각은 청각 기능을 방해합니다. 시각이 청각을 가로막아 청각 정보가 뇌로 전달되는 것을 방해하기 때문에, 눈을 감으면 훨씬 더 잘 들을 수 있습니다.

가려움증의 가공할 파괴력

대상포진은 가려움증을 일으키는 질환입니다. 대상포진을 피부과 질환으로 생각할 수도 있겠지만, 자세히 살펴보면 이 질환은 신경질환입니다. 이 병을 유발하는 바이러스는 통각 신경을 공격합니다. 세포 속에 칼슘을 밀어넣어 통각 신경세포를 활성화시킴으로써, 극도의 통증을 유발시킵니다. 인간이 느끼는 통증 중 가장 심한 통증이라고 합니다. 잠도 못 자고, 죽고 싶을 정도로 아프게 만듭니다. 그러다 칼슘이 지나치게 많이 들어가게 되면 결국 통각 신경이 죽습니다. 그러면 가려움을 느끼게 하는 신경만 남게 됩니다. 호랑이가 없는 굴에서는 여우가

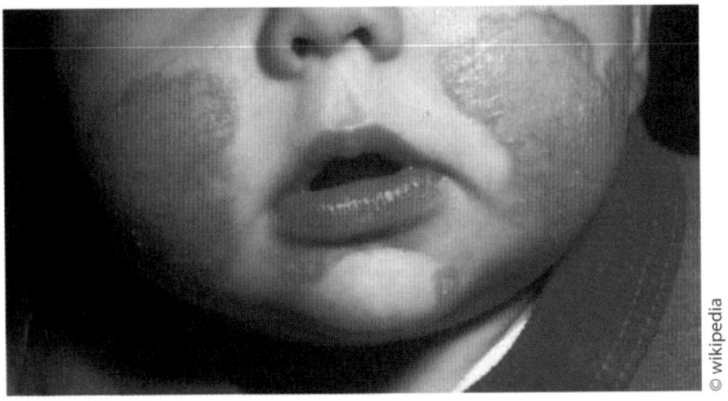

아토피 피부염은 만성 가려움증을 동반하는 대표적인 피부질환이다.

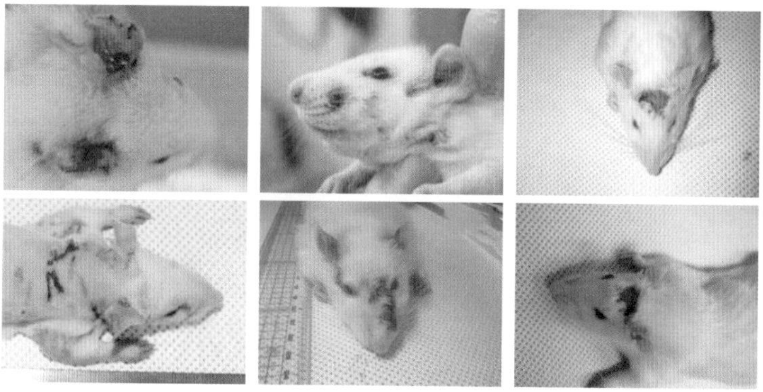

가려움증을 유발시킨 모델 동물

왕이듯, 이렇게 되면 가려운 감각이 군림하게 됩니다. 가려운 감각을 방해하는 것이 아무것도 없게 되는 셈입니다. 긁고 긁어도 가려움이 해소되지 않습니다. 긁어서 상처가 나도 통각 신경이 죽었기 때문에 아픔을 느끼지 못합니다. 과도하게 긁어서 머리에 구멍이 나는 경우도 있습니다. 정말 무시무시한 질환이죠. 이제, 왜 가려움증이 뇌 신경질환이라고 하는지 아시겠죠?

아토피 피부염은 가려움을 동반하는 대표적인 피부질환입니다. 청소년 중 20~25%가 아토피 피부염을 경험할 정도로 만연한 질환입니다. 아토피 피부염을 살펴보기 위해, 만성 가려움증을 느끼는 모델 동물을 하나 만들어 실험해보았습니다.

가려움증을 유발시킨 모델 동물 쥐를 만들어 실험해보았더니, 뒷발을 들어 귀를 계속 긁었습니다. 얼마 지나지 않아 모델 동물 쥐는 하도 긁어서 머리의 털이 다 뜯겨나갔습니다. 이 모델 동물 쥐는 어릴 때 캡사이신을 주입해, 통각 신경을 죽인 실험 동물입니다. 캡사이신을 많이 주입하면 세포 속에 칼슘이 많이 들어가 통각 신경이 죽습니다. 그래서 이 쥐에게 가려움이 시작되면, 아무리 긁어도 가려운 감각을 없앨 수가 없습니다. 귀가 떨어져나갈 정도로 긁는데도, 아픔을 느끼지 못해 계속 긁습니다. 가려움증이란 이 정도로 위험한 증상입니다.

이 모델 동물을 관찰해보니, 아토피 성향이 있었습니다. 그래서 이런 내용을 담은 논문을 저널에 발표하고, 제약회사들이 이 모델 동물로 치아토피 치료제의 효과를 검토할 수 있게끔 특허도 신청했습니다. 어느 정도의 기술료를 지불하면 이 모델 동물을 쓸 수 있게 한 것이죠. 실험 동물을 찾던 제약회사들에게는 요긴한 모델 동물입니다.

이처럼, 어떤 형태로든 생명과학적 실험을 하려면, 특히 질환과 연관된 것이라면 실험 동물에 의존할 수밖에 없기 때문에, 필요할 경우 실험 동물을 만드는 것이 지름길입니다.

통찰과 이타심, 그리고 전전두엽

전전두엽(앞이마엽)은 통찰과 이타심에 연관된 뇌 부위입니다. 400~500만 년 전, 인류가 직립하면서 두뇌에 큰 변화가 생겼습니다. 자세도 잡고 균형을 유지하고 두 손의 운동을 발전시켜야 했으므로, 두뇌 변화는 필수적이었을 겁니다. 그리고 환경 변화와 사회적 발전이라는 압박에 의해, 전전두엽은 인간의 복잡성을 처리하는 영역으로 발전하게 되었습니다. 무슨 이야기인지, 좀더 들어가볼까요?

앞쪽 뇌는 계획을 세우는 곳입니다. 운동으로 좁히면, 모든 운동 계획을 설정하고, 운동 수행 영역에 정보를 넘깁니다. 다만, 잠을 자는 동안에는 운동 수행 영역이 억제됩니다. 몽유병 환자들은 이런 억제가 불

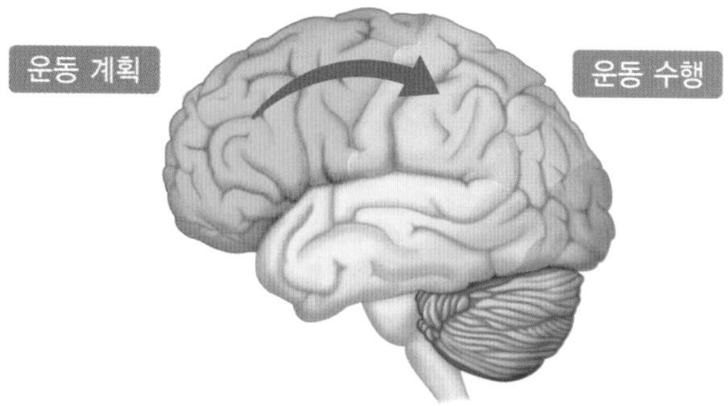

운동 정보의 흐름. 앞쪽 뇌는 계획을 세우는 곳이다. 운동 계획이 설정되면 운동 수행 영역으로 정보가 넘어간다.

완전하게 이뤄지기 때문에, 잠을 자는 동안에 돌아다니는 것입니다. 가위에 눌리는 일은 이와 반대입니다. 흔히들 잠에서 깼는데도 도망가야 하는 긴박한 상황의 꿈을 꾸면, 움직이지 못해 안타까워하는 상황을 연출합니다. 이처럼 몸이 움직이지 않을 때 가위에 눌린다고 하죠. 운동 계획을 만들어냈는데도 운동 수행을 못하니까 답답한 것입니다. 억제가 풀려야 하는데, 계속 억제되었기 때문에 가위에 눌려 괴로움을 겪는 것입니다.

다시 전전두엽 얘기로 돌아가면, 약 500만 년 동안 뇌는 3배, 전전두엽은 거의 6배 커졌습니다. 이 부분은 인간의 인식 작용과 굉장히 밀접한 관계를 가지고 있습니다. 수학이나 물리 문제를 풀 때, 갑자기 '아하!' 하는 순간이 있습니다. 외웠던 정보가 아니기 때문에, 이런 형태의 인식을 통찰insight이라고 합니다. 그리고 이런 통찰은 전전두엽과 연관되어 있습니다. 전전두엽의 성장은 손의 사용에서 비롯되었습니다. 구보타 기소우의 『손과 뇌』에 따르면, 전전두엽은 손 동작에 의해 발달되

피니어스 게이지는 철도 공사 현장에서 쇠막대기가 머리뼈를 관통하는 불의의 사고를 당했는데, 목숨을 잃지는 않았지만 사고 후 성격이 180도로 바뀌었다고 한다.

었습니다. 현대 문명의 다양한 기계들은 여러 가지 문화 생활을 가능하게 해주고 있지만, 이렇게 기계를 많이 쓰게 되면 전전두엽이 잘 발달하기 어렵습니다. 키보드, 리모컨, 로봇청소기 등 셀 수 없이 많은 기계가 손을 덜 쓰게끔 만들고 있는데, 이런 상황은 진화하는 데 도움이 되지 않는다는 얘기입니다. 끊임없이 손을 움직이십시오. 움직이지 않으면, 뇌의 진화는 더딜 수밖에 없습니다.

전전두엽이 손상되더라도 생존할 수는 있습니다. 대표적으로, 피니어스 게이지 사례를 들 수 있습니다. 피니어스 게이지는 철도 공사 현장에서 쇠막대기가 머리뼈를 뚫고 관통하는 불의의 사고를 당했습니다. 1848년의 일입니다. 그는 굉장히 예의 바른 사람이었는데, 사고 이후 성격이 180도로 변했다고 합니다. 예의라고는 눈곱만큼도 없고, 이타심이나 배려를 전혀 기대할 수 없는 이기적인 사람이 되었습니다. 그에게 그 사고는 불행한 사고였지만, 인류 역사적으로 보면 뇌에 대한 관점을 획기적으로 바꾼 사고였습니다. 뇌의 앞쪽 부위가 이타적인 통찰 기능, 배려심을 관장하고 있다는 것을 알게 해주었던 것입니다.

이타심과 밈(meme)

영국의 과학자 리처드 도킨스는 『이기적 유전자』라는 책을 통해 흥미로운 통찰을 제시한 바 있습니다. 생명체는 자기의 유전자를 후대에 전달하는 존재로, 유전자를 후대에 남기기 위해 이기적인 행동을 수행한다고 말입니다. 그런데 이기적인 유전자를 가지고 있는 생명체 중 유독 인간만이 이타적이거나 배려하는 행동을 하는 이유는 무엇일까요? 이 현상은 유전자만으로는 설명하기 어렵습니다. 그래서 등장한 것이 문화적으로 유전되는 '밈'이라는 개념입니다. 리처드 도킨스는 비유전적인 방법으로 전달되는 것을 '밈'이라고 부르면서, 밈이 문화의 진화를 이끈다고 주장했습니다. 인간을 이해하기 위해서는 유전자뿐 아니라 밈을 이해하는 것이 필요하다는 것이 리처드 도킨스의 관점입니다.

여러분, 누군가가 기부하는 것을 보면 어떤 마음이 생기나요? 기부하고 싶은 마음이 생기지 않나요? 언젠가 어려운 상황에서 누군가의 도움을 받았다고 해보죠. 틀림없이 나중에 누군가가 비슷한 불행에 처해 있다면, 그(녀)를 도와주고 싶을 것입니다. 이것이 '밈'이 전달되는 형태입니다. 이런 마음은 점점 다른 사람에게 전파되면서 생명력을 갖고 끊임없이 흘러가게 될 것입니다.

유전자는 할아버지에게서 아버지로, 아버지에게서 자식으로 전달됩니다. 1차원적이죠. 그런데 밈의 전달은 3차원적입니다. 옆으로, 위로, 아래로 번져나갑니다. 또한 밈은 유전자보다 훨씬 다양한 변이를 보입니다. 하나를 받으면 거기에 하나, 둘을 더 보탤 수가 있습니다. 다음으로 '밈'은 좋은 일만 선택됩니다. 나쁜 것도 밈의 형태를 띨 수 있지만, 좋은 것의 생명력이 더 길고 강하기 때문이죠. 이것은 유전자의 진화 과정과 유사합니다.

예를 하나 들어볼게요. 여러분이 지금 어느 교수의 명강의를 듣고 있다고 해보죠. 강의를 듣는 한 학생은 다음과 같이 생각할 수 있습니다. '나도 저렇게 해야지', '저 부분은 내가 좀 수정해야지' 등등. 나중에 그 학생이 성장해 학생을 가르칠 때에는 좀더 개선된 형태가 될 것입니다. 이 이야기의 등장인물은 세 명입니다. 교수, 학생, 그리고 그 학생의 학생. 누가 가장 이득을 본 것 같나요? 이 중 누구도 아닐 겁니다. 이득을 본 것은, 교수도, 학생도, 학생의 학생도 아닙니다. 교수, 학생, 학생의 학생은 모두 안타깝게도 지구 상에서 사라지고, 잘 가르치는 밈 규칙만 살아남게 될 것입니다. 이처럼 인간들은 유전자와 밈을 다음 세대로 넘깁니다. 우리가 사라지고 나면 유전자와 밈, 이 두 가지만 남을 것입니다. 즉 유전자와 밈이 주연이고, 우리는 이 둘을 운반하는 거의 조연에 가까운 존재일 뿐입니다.

해마와 기억

이제 해마로 들어가볼까요? 해마는 기억과 연관된 뇌 부위입니다.

모리스 수중 미로Morris Water Maze 실험을 예로 들어보겠습니다. 이 실험은 쥐의 기억력을 테스트하는 방법으로 아주 유명합니다. 젊은 쥐를

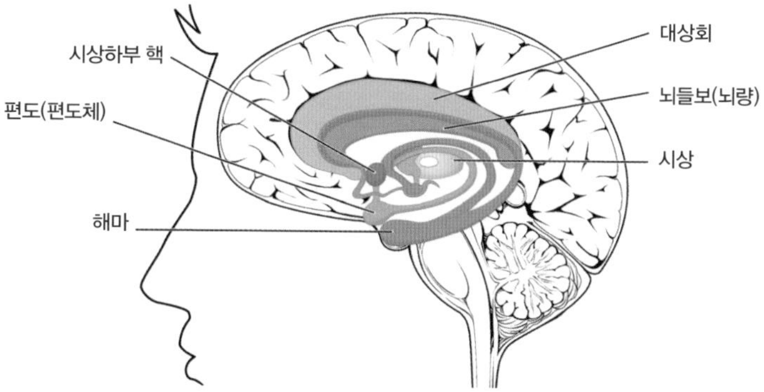

해마는 측두엽(관자엽)의 양쪽에 총 2개가 존재한다.

모리스 수중 미로 실험 유튜브 동영상. 정상적인 쥐는 모리스 수중 미로에 집어넣으면, 얼마 지나지 않아 수조 속 휴식 공간을 찾아내지만, 치매에 걸린 쥐(동영상)는 여러 날이 지나도 매번 휴식 공간을 찾지 못한 채 헤맨다.

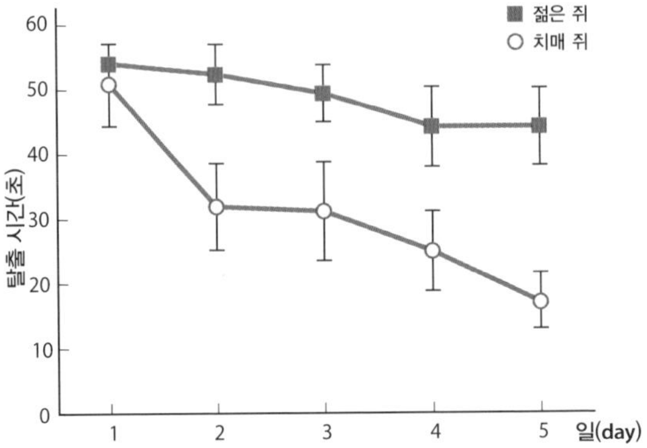

모리스 수중 미로 실험. 젊은 쥐는 날이 갈수록 금세 미로에서 휴식 공간을 찾지만, 치매에 걸린 쥐는 매번 휴식 공간을 찾지 못해 헤맨다.

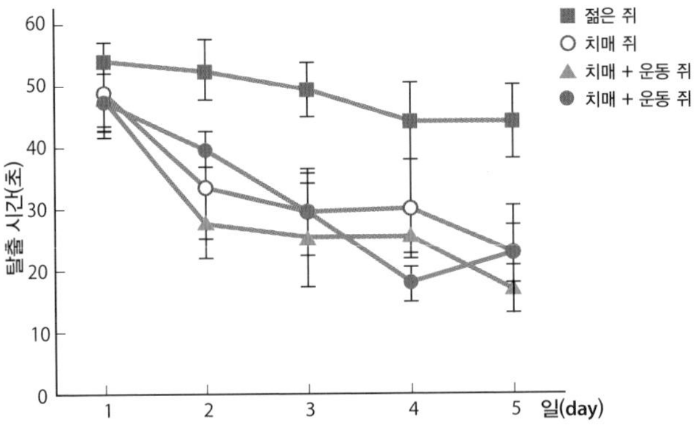

치매에 걸린 쥐를 운동시키면 운동의 종류와 관계 없이 기억력이 좋아지는 것으로 나타났다.

모리스 수중 미로에 집어넣으면, 처음에는 어딘지 모르고 왔다 갔다 하다가, 얼마 지나지 않아 수조에서 먹이도 있고 쉴 수도 있는 휴식 공간을 찾아냅니다. 다음날 같은 실험을 하면 휴식 공간을 아주 빨리 찾아내고, 그 다음날에는 더 빨리 찾아냅니다. 그러나 치매에 걸린 쥐는 첫날처럼 매번 휴식 공간을 찾지 못한 채 헤맵니다.

그러면 어떻게 하면 기억력을 높일 수 있을까요? 나이가 들면 뇌가 위축되면서 특히 기억을 담당하는 해마 부위가 축소됩니다. 치매가 아니더라도 건망증이 심해지거나 인지 기능이 떨어집니다. 이렇게 해마 부위가 축소되는 이유는 나이가 들면서 해마 부위의 뇌유래신경성장인자brain-derived neurotrophic factor, BDNF와 그 수용체인 TrkB가 줄어들기 때문입니다. 그런데 연구 결과, 운동을 하면 BDNF와 TrkB가 증가해 해마 부위가 재생되고, 이 과정에서 기억이나 인지 능력이 향상되는 것으로 나타났습니다. 치매에 걸린 쥐를 운동시키면, 운동의 종류와 관계없이 기억력이 좋아져 젊은 쥐처럼 길을 찾습니다.

편도와 공포

편도는 공포와 관련된 뇌 부위입니다. 대부분의 사람들은 뱀을 보면 무서움을 느낍니다. 이런 공포심을 관장하는 부위가 바로 편도입니다.

그러면 편도에 문제가 생기면 어떻게 될까요? 편도가 손상된 환자들은 공포를 느끼지 못해서, 겁 없는 행동을 아무렇지 않게 저지르곤 합니다. 예를 들어, 톡소포자충에 의해 감염되어 편도가 무력화된 쥐는 고양이와 싸우려고 합니다. 원래 쥐는 공포를 느끼기 때문에 고양이의 오줌 냄새만 맡아도 도망갑니다. 톡소포자충은 고양이의 내장에 들어

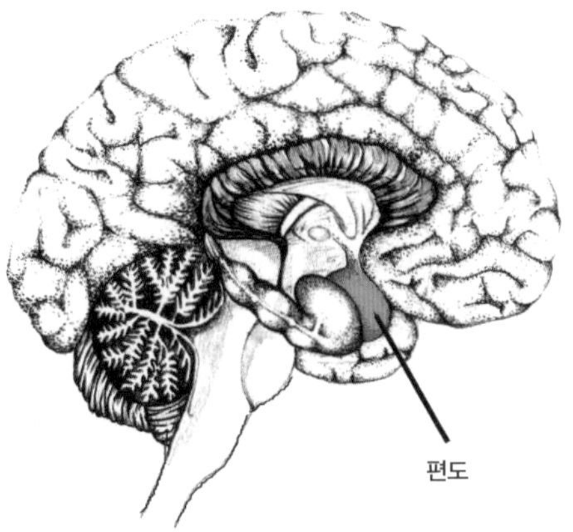

편도는 공포와 관련된 뇌 부위로, 편도에 문제가 생기면, 공포를 느끼지 못해서 겁 없는 행동을 아무렇지 않게 저지르곤 한다.

가기 위해 쥐를 중간 숙주로 삼곤 하는데, 쥐의 뇌로 파고들어가 편도를 손상시킵니다. 편도를 무력화시켜서 쥐의 공포심을 사라지게 하면, 그런 쥐가 쉽게 고양이의 먹잇감이 되기 때문입니다. 이렇게 쥐를 이용해 톡소포자충은 고양이의 내장으로 들어가 알을 낳고 일생을 마감합니다. 톡소포자충이 자신의 목적을 달성하기 위해, 쥐와 고양이를 자신의 허수아비로 만든 것입니다.

톡소포자충만 그런 게 아니라, 새와 달팽이를 조종하는 또 다른 기생충도 있습니다. 이 기생충은 달팽이의 더듬이를 새가 좋아하는 송충이 모양의 벌레처럼 만듭니다. 새는 달팽이의 더듬이를 벌레로 착각하고는 잡아먹습니다. 참 무시무시한 기생충입니다. 달팽이의 뇌를 조정해서 더듬이를 벌레처럼 만든 후, 새의 눈에 잘 띄도록 나뭇잎 끝으로 계속 올라가도록 합니다. 달팽이가 새의 내장으로 들어가면 기생충이 그

곳에 알을 낳습니다.

비슷한 예로, 간디스토마 유충이 개미의 신경중추로 침투하면, 개미의 행동을 변화시킵니다. 개미는 머릿속으로 침투한 간디스토마 유충의 조종에 의해 풀잎 끝으로 기어갑니다. 이 행동의 최종 목적은 다른 동물에게 잡아먹히는 것입니다. 이런 기생충을 통칭해서 '마인드 바이러스Mind virus' 혹은 '이데올로기 뇌벌레'라고 합니다. 만약 '이데올로기 뇌벌레'가 인간을 조종하게 된다면 어떤 일이 벌어질까요? 미하엘 슈미트-살로몬은 그의 책 『어리석은 자에게 권력을 주지 마라』에서, 일부 종교를 포함하여, 자기들의 이데올로기를 따르지 않는 인간들을 처단하는 상황들은 마치 뇌벌레가 기생충이 개미나 달팽이를 조종하는 것과 다르지 않다고 주장했습니다.

지금까지 뇌의 다양한 기능을 들여다보았습니다. 첨언하자면, 저는 여러분이 이데올로기 뇌벌레처럼 그 무엇인가에 의해 조종당하지 않기를 바랍니다. 인류 역사상 수많은 종교 전쟁이 있었습니다. 지금도 종교로 인해 안타까운 상황이 많이 벌어지고 있습니다. 어쩌면 세계 곳곳에서 인류가 망상에 빠지게끔 사람을 교육하고 있는지도 모릅니다. 어린 소년이 총을 들고 전쟁터에 참여하기도 합니다. 과연 그들이 제대로 판단했을까요? 누구도 예외가 될 수 없습니다. 누군가에게 조종을 당하지 않으려면, 많은 정보를 습득만 하는 지식인에 만족하지 않고 스스로 판단하고 결정하는 지성인이 될 필요가 있습니다. 저는 여러분이 지성인이 되기 위해 자연을 잘 관찰하고 깊이 있게 공부해나가기를 바랍니다.

Q **대상포진과 연관된 가려움증에 대해서 설명해주셨는데요, 혹시 대상포진 치료 방법이 지금 개발되었는지 궁금합니다.**

A 대상포진은 말씀드렸던 대로 바이러스가 원인인 질환입니다. 증상이 아주 심하지요. 그러나 초기에 항바이러스제를 쓰면 뛰어난 효과를 얻을 수 있습니다. 그러나 초기 치료를 놓치면 대상포진이 낫는 데까지 시간이 많이 걸립니다. 요즘에는 굉장히 좋은 약들이 많이 개발되었고 진행 중인 것도 있습니다.

Q **대상포진과 아토피에 관해 말씀하실 때, 통각이 무력화되면 가려움증만 남아 상황이 더욱 악화된다고 하셨습니다. 그러면 가려움증을 없앨 수 있는 약은 없나요?**

A 좋은 질문입니다. 피부에 가려움증을 느끼게 하는 물질이 있다면, 그 물질을 없앴을 때 증상이 사라질 수가 있습니다. 모기에 물렸을 때 가려운 증상을 없애는 약제는 항히스타민제입니다. 히스타민을 없애면 가렵지 않습니다. 그러나 하도 긁어서 더 이상 긁을 피부가 없어졌는데도 가려움증을 느끼는 경우가 다반사입니다. 항히스타민제가 효과를 발휘하지 못한다는 것이지요. 말씀드렸다시피, 가려움증이 만성화되면 피부질환의 범주를 넘어섭니다. 뇌에 가렵다는 정보가 기억되기 때문입니다. 현재, 가려운 신경의 특성을 잡아서 잠잠하게 만드는 방법으로 치료하는 치료제가 개발 중입니다.

Q **아픈 곳을 살살 문지르면 촉각이 통각을 억제해 진통 효과가 있다고 하셨는데요, 그러면 촉각은 통각보다 절대적으로 우위를 차지하는 감각인**

것인지 궁금합니다.

A 아프면 가려운 감각이 억제됩니다. 더 자세히 이야기하자면, 중간 뉴런이 가려움을 느끼는 신경의 기능을 억제합니다. 마찬가지로, 촉각은 통각 신경을 진정시키는 기능을 가지고 있습니다. 즉 통각은 가려움증을, 촉각을 통각을 억제시킵니다. 감각의 먹이사슬로 보면, 생명체가 가려움증을 가장 싫어한다는 것을 알 수 있습니다.

Q **공포라는 감각이 편도에 관련 있다고 하셨는데, 그렇다면 공포를 잘 느끼지 못하는 사이코패스는 편도에 질환이 있는 건가요?**

A 일단, 사이코패스가 전전두엽 쪽에 병변이 있다는 사실은 밝혀졌습니다. 그러나 편도와 전전두엽이 다 연결되어 있기 때문에, 어느 곳이라고 100% 단정짓긴 어렵습니다. 치료하는 여러 방법 중 한 가지를 설명해보겠습니다. 사이코패스 중 어떤 사람은 전전두엽의 손상이 아주 심한 경우가 있습니다. 이 경우 환자의 전전두엽을 잘라내면, 평균만큼은 아니지만, 아주 무시무시한 상황에선 벗어날 수 있습니다.

암세포의 위험한 여행

김미영 · 한국과학기술원 생명과학과 교수

연세대학교를 졸업하고 미국 코넬대학교에서 박사학위를 받았다. 제약회사 암젠 연구원, 메모리얼 슬론케터링 암센터 연구원을 거쳐, 현재 한국과학기술원 생명과학과 교수로 재직 중이다. 미국 국방성 박사후연구원 펠로십(2007~2010)으로 뽑혔으며, 청암 신진과학자상(2010), 한국과학기술원 이원 조교수상(2010)을 받았다.

암세포의 위험한 여행이라는 말을 들으면, 무엇이 가장 먼저 떠오르나요? 여행이라는 건 '여가를 즐기기 위해 어딘가로 가는 것'을 말합니다. 새로운 곳으로 떠나는 것이죠. 암세포에게 '여행'은 '전이轉移'를 뜻합니다. 암세포가 원래 있던 곳에서 다른 곳으로 떠나는 거죠. 그런데 왜 위험한 여행일까요? 여기에서는 두 가지 의미에서 위험합니다. 우선 환자 입장에서 전이는 굉장히 위험한 일입니다. 사망할 확률이 더 높아지죠. 다른 한편으로, 여행은 암세포에게도 위험한 일입니다. 다른 곳으로 이동하는 과정에서 암세포가 많은 공격에 노출되기 때문입니다. 뒤에서 보겠지만, 여행을 떠난 암세포가 살아남기란 그리 쉬운 일은 아닙니다.

오늘 이 자리에서는, 우선 전이가 무엇인지, 그리고 전이가 어떤 과정을 통해 진행되는지를 살펴본 다음, 보통 전이 연구자들이 어떤 방법을 통해 실험을 하는지를 소개해보고자 합니다. 또 전이 연구자들이 답을 얻기 위해 어떤 실험을 진행하는지를 살펴보려고 하고요. 잘 아시다시피 전이가 되면 수술이 불가능해지는 경우가 굉장히 많습니다. 그래서 전이가 되기 전에 환자의 암세포가 전이될 확률이 높은지, 전이가 된다면 어디로 가게 되는지를 정확하게 예측하게 된다면 전이를 미리 예방할 수 있을 것입니다.

암이라는 질병

악성 종양cancer은 우리나라뿐 아니라 세계적으로 높은 사망률을 보이는 질병입니다. 미국에서 암으로 인한 사망은 전체 질병에 의한 사망률의 23%를 차지하며, 우리나라에서는 26.7%를 차지합니다. 통계적

남자의 왼쪽 가슴에서 악성 종양을 제거하는 외과 수술 장면(아일랜드 더블린, 1817)

으로 보면, 매일 2만 명 이상의 환자가 악성 종양에 의해 사망하며, 암으로 인한 사망률의 90% 이상이 전이에 의한 것이라고 알려져 있습니다. 현실이 이 정도이니, 전이의 예측 및 치료 방법 연구가 얼마나 시급한 일인지 알 수 있을 겁니다.

악성 종양은 영어로 'cancer'입니다. 영어 'cancer'라는 말은 '게'를 의미하는 라틴어 'cancrum'과 희랍어 'karkinos'에서 유래됐습니다. 암세포를 전자현미경으로 찍으면 마치 게의 집게 다리가 나와 있는 것처럼 암세포도 밖으로 뻗어 있는 것이 보입니다. 아마도 옛 사람들은, 게가 집게 발을 벌리고 있는 것처럼 암세포가 퍼지는 현상을 보았을 테고, 그것이 게와 닮아 'cancer'라는 이름을 지은 것으로 추측됩니다.

사람들이 암을 고치기 위해 처음 시도한 방법은 무엇일까요? 과거에는 암에 대한 지식이 없었기 때문에 어떻게 치료해야 하는지 몰랐습니다. 암에 걸리면 어떤 부위가 붓거나 덩어리가 만져지는데, 사람들은 그것을 그냥 없애면 몸이 낫지 않을까 생각한 듯합니다. 사극을 보면 형벌을 내릴 때 인두로 몸을 지지는 장면이 등장하곤 하는데, 이와 비슷하게 인두로 환부를 지지곤 했습니다. 그러나 현대 의학의 관점에서 보면, 이 방법은 매우 좋지 않은 방법이었습니다. 일단 감염에 의한 위험이 크고, 지진다고 해서 암이 완전히 없어지는 것이 아니기 때문입니다. 더욱이 전이는 예측할 길이 없었습니다. 그래서인지 옛 사람들이 암은 치료할 수 없다고 기록했습니다.

인류가 암을 본격적으로 연구한 지 약 30~40년이 흘렀습니다. 지금은 암 수술 방법도 많이 발전했고, 항암제로 암을 치료하는 방법도 많이 발전했습니다. 위암 같은 경우는 초기에 발견만 하면 95% 이상의 환자들이 완치됩니다. 하지만 초기 암 치료법의 급속한 발전과는 반대로, 전이 예측 및 치료 방법에 대해서는 아직 많은 연구가 필요한 상태입니다.

전이란?

전이Metastasis는 암세포가 원래 있던 자리를 떠나 다른 곳으로 가는 것을 말합니다. 전이가 이루어지는 전체 과정을 한번 따라가볼까요? 1차 종양원발암의 암세포들이 다른 곳으로 가려면 움직일 수 있어야 합니다. 이동 능력을 갖고 있는 암세포는 먼저 혈관 안으로 들어갑니다. 그러니까 암세포는 일단 움직일 수 있고 혈관 안으로 들어갈 수 있는 능력이 있는 것이죠. 혈관 안에는 많은 면역세포들이 있습니다. 이 면역

전이 과정을 보여주는 유튜브 동영상
출처 : http://www.youtube.com/watch?v=rrMq8uA_6iA

세포들은 암세포를 공격하기 때문에 많은 암세포들이 죽게 됩니다. 혈관 벽에 부딪쳐 물리적인 힘에 의해 암세포가 터져 죽는 경우도 있습니다. 암세포는 이런 물리적인 힘을 이기고 계속 순환하다가 다른 기관 혈관벽에 안착해서 혈관 밖으로 나가려고 합니다. 이때도 면역세포들에 의해 잡아 먹히곤 합니다. 밖으로 나가보지도 못하고 죽는 거죠. 그러나 이 모든 공격을 피해 밖으로 나가는 세포가 있습니다. 그리고 새로운 기관에서 증식하기 시작합니다. 이것이 바로 전이 암입니다.

전이는 이민과 유사합니다. 한국에서 살다가 아프리카의 어느 나라로 이민을 간다고 해보죠. 처음에는 비행기를 타고 가야 하고, 비행기에서 내린 다음에는 이민국 심사를 통과해야 합니다. 이민국 심사를 통과하려면 여권과 비자가 필요하죠. 여기서 '이민국'을 혈관이라고 생각하면 됩니다. 그러면 암세포에게 비자와 여권은 무엇일까요? 암세포는 혈관벽을 뚫고 나가는 능력이 필요합니다. 이런 능력이 비자가 되겠죠. 일단 혈관 밖으로 나가 새로운 환경에 자리를 잡았다면 어떻게 하면 될까요? 터를 잡았으니 먹고살아야 하겠죠? 혼자 살 수는 없습니다. 그쪽 사람들의 언어를 배우고, 문화와 환경, 기후에 익숙해지는 게 좋을 겁니다. 한국에서 살다가 섭씨 40도가 넘는 아프리카에 산다고 생각해보

전이의 6단계

암세포의 주변 조직 침윤

↓

혈중 유입

↓

혈액순환계에서의 생존

↓

타기관 혈관벽에 부착

↓

혈관 밖으로의 이동

↓

새로운 기관에서 증식

세요. 먼저 무더운 기후에 적응해야 할 겁니다. 간혹 오지에서 원시 부족을 만날 수도 있습니다. 그런 곳에서 죽지 않으려면 그 원시 부족에게 동화되어 그들에게 자신이 적이 아니라는 점을 인식시켜줘야 합니다. 원시 부족은 처음엔 이방인을 죽이려고 하다가 동화가 되면 이방인에게 먹을 것도 갖다주고 돌봐줄 수도 있습니다.

암세포도 마찬가지입니다. 예를 들어 유방암의 암세포가 폐나 뇌와 같은 기관으로 이동하면, 암세포에게 그곳은 낯선 환경입니다. 거기에도 면역세포들이 있고요. 면역세포들이 전이 암세포를 적으로 인식하고 죽이려고 할 것입니다. 면역세포들이 죽이려고 할 때 암세포들은 '나는 적이 아니라 너의 친구'라는 사실을 인식시켜줘야 합니다. 그러면 암세포는 어떤 방법으로 면역세포들을 무장해제시킬까요? 간단히 말해 암세포들은 다양한 물질들을 분비하거나 자신을 적으로 인식하게 하는 표지들을 없애 주변의 면역세포들이 '아, 이 세포는 적이 아니구나' 하면서 암세포를 죽이지 않는 거죠. 심지어 다른 세포들이 와서 영양분을 공급해주는 등 암세포가 더 잘 자랄 수 있도록 만들어줍니다. 이런 과정을 거쳐 성공적으로 제2차 기관에 안착하고, 증식하게 되면, 암세포가 전이됐다고 얘기할 수 있습니다.

암세포는 이런 물리적인 힘을 이기고 계속 순환하다가 다른 기관 혈관벽에 안착해서 혈관 밖으로 나가려고 합니다. 이 때도 면역세포들에 의해 잡아 먹히곤 합니다. 밖으로 나가 보지도 못하고 죽는 거죠. 그러나 이 모든 공격을 피해 밖으로 나가는 세포가 있습니다. 그리고 새로운 기관에서 증식하기 시작합니다. 이것이 바로 전이 암입니다.

전이의 전체 과정을 요약해보면, 먼저 암세포는 암의 주변 조직에 침윤(浸潤)을 합니다. 그 다음에 혈관 안으로 들어갑니다. 혈관 속으로 들어가게 되면 그 속에서 살아남아야 하고, 새로운 기관의 혈관 벽에 달라붙어서 혈관 밖으로 나가야 됩니다. 그리고 새로운 기관에 안착한 후 증식하는 것입니다. 이것이 6단계로 설명할 수 있는 전체적인 전이의 과정입니다. 만약 이 중 한 단계라도 빠지면 어떻게 될까요? 전이가 되지 않습니다. 전이는 굉장히 복잡한 과정입니다. 이런 복잡성이 전이를 연구하는 연구자들에게는 더 많은 기회를 제공해줄 수도 있습니다. 왜냐하면 특정 단계를 방해하면 전이가 이루어질 수 없으니까요.

전이 암 환자의 치료 방법은?

그러면 암이 전이되었을 때 치료 방법으로는 무엇이 있을까요? 몇 가지 예를 들어보겠습니다. 우선 화학적 치료 방법Chemotherapy이 있고, 방사선 치료 방법Radiation therapy이 있습니다. 그런데 이들 치료 방법은 부작용이 많아 환자들이 굉장히 고통스러워합니다. 부작용이 생기는 이유는 정상세포들에게도 화학물질이나 방사선이 악영향을 미치기 때문입니다. 항암 치료의 부작용으로 머리가 빠지고, 피부에 반점이 생기거나 염증이 생기기도 합니다.

그래서 이런 부작용을 줄여보자는 차원에서, 2세대 치료 방법이 등장했습니다. 정상세포를 최대한 죽이지 않고 암세포만을 공격하는 표적 항암제가 바로 그것입니다.

그러면 표적 항암제는 어떤 메커니즘으로 암세포만을 표적으로 삼을 수 있을까요? 간단히 말해, 정상세포와 암세포는 세포 생장 신호들에 대한 반응에서 차이를 보입니다. 암세포는 생장 신호 물질의 양이 아주 적더라도 그것에 굉장히 강하게 반응하는 경우가 많은데, 그 이유는 암

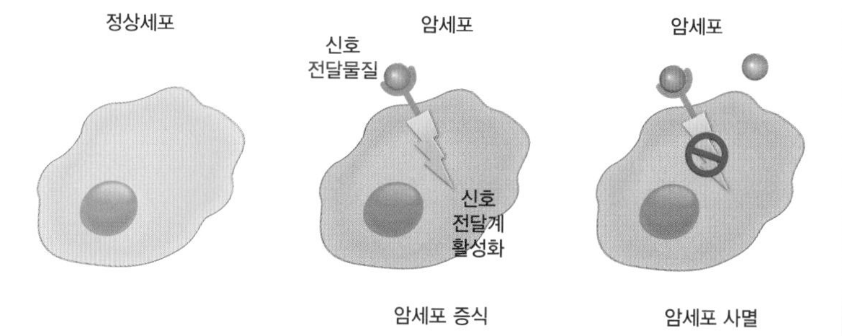

표적 항암제의 원리. 특정 신호들에 정상세포와 암세포는 다른 반응을 보인다. 표적 항암제는 암세포가 강하게 반응하는 신호전달계를 표적으로 삼는다.

세포에는 그 신호를 잘 받아들일 수 있게 하는 수용체들이 많이 존재하여, 신호전달물질과 결합해 신호전달계를 활성화시키고, 결국 이 과정을 통해 암세포의 증식이 촉진됩니다. 표적 항암제는 바로 이 신호전달계를 표적으로 삼습니다.

예를 들어, 유방암 같은 경우에는 크게 두 가지의 표적 항암제가 사용되어 왔습니다. 하나는 허셉틴Herceptin이라는 항암제입니다. 이 항암제는 Her2라는 수용체 단백질과 결합하는 항체로, Her2 단백질이 유도하는 신호전달계의 활성을 방해합니다. 그런데 이 항암제는 유방암 환자 중 약 15~20%의 환자에게만 사용될 수 있습니다. Her2 단백질이 많이 발현하는 환자에게만 효과가 있기 때문입니다.

다른 하나는 아바스틴Avastin이라는 혈관생성저해제입니다. 암이 전이되려면 일단 1차 종양에서 혈관이 생성되어야 되는데, 아바스틴은 이 과정을 억제하는 역할을 합니다. 이렇게 혈관 생성이 저해되면 암세포가 영양 공급을 받지 못할 뿐 아니라 다른 곳으로 이동하는 경로도 차단됩니다. 혈관 생성을 방해하는 아바스틴이 처음 개발되었을 때, 사람들이 이제 모든 전이 암을 치료할 수 있으리라고 기대했습니다. 임상 시험도 통과되어 FDA 승인까지 받았습니다. 그러나 기대가 너무 컸던 걸까요? 얼마 지나지 않아 부작용 사례가 늘어나, FDA에서는 아바스틴을 유방암 치료에 더 이상 사용하지 못하도록 하였습니다. 하지만 난소암, 폐암 등에서는 현재 사용 중입니다.

전이 연구는 어떤 방법을 통해 이루어질까?

현재 전이 환자들을 대상으로 여러 가지 임상 시험이 계속 이루어지고 있는 상황입니다. 그럼 과연, 어떻게 전이 암이 연구되고 있을까요? 그것에 대해 좀더 구체적으로 다뤄보도록 하겠습니다. 앞에서, 암세포가 전이되는 여섯 과정을 간략하게나마 보여드렸습니다. 이 과정들에 관여하는 유전자는 무엇일까요? 그 유전자들을 밝히면, 그 유전자의 기능을 억제할 수 있는 치료제를 만들 수 있을 것입니다. 현재 진행되고 있는 많은 연구 중 상당수가 각각의 과정에 관여하는 유전자는 무엇인가, 그 유전자의 기능을 어떻게 하면 억제할 수 있는가와 관련 있습니다.

전이 암 연구 방법으로는 크게 세 가지의 연구 방법이 있습니다.

첫째, 인간 암세포주를 이용한 연구 방법이 있습니다. 여기서 암세포주는 암 환자들의 조직에서 얻어낸 세포를 말합니다. 최초로 사용된 암세포주는 자궁암으로 죽은 헨리에타 렉스라는 여성의 암 조직에서 떼어낸 암세포주입니다. 헨리에타 렉스의 이름을 따서 HELA 세포로 불립니다. 렉스의 동의를 구하지 않은 채 채취한 세포여서 뒤늦게 논란이 된 세포입니다. 1951년부터 사용되었는데, 렉스는 죽을 때까지 자신의 세포가 사용되는지조차 몰랐습니다. 요즘은 환자에게서 암세포주를 받으려면 동의서 등 굉장히 많은 서류가 필요합니다. HELA 세포는 아직까지도 사용되고 있는데, 이 세포주를 통해 굉장히 많은 것들이 밝혀졌습니다. 정상세포와 암세포가 어떻게 다른지도 밝혀졌고, 자궁암세포의 특성도 많이 밝혀졌습니다.

암세포는 어느 조직의 세포이냐에 따라, 모양이 다를 수도 있고 비슷할 수도 있습니다. 어떤 암세포들은 동글동글하고, 어떤 암세포들은 길쭉길쭉합니다. 지금은 현미경으로 다양한 종류의 암세포들을 다 들여다볼 수 있습니다.

그럼 이 암세포들로 무엇을 할 수 있을까요? 몇 가지 실험 방법들을 살펴보겠습니다. 일단, 이 자리에서는, 전이 능력이 낮은 암세포를 '비전이세포'로, 전이 능력이 높은 세포를 '전이세포'로 구분해서 표현하겠습니다. 유방암의 경우, 전이세포와 비전이세포의 모양을 보면, 전이세포는 길쭉길쭉하고 비전이세포는 동글동글합니다. 길쭉하면 무엇이 좋을까요? 길쭉하면 혈관으로 나갈 때 굉장히 유리할 것입니다(모든 전이세포가 이런 모양을 갖고 있는 건 아닙니다). 비전이세포가 전이세포로 변할 때에는 대부분 모양에 어느 정도 변화가 생깁니다. 길쭉하고 폭이 좁아지는 형태로 변합니다. 그 다음으로 전이세포와 비전이세포는 증식하는 속도에서 차이를 보입니다. 전이세포의 증식이 비전이세포의 증식보다 빠른 경우가 있는 것이지요. 앞서 언급했듯이, 전이 과정에서 '이동 능력'은 굉장히 중요한 부분입니다. 전이세포와 비전이세포의 이동 능력이 어느 정도 되는지 연구할 수가 있겠죠. 마지막으로 전이세포들은 1차 종양세포들보다 항암제에 대한 저항성이 증가되어 있는 경우가 많이 있습니다. 이런 부분들이 암세포들을 가지고 연구할 수 있는 분야들입니다.

과학자들은 인간의 암세포주를 이용해 굉장히 많은 정보를 얻었지만, 한계도 많았습니다. 왜냐하면 암세포주를 사람 몸 안이 아니라 밖에서 키웠기 때문입니다. 몸 안에 일어나는 일들과는 괴리가 있거든요. 밖에서 배양한 인간의 암세포주 연구만으로는 그 결과를 100% 신뢰하기는 어렵습니다. 이를 보완하기 위해 동물 실험이 진행됩니다. 모델 동물로는 주로 쥐가 사용되는데, 인간의 암세포를 생쥐에 주입해서 전이세포와 비전이세포를 비교해볼 수 있습니다. 종양 형성 과정과 전이되는 정도를 관찰할 수도 있습니다. 쥐에 암세포를 주입하는 방법으로는 피하주사, 정맥주사, 심장주사와 같은 세 가지 방법이 사용됩니다.

피하주사는 그냥 피부 밑에 주사하는 것입니다. 보통은 목 뒷부분이나 엉덩이, 허벅지처럼 살이 가장 많은 곳에 암세포를 주입합니다. 이를 통해 종양이 얼마나 빨리 커지는지를 살펴볼 수 있습니다. 정맥주사 intravenous injection는 보통 쥐의 꼬리에 놓습니다. 쥐가 움직이지 못하도록 고정한 후에 꼬리에 있는 두 개의 정맥 중 하나에 주입합니다. 쥐의 경우, 따뜻한 물에 잠깐 꼬리를 담가두면 혈관이 약간 커지기 때문에 눈에 잘 보입니다. 정맥주사로 암세포의 전이가 얼마나 이루어지는지를 측정할 수가 있습니다.

심장주사는 말 그대로, 주사 바늘을 심장에 찔러 암세포를 넣어주는 방법입니다. 심장은 네 개의 방으로 이루어져 있는데, 그중 좌심실에 찔러 넣어주어야 됩니다. 심장에 바늘을 꽂았을 때 주사기 쪽으로 피가 나오면 좌심실에 잘 들어간 것입니다. 왜냐하면 좌심실에서 피가 분출되기 때문입니다.

요즘은 한 가지 모델을 사용하는 연구보다는, 동물 모델, 암 세포주 모델, 인간 유래 암 조직을 같이 연구함으로써, 전이 과정에 어떤 유전자가 관여하는지를 밝히는 연구가 많이 진행되고 있습니다.

참고로, 이렇게 정맥이나 심장 주사를 통해 암세포를 몸에 주입할 때에는 암세포가 발광發光할 수 있도록 특수처리를 하는 경우들이 있는데, 이 방법을 사용하면 영상기기를 통해 주입한 암세포들이 어디로 가는지, 얼마나 자라는지 등을 알 수 있습니다. 이 방법의 장점 중의 하나

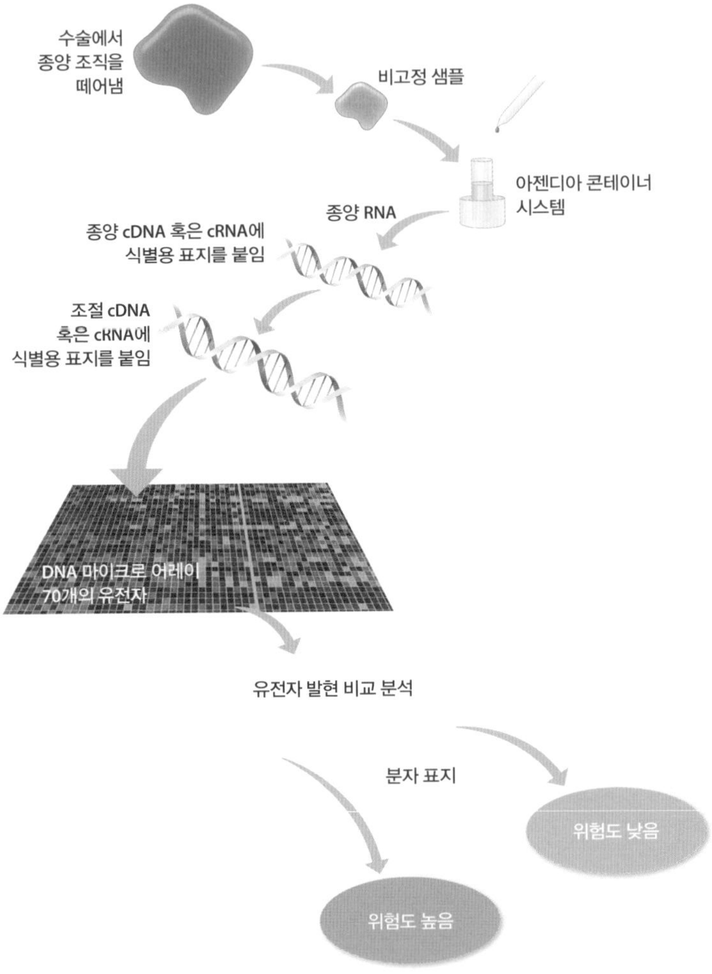

맘마프린트 방법은 수술에서 얻은 유방암 조직으로 유전자의 발현 정도가 어떤지 분석한다. 참조 : http://biomedicalcomputationreview.org/content/microarrays-search-meaning-vast-sea-data

는, 쥐를 죽이기 전에 암세포들이 어디 있는지 볼 수 있다는 점입니다.

지금까지 언급한 것들은 동물 모델에 사용하는 방식들입니다. 이런 방식들을 사람에게 적용할 수 있을까요? 아시다시피, 사람을 대상으로 직접 실험할 수는 없습니다. 그러면 무엇을 할 수 있을까요? 인간에게서 유래한 암 조직들을 대상으로 연구를 진행할 수가 있습니다. 요즘에는 수술할 때 1차 종양뿐 아니라 전이된 암 조직까지 잘 모아둡니다. 그래서 동물 모델을 통한 실험 결과와 암세포주 모델을 통한 실험 결과들을 종합한 후 연구 가설을 암 조직에서 확인해볼 수 있습니다. 순서를 거꾸로 해서, 암 조직으로부터 가설을 세운 다음 동물 모델과 암 세포주 모델을 이용해서 확인해볼 수도 있습니다. 요즘은 한 가지 모델을 사용하는 연구보다는, 동물 모델, 암세포주 모델, 인간 유래 암 조직을 같이 연구함으로써, 전이 과정에 어떤 유전자가 관여하는지를 밝히는 연구가 많이 진행되고 있습니다.

인간 유래 암 조직 분석에는 크게 두 가지 방법이 있습니다. 첫 번째로, 암이 발생된 조직과 이 암에서 전이된 암 조직을 비교하는 방법입니다. 가령 유방암 조직과 이 유방암에서 전이된 암 조직이 있다고 할 때, 이 둘을 서로 비교해볼 수 있습니다. 전이세포와 비전이세포의 차이점들을 연구해볼 수 있는 것이죠. 두 번째로, 뼈, 폐, 간 등 각 기관별 암세포들의 차이도 연구해볼 수 있습니다. 각각으로 전이될 때 암세포는 어떤 차이를 보이는지 관찰할 수 있는 것입니다.

전이 발생 가능성을 예측하다

이제, 전이 암의 발생 가능성을 예측하는 방법에 대해 알아보겠습니다. 먼저 질문을 하나 던져볼게요. 전이 암을 예측한다면 환자에게 어떤 도움을 줄까요?

유방암을 예로 들어보겠습니다. 유방암 환자들은 수술하자마자 거의 모든 환자들이 화학적 치료를 받습니다. 왜냐하면 암이 전이될지 안 될지 알 수 없기 때문입니다. 그러나 앞서 언급했듯이, 화학적 치료 방법은 부작용이 매우 심합니다. 화학적 치료를 받게 되면 무척 고통스럽기 때문에 삶의 질이 저하될 수밖에 없습니다. 만약, 어떤 환자는 전이 암이 발생할 확률이 높고, 어떤 환자는 전이 암이 발생할 확률이 낮다는 것을 정확하게 예측할 수 있다면, 전이 암이 발생할 확률이 낮은 환자들은 굳이 화학적 치료를 받을 필요가 없을 것입니다. 이는 환자의 삶의 질이 향상된다는 것을 의미하죠. 이러한 시각에서, 현재 다양한 방향에서 전이를 예측하는 방법을 알아내려고 하고 있습니다.

현재, 크게 두 종류의 예측 방법이 주목받고 있습니다. 하나는 암 조직을 분석하는 방법입니다. 유방암의 경우, 이 방법은 시중에 나와 있습니다. 맘마프린트MammaPrint라고 해서, 수술에서 얻은 유방암 조직으로 유전자의 발현 정도가 어떤지를 분석합니다. 다른 하나는, 여러 기준을 근거로 환자를 전이 위험군과 전이 비위험군으로 나누는 방법입니다. 이렇게 나눈 다음 위험군 환자들은 더 빈번히, 더 세밀히 관리하는 것이죠.

그러면 전이 위험군와 전이 비위험군으로 나눌 수 있는 기준으로는 무엇이 있을까요? 대표적으로, 혈중 암세포 개수가 기준이 될 수 있습니다. 혈액 속으로 암세포들이 유입될 경우 그 환자는 전이될 확률이 높아진다고 알려져 있습니다. 혈액 속으로 암세포가 유입되는지의 여부는 환자에게서 혈액을 채취해 7.5ml의 핏속에 암세포가 몇 개가 있는지 세어보는 방법으로 알 수 있습니다. 통상적으로, 다섯 개 이상으로 나오면 이 환자는 전이될 확률이 높다고 생각합니다. 혈중 암세포를 분석하는 방법이 주목을 받는 이유는 혈중 암세포 분석 방법을 사용하면 전이를 예측할 수 있는데다, 전이 치료제를 만들었을 때 그것의 반응성을 관찰할 수 있기 때문입니다.

뒤의 표를 보면, 치료 전의 암세포 개수와 치료 후의 암세포 개수를 볼 수 있습니다. 환자 1, 2, 3의 경우는, 치료 전에 비해 치료 후에 암세포의 개수가 확 줄어들었습니다. 이것은 이 환자들에게 이 치료제가 효과가 있다는 것을 의미합니다. 그런데 어떤 환자의 경우는 암세포의 개수가 늘어납니다. 이것은 이 환자에게 이 치료제를 사용할 필요가 없다는 것을 말해줍니다. 즉, 혈액을 채취하는 간단한 방법으로 치료제의 반응이 어떤지를 확인해볼 수가 있는 것입니다.

혈중 암세포를 분석하는 방법이 주목을 받는 이유는 혈중 암세포 분석 방법을 사용하면 전이를 예측할 수 있는데다, 전이 치료제를 만들었을 때 그것의 반응성을 관찰할 수 있기 때문입니다.

그러면 지금 전이 암 치료제로는 어떤 것이 있을까요? 현재 임상 연구가 진행 중인 전이 암 치료제로는 여러 개가 있습니다. 임상 마지막 단계에 와 있는 유방암 전이 치료제도 꽤 있습니다. 만약 이들 유방암 전이 치료제가 임상 시험에서 좋은 결과를 얻고 최종적으로 승인까지 받게 되다면, 유방암 환자뿐 아니라 다른 전이 암 치료제 개발에도 도움이 될 것입니다.

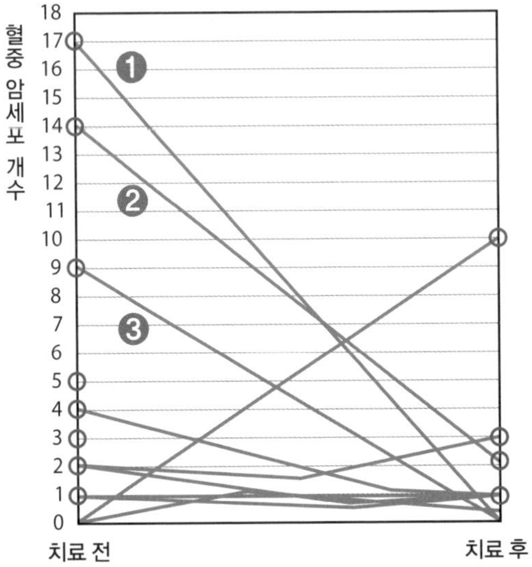

혈중 암세포 개수의 변화로 치료 효과를 확인해볼 수 있다.

누누이 강조하지만, 현재 우리가 알고 있는 전이에 대한 지식은 빙산의 일각에 불과합니다. 밝혀져야 할 것들이 굉장히 많이 있습니다. 저는 의문으로 가득 찬 90% 이상의 영역이 여러분의 도전에 의해 해결될 수 있을 것이라 생각합니다. 여러분들의 도전을 기다리고 있겠습니다.

Q **전이 암은 옮겨갈 때 특정 경로가 있는지 궁금합니다.**

A 그런 경로들이 밝혀지고 있습니다. 보통 유방암 같은 경우는 폐로 먼저 갑니다. 그 다음에 뇌로 가는 경우도 있습니다. 폐에 있는 전이세포들이 더 발달해서 뇌로 전이되는 것이죠.

Q **전이 암세포가 이동한 상태에서 5~10년 동안 증식하지 않는 경우도 있다고 하셨는데, 만약 증식을 안 한 상태의 세포를 발견했을 때에는 수술로 치료할 수 있는 것인가요?**

A 그것을 발견하면 좋긴 한데, 너무 작아서 발견하기가 참 힘듭니다. 그래서 암세포들이 잠을 자고 있다고 얘기합니다. 잠을 자고 있다가 어떤 신호에 의해 깨어나게 되면 증식을 하게 되죠. 우리가 갖고 있는 방법으로는 어느 정도의 크기가 되어야 발견할 수 있는데, 그때가 되면 수술하기에는 늦은 때인 경우가 아주 많습니다.

Q **암세포가 새로운 기관에 가면 그 환경에 적응해야 되잖아요? 만약 유방암 세포가 뇌로 간다면 어떻게 변형시키나요?**

A 뇌에는 다른 조직과 다른 세포들이 있습니다. 그 세포를 성상세포astrocyte라고 하는데, 암세포는 그 세포들을 활성화시킵니다. 그러면 성상세포들은 영양분을 주는 등 암세포들이 잘 자랄 수 있는 환경을 만들어줍니다. 성상세포말고도 여러 다른 세포들이 있는데, 암세포들이 그 세포들을 변화시켜서 암세포들을 잘 자라게 하는 물질을 분비하게 만듭니다. 다른 연구에 비해 아직 뇌 전이에 대한 연구는 많이 이루어지지 않았습니다. 뇌 같은

경우는 약물이 뚫고 들어가기 힘든 조직이기 때문입니다. 뇌 세포의 장벽을 뚫고 들어갈 수 있는 약물을 개발하는 것도 굉장히 중요합니다.

Q **셀 서치 키트(cell search kit)로 혈중 암세포를 발견하게 될 경우, 혈관 내에서 치료하게 되나요, 아니면 종양으로 발전된 다음에 하나요?**

A 혈액 속에서 암세포가 발견되면, 모양과 특성이 다르기 때문에 그 암이 어디에서 유래한 것인지 알 수 있습니다. 암 종류별로, 그에 맞는 항암제를 투입하는 거죠. 암이 생기지 않았더라도, 혈중에 암세포가 많으면 전이될 가능성이 높다고 생각되므로 그때부터 치료를 시작합니다.

Q **췌장암과 같이 몸 속 깊숙한 부분에서 생기는 암 같은 경우, MRI나 CT로 확인이 잘 안 된다고 알고 있는데, 혹시 이에 대한 조기 진단 방법이 있는지요?**

A 췌장암처럼 몸 속 깊숙한 곳에 있는 데는 암을 초기에 발견하기 참 힘듭니다. 그래서 생명과학 분야뿐 아니라 공학 분야 연구자들도 많이 연구하는 중입니다. 암을 초기에 감지하는 기기를 어떻게 하면 만들 수 있을지를 고민하는 거죠. 그러자면 생명과학적인 지식이 필요하기 때문에, 제 생각에는 이런 기기에 관심이 있는 학생이라면 공과대학 쪽으로 진학해서 생명과학 연구자들과 공동 연구를 진행하는 것도 좋을 것 같습니다.

3장

생명,
세상과 소통하다

초파리의 생체리듬과 수면

최준호 · 한국과학기술원 생명과학과 명예교수

서울대학교 자연대학에서 동물학을 전공했으며, 미국 UCLA 생물학과에서 분자생물학으로 박사학위를 받았다. 미국 캘리포니아대학교 버클리캠퍼스 분자생물학과에서 박사후연구원을 거쳐, 한국과학기술원 생명과학과 교수로 재직했다. 파필로마바이러스의 DNA 복제와 전사에 대하여 연구하였으며, 최근에는 초파리의 생체리듬과 수면에 관한 연구를 수행하고 있다. 한국분자 · 세포생물학회 목암생명과학상 본상(2000년), 대한민국학술원상(2012년) 등을 수상하였다. 110여편의 논문을 발표하였고, 역서로 『바이러스학(2판)』(공역), 『브루커의 생명과학(3판)』(대표 역자), 로버트 위버의 『분자생물학(5판)』(대표역자), 『필수세포생물학(4판)』(공역) 등이 있다. 2016년 한국분자 · 세포생물학회 회장을 역임했다.

지구의 자전은 낮과 밤을 제공하고 일교차를 만들었습니다. 지구 상의 생물체는 이러한 외부 환경에 적응하기 위하여 24시간 주기를 인지하는 생체 내 시계를 생물체 내부에 가지게 되었죠. 이렇게 형성된 생체 내 시계는 생물체로 하여금 외부 환경의 변화를 감지하여 개체의 행동과 생리현상을 24시간 주기에 맞추어 활동하도록 하였습니다.

지구는 24시간 주기로 자전합니다. 지구가 막 생겨났을 무렵에는 4시간이 자전 주기였지만 이후 달이 생기고 조류가 바뀌면서 지금과 같은 24시간 자전 주기로 안착되었습니다. 그러나 앞으로 3억 년이 지나면 지구의 자전 주기는 25시간으로 바뀌고, 75억 년이 지나면 지구는 자전하지 않게 됩니다.

현재, 지구의 자전 주기가 24시간이므로 모든 생물은 이 주기에 적응하기 시작하였습니다. 생명체에서 하루, 조수, 주간, 계절, 그리고 일 년과 같이 '시간에 따른 리듬'을 연구하는 학문을 시간생물학 chronobiology이라 합니다. 생체리듬은 체내에서 발생하지만 일주기 생체리듬은 빛, 먹이 활동, 기온과 같은 외부의 요인에 의해 환경에 알맞게 동기화하는데, 이런 요인을 자이트게버zeitgeber(독일어로 '시간 기여자')라 합니다. 자이트게버 중에서도 가장 큰 영향력을 미치는 것은 빛입니다.

일주기 리듬

하루 간격으로 조절되는 생체리듬을 일주기 리듬이라고 합니다. 일주기 리듬은 영어로 'Circadian rhythm'이라고 하는데, 'Circa~는 '약約'을 뜻하고, '~dian'는 '주기'를 의미합니다. 그러니까 '약 하루의 주기'

사람의 일주기 리듬

라는 뜻입니다. 식물, 동물, 균류, 심지어 박테리아까지, 지구 상의 생명체에서 생화학적, 생리학적, 또는 행동학적 흐름은 거의 24시간 주기에 맞춰져 있습니다. 수면, 섭식, 체온, 뇌파 활동, 호르몬 생성, 세포 재생성, 에너지 대사 등 다양한 생리 활동도 일주기 리듬을 보입니다.

그런데 똑같은 24시간 주기라 할지라도 활동성이 동일한 것은 아닙니다. 낮에 굉장히 활발하게 움직이다가 저녁에 움직이지 않는 동물을 '주행성 동물'이라 하고, 밤에 활발히 활동하고 낮에 휴식을 취하는 동물은 '야행성 동물'이라고 합니다.

사람의 일주기 리듬은 대략 위의 그림과 같습니다. 사람은 아침, 점심, 저녁으로 몸에 변화가 나타나는데, 예를 들면 오후 3시에는 몸을 가장 민감하게 움직일 수 있으며, 새벽 2시가 되면 졸려서 몸을 움직이기 힘들어집니다. 아침 6시 반에 혈압이 가장 높고, 오후 7시에 체온이 가장 높습니다. 장 운동이 가장 활발하지 않은 때는 밤 10시 30분경입니다. 밤에 소화가 잘 되지 않는 것은 이 때문입니다.

해외 여행을 가면 늘 시차 때문에 고생하는데, 이것은 일주기 리듬이 깨졌기 때문에 생기는 것입니다. 일반적으로 시차가 1시간 바뀌었을 때 몸이 적응하려면 하루 정도가 필요하다고 알려져 있습니다. 우리나라와 12시간 정도 시차가 있는 곳으로 여행을 떠나면 2주일이 지나야 몸이 완전히 적응하게 되는 거죠. 그래서 우리나라와 6~8시간 시차가 있는 유럽에 일주일 동안 여행하고 오면 몸 상태가 최악이 됩니다. 유럽에 가서 몸이 적응될 무렵에 다시 돌아오기 때문입니다.

생체리듬에 관여하는 period 유전자의 발견

초파리의 생체리듬에 관여하는 유전자는 1968년 캘리포니아공과대학 생물학과의 시모어 벤저Seymour Benzer 교수와 대학원생인 로널드 코노프카Ronald J. Konopka가 처음으로 발견하였습니다. 코노프카가 대학원에 입학해 벤저 교수의 실험실에 합류하였을 때, 벤저 교수의 실험실에서는 이미 동료들이 초파리를 24시간 관찰해 초파리가 일주기에 따라 생활한다는 사실을 알고 있었습니다. 그런데 이것을 어떻게 규명할 수 있었을까요?

초파리는 세상이 이슬에 젖어 촉촉한 새벽에 우화(번데기가 성충으로 깨어나는 것)합니다. 초파리의 학명은 *Drosophila*인데, 이것은 '이슬을 사랑하는 동물'이라는 뜻입니다. 코노프카는 초파리에게 돌연변이원 EMSEthyl methane sulfonate를 먹여 다양한 돌연변이체를 만든 후 일정한 온도를 유지하면서 12시간은 빛이 있는 상태에서, 12시간은 어두운 상

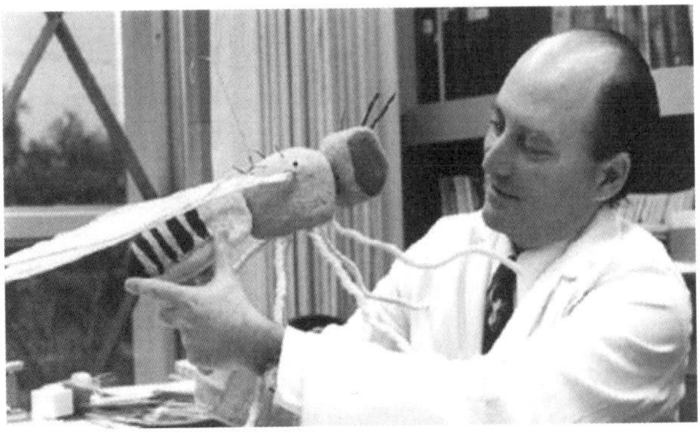

초파리의 생체리듬을 연구한 시모어 벤저

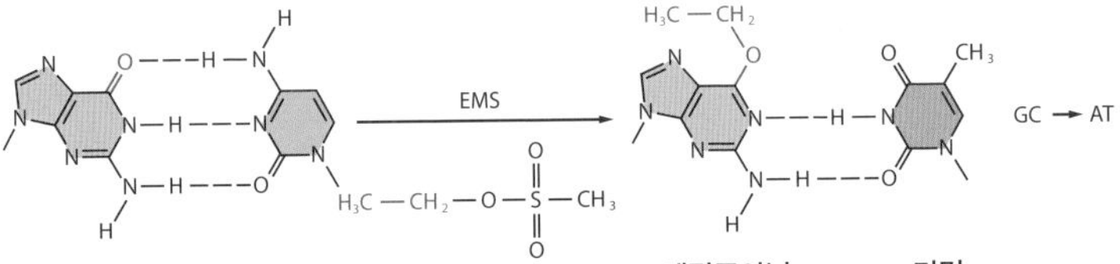

구아닌 사이토신 O6-에틸구아닌 티민

초파리에게 돌연변이를 일으키는 EMS를 먹이면, 구아닌의 산소에 에틸기가 결합하고, 에틸기가 붙은 구아닌은 C와 결합하는 대신 T와 수소결합한다.

태에서 초파리를 키웠습니다.

EMS는 DNA에 돌연변이를 일으킬 수 있는 물질입니다. DNA는 A와 T가 염기쌍을 이루고, G와 C가 염기쌍을 이루죠. 구아닌과 사이토신이 쌍을 이루는데, EMS를 먹이면 G의 산소에 에틸기가 결합합니다. 그리고 이렇게 에틸기가 붙으면 G가 C와 결합을 하는 대신, T와 수소결합을 합니다. EMS를 먹이면 DNA 상에 임의적으로 돌연변이를 일으킬 수가 있는 것입니다. 이렇게 돌연변이원으로 DNA에 무작위로 돌연변이를 일으키면, 초파리에게 아무런 이상이 없을 수 있지만,

어떨 때는 중요한 유전자가 바뀔 수 있습니다. 그리고 유전자의 변화로 유전자가 암호화하는 단백질의 기능이 바뀔 수가 있습니다.

코노프카는 아침에 불을 켠 직후와 저녁에 불을 끄기 직전, 두 번씩 초파리 배양병을 점검했습니다. 그러던 어느 날 아침에 200번째 배양병에 가득 차 있는 초파리를 발견하였습니다. 이것을 한 마리씩 조사해보니 모두 수컷이었습니다. 그리고 이 수컷을 교배하여 그 자손이 우화하는 시간을 보니 이 초파리들은 밤낮을 가리지 않고 아무 때나 부화하였습니다. 그후 코노프카는 너무 일찍 우화하는 초파리와 너무 늦게 우화하는 초파리를 별도로 발견하였습니다.

그리고 유전적인 분석을 통하여 세 가지 돌연변이체의 유전자 지도를 작성해보니, 세 가지 모두 X염색체의 white 유전자로부터 1센티모건 떨어져 있다는 것을 알게 되었고, 이 유전자를 'period'라 명명하였습니다. 이 유전자는 최초로 초파리의 눈 색깔, 날개 모양이 아닌 행동을 결정하는 유전자였습니다. 그리고 이 연구 결과를 1971년 미국 학술원회보*Proceedings of the National Academy of Sciences, USA*에 발표하였습니다.

그후 13년이 지난 1984년, 브랜다이스대학교 생물학과의 마이클 로스바시Michael Rosbash와 제프리 홀Jeffrey Hall 교수 연구팀은 'period' 유전자를 클로닝하는 데 성공하였습니다. 미국 록펠러대학교의 마이클 W. 영Michael W. Young 교수도 비슷한 시기에 독립적으로 똑같은 사실을 발견했습니다. 이후 초파리의 생체리듬에 관여하는 유전자가 여러 종류 더 발견되었습니다.

그로부터 10년이 또 지나자, 노스웨스턴대학교의 조지프 S. 다카하시Joseph S. Takahashi 교수가 생쥐에 돌연변이를 유발하여 일주기 리듬이 변한 생쥐에게서 period와 다른 새로운 유전자를 발견하고는 'clock'이라는 이름을 붙였습니다.

일주기 리듬의 구성

초파리에서 일주기 리듬Circadian rhythm은 어떻게 만들어질까요? 결론부터 말하자면, 초파리의 머릿속에는 분자 생체시계가 있습니다. 그것은 신경세포에서 일정하게 신호signal로 나옵니다. 그로 인해 동물이 낮에는 활동하고 밤에는 자는 등 여러 가지 행동을 하는 것입니다. 머릿속에 내재되어 있는 시계뿐 아니라 외부적으로 영향을 주는 것도 있습니다. 밖에서 영향을 주는 요인으로는 빛, 온도, 먹이 활동 등이 있습니다. 우리가 브라질에 가면 우리나라 시간대와 밤낮이 바뀝니다. 그런데 2주일이 지나면 밤낮에 적응을 하게 됩니다. 그것을 결정하는 것이 바로 빛입니다. 빛에 의해서 몸속에 있는 생체리듬 주기 메커니즘이 적응하게 되는 것입니다.

10만 개의 초파리 신경세포에서 생체리듬을 관장하는 신경세포는 불과 150개에 불과합니다. 생체리듬을 관창하는 신경세포를 페이스메이커pacemaker 신경세포라고 합니다. 초파리의 머리에 있는 생체시계에 해당하는 150개의 신경세포가 24시간을 인식하며 초파리가 언제 잠을 자고, 언제 행동하며, 언제 휴식을 취할지를 결정합니다. 이러한 생체시계세포는 period, timeless, dClock, cycle, vrille, pdp1과 같은 핵심 유전자가 24시간 주기에 따라 진동하며 발현되고, 각각의 단백질의 양이 조절되며, 이들이 여러 생체리듬에 따라 발현되는 유전자를 조절하여 24시간 주기를 나타냅니다.

예를 들어, 옆의 맨 아래 그림은 Period 단백질이 변하는 것을 보여

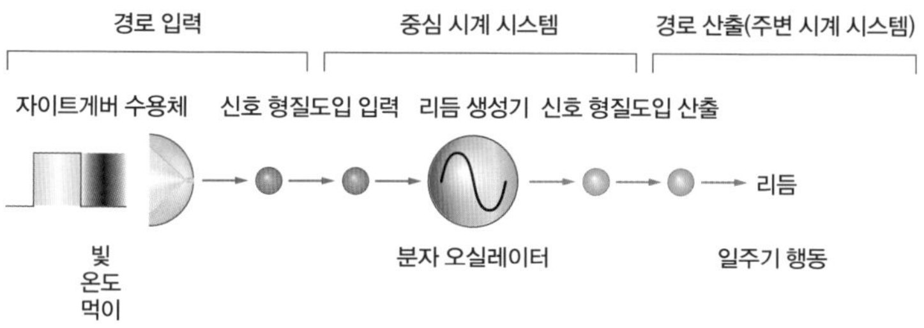

일주기 리듬의 구성

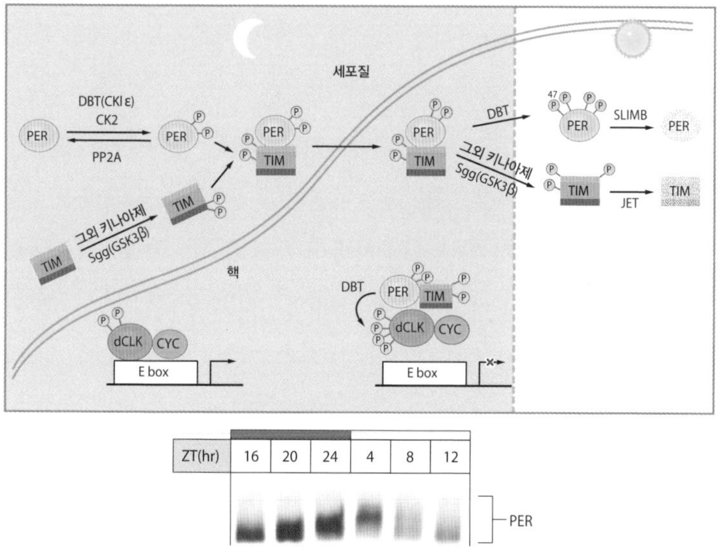

분자 시계 시스템. Period 단백질은 PER로 표기한다 (출처 : 아주대학교 의과대학 김은영 교수)

줍니다. 아래쪽을 보면, 오후 4시, 오후 8시, 밤 12시, 새벽 4시, 아침 8시, 낮 12시 등 시간에 따라 단백질의 양이 변하는 것을 알 수 있습니다. 단백질이 많아졌다, 적어졌다, 많아졌다, 적어졌다, 하는 식으로 진

초파리의 머릿속에는 분자 생체시계가 있습니다. 그것은 신경 세포에서 일정하게 신호로 나옵니다. 그로 인해 동물이 낮에는 활동하고 밤에는 자는 등 여러 가지 행동을 하는 것입니다. 머릿속에 내재되어 있는 시계뿐 아니라 외부적으로 영향을 주는 것도 있습니다. 밖에서 영향을 주는 요인으로는 빛, 온도, 먹이 활동 등이 있습니다.

동Oscillation하는 것이죠. 이러한 진동을 통하여 초파리는 낮에는 활발하게 움직이고 밤에는 활동이 줄어들게 됩니다.

어떤 단백질은 오후 2시에 정점을 찍는가 하면 어떤 단백질은 반대로 오후 2시에 가장 적은 양을 만들어냅니다. 서로 다른 단백질 2개가 복합적으로 연결되면서 단백질의 진동이 계속됩니다. 그러면서 단백질의 양이 행동을 결정하는 특이한 현상이 일어나게 됩니다.

초파리 연구

과학자가 초파리를 연구하는 이유는 궁극적으로 사람의 생명현상을 이해하고 건강을 증진시키기 위해서입니다. 초파리의 연구는 사람에게 쉽게 적용할 수 있습니다. 여러분 주위에서, 저녁 7시 반이면 자고 새벽 4시 반에 일어나는 사람을 본 적이 있을 것입니다.

1999년에 가계도를 조사하다 보니, 가족성 전진성 수면위상 증후군familial advanced sleep-phase syndrome, FASPS을 가진 사람은 일반적인 수면-기상 사이클이 정상인보다 3~4시간 빠르게 나타난다는 것이 밝혀졌습니다. FASPS 증상을 가진 사람은 보통 저녁 7시에 잠이 들고 새벽 4시에 일어납니다. 이 수면장애는 유전성이며, 가계도를 조사해보니 상염색체 열성으로 나타났습니다. 그런데 1999년 이전에는 이 수면장애의 원인을 알지 못했습니다. 2001년이 되어서야 이러한 환자의 유전자를 분석해본 후, 2번 염색체 상의 period 2 유전자에서 돌연변이를 발견했습니다. 유전자에서 아미노산 세린을 암호화하는 코돈이 글리세린을 암호화하는 코돈으로 바뀌어 있었습니다. 세린은 Casein kinase I에 의하여 인산화되는 아미노산입니다. 그런데 글리세린으로 바뀌면 인산화가 되지 않습니다. Period 단백질의 인산화는 단백질의 기능에 매우 중요한 역할을 합니다. 인산화가 안 되면 단백질 분해가 잘 되지 않으면서 천천히 분해되어 결과적으로 생체주기에 변화를 줍니다.

2005년 또 다른 FASPS 증상을 가진 사람의 유전자를 분석하여 보니 이번에는 period 유전자 대신 Period 단백질을 인산화시키는 Casein Kinase I 유전자에서 돌연변이를 발견하였습니다(A → G). 이 돌연변이로 인하여 Casein Kinase I은 인산화 기능을 잃게 되었고, Period 단백질을 인산화시킬 수 없게 되었습니다. 그 결과 생체주기에 변화를 갖게 되었습니다. Period 단백질의 인산화가 안 되든, 그 인산화를 시키는 효소에 문제가 있든, 모두 Period 단백질의 인산화가 이루어지지 않아 생체리듬의 주기가 변한 것입니다.

2007년에는 과학자들이 period 유전자가 변화된 형질전환 생쥐를 제작하였고, 그 결과 형질전환 생쥐의 일주기 리듬이 2시간 짧아진다는 사실을 발견하였습니다.

우리 실험실에서 진행하고 있는 실험을 소개해보겠습니다. 초파리를 가는 유리관에 넣으면 초파리는 왔다 갔다 하는 성질이 있습니다. 유리관의 한쪽 끝에 먹이를 놓아둔 다음, 유리관의 중간에 적외선 빔을 걸

유전자형	n	리듬성(%)	주기(hrs)±SEM
G10872/Y	80	96	23.7 ± 0.1
+/Y; tim–GAL4 62/+	34	94	23.9 ± 0.1
G10872/Y; tim–GAL4 62/+	79	91	27.0 ± 0.1
tyf$^{\Delta G14151}$/Y	13	24	26.4 ± 1.2
tyf^{e00614}/ Y	46	67	25.5 ± 0.1

tyf 돌연변이체는 리듬성과 주기에서 차이를 보인다.

어놓았습니다. 초파리가 왔다 갔다 할 때마다 적외선 빔을 통과하게 되고, 컴퓨터를 통해 그 수를 측정하는 거죠. 30분 동안 초파리가 몇 번 움직이는지를 측정하고 분석하여 초파리의 주기를 조사해보았습니다. 여러 대의 행동 모니터를 사용하고 한 번에 초파리 3200마리를 분석하여 2년 동안 17만 종류의 돌연변이 초파리를 분석하였습니다.

데이터를 분석해보니, 초파리는 하루에 2000~2500번을 왕복합니다. 하루가 1440분이므로 낮에는 1분에 2번쯤 움직이고, 밤에는 1분에 1번쯤 움직이는 것입니다.

초파리의 생체리듬 주기를 살펴보니, 정상적인 초파리는 23.5시간을 주기로 움직였습니다. 그런데, 22.5시간으로 주기가 짧은 초파리들과, 28시간으로 주기가 긴 초파리들과, 주기가 아예 없이 마구 움직이는 초파리들이 있다는 사실도 알게 되었습니다.

초파리의 모든 DNA 염기 서열이 결정되어 있으므로 생체리듬이 변한 돌연변이체에서 어느 유전자가 망가졌는지 찾아내는 것은 어려운 일이 아닙니다. 여러 돌연변이 초파리 중에서 우리는 CG4857이라는 유전자에 관심을 갖게 되었습니다. 과학자들은 유전자의 기능을 알

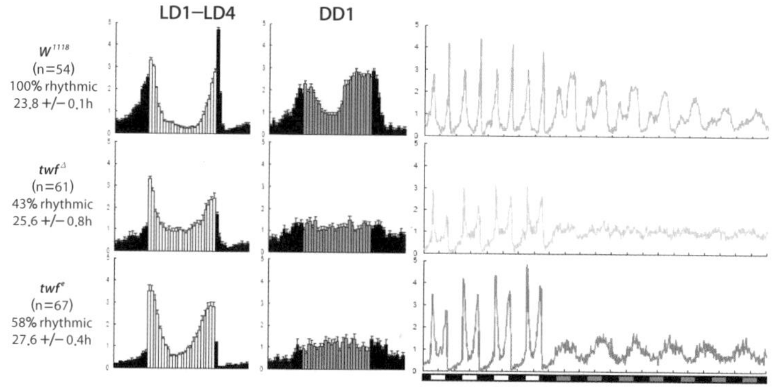

tyf 돌연변이체는 정상 초파리와는 다른 운동 활성을 보여준다.

면 그 유전자에 이름을 붙이곤 합니다. 기능을 모르면 그냥 숫자로 남겨둡니다. 조사해보니 유전자 CG4857이 만드는 단백질은 아주 복잡한 속성을 갖고 있었습니다. 하루 주기가 24시간이고 이 유전자 이름은 CG4857인데, 각각의 숫자를 더하면 24입니다. 이런 이유로 우리 연구실은 유전자 이름을 twenty-four(tyf)로 붙였습니다.

그 다음 우리 실험실에서는 tyf 유전자의 여러 가지 기능을 조사해보았습니다.

위 그래프에서 가장 위에 있는 그래프는 정상적인 초파리의 생체리듬입니다. 그리고 파형 그래프 맨 아래를 보면 막대가 있는데, 흰색(낮)과 검은색(밤)이 반복되다가, 회색(밤), 검은색(밤), 회색(밤), 검은색(밤)이 반복됩니다.

초파리는 머릿속에 시계가 있기 때문에 낮과 밤을 인식합니다. 낮에는 많이 움직이고, 밤에는 덜 움직입니다. 깜깜한 동굴 속에 사람을 가두면 2주일 동안은 낮과 밤을 느낄 수 있지만, 그 이후가 되면 계속 어

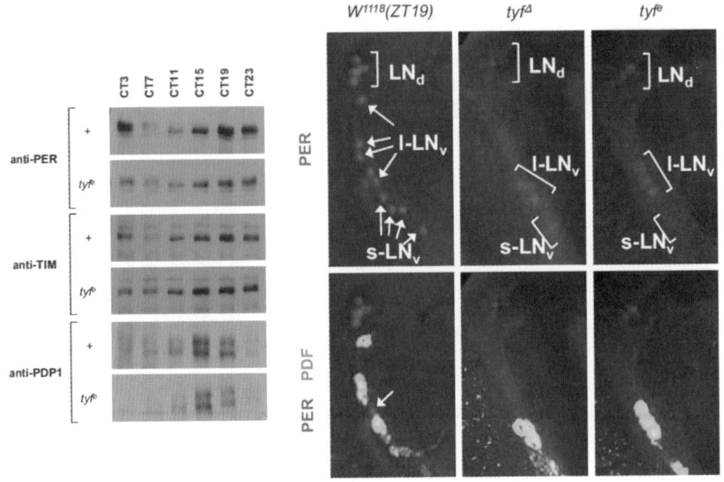

tyf 돌연변이체 생체리듬 관련 단백질 양의 변화. tyf 돌연변이체의 period 단백질이 줄어든 것을 볼 수 있다.

둡기 때문에 낮인지 밤인지 분간하지 못하게 됩니다.

위 사진은 Period라는 단백질의 변화를 보여주고 있습니다. 왼쪽에 있는 흑백 사진 중 맨 위에 있는 것이 정상적인 초파리에 있는 Period 단백질의 시간 별 분포입니다. 왼쪽 사진의 anti-PER를 보면 오른쪽으로 가면서, 즉 24시간이 지나면서 양이 변합니다. "+"로 표시한 정상 초파리의 Period 단백질 양에 비하여 'tyf'로 표시한 돌연변이 초파리의 Period 단백질은 양이 줄어든 것을 알 수 있습니다. 오른쪽의 사진에서, 붉은 색은 페이스메이커 신경세포에 있는 Period 단백질의 양인데, 오른쪽 두 개의 돌연변이 사진에서는 Period 단백질이 잘 보이지 않습니다. 이런 실험 과정을 통해, tyf가 Period 단백질에 영향을 주어 생체리듬의 주기에 중요한 기능을 한다는 것을 밝힐 수 있었습니다.

잠

생체리듬에서 잠은 매우 중요합니다. 초파리는 잠을 잘까요? 당연히 잡니다. 모든 동물은 잠을 잡니다. 초파리는 눈을 뜨고 잘까요, 감고 잘까요? 초파리는 눈꺼풀이 없기 때문에 눈을 뜨고 잡니다.

기본적으로 잠의 기능은 무엇일까요? 잠은 왜 자는 것일까요? 잠을 잔다는 것은 굉장히 위험한 행동입니다. 사람은 집에서 자기 때문에 안전합니다. 그런데 만약에 풀밭에서 사마귀가 있는데 여치가 잠을 잔다고 가정해보죠. 여치에게는 굉장히 위험한 순간입니다. 잠을 자게 되면 무방비 상태에 놓이기 때문입니다. 잠을 자고 있는데 옆에 사마귀가 공격하면 여치에게는 정말 치명적인 겁니다.

그럼에도, 동물은 자야 합니다. 잠을 자지 않는 동물은 없습니다. 그러면 과연 잠의 기능은 무엇일까요? 잠을 자는 이유에 대해 완전히 밝혀진 것은 없지만, 몇 가지 기능이 알려져 있습니다.

첫째, 뇌 속에 있는 노폐물을 제거합니다. 잠을 자지 않으면 뇌 속에 아밀로이드Amyloid 같은 막이 훨씬 많이 생깁니다. 잠을 자야 그런 것이 줄어듭니다. 둘째, 몸을 회복시킵니다. 팔에 상처가 났는데 잠을 자지 않으면 훨씬 천천히 아뭅니다. 면역 기능도 잠을 자지 않으면 훨씬 떨어집니다. 셋째, 개체 발생을 돕습니다. 생물은 수정란에서 발생을 하는데, 개체를 흔들어주거나 잠을 못 자게 하면 발생이 굉장히 더디고 늦어집니다. 넷째, 기억을 향상시킵니다. 잠을 못 자면 기억 형성이 잘 이루어지지 않습니다. 그래서 밤을 새우고 외우는 것은 별로 효력이 없죠. 공부는 평상시에 꾸준히 조금씩 해야지 시험 전날 밤을 새면 기억이 잘 유지되지 않습니다. 그러니까 잠을 자지 않으면 기억 기능이 떨어집니다.

C-프로세스는 언제 잠을 잘지 결정하는 것과 관련이 있습니다. 밤에는 자야 되고 낮에는 잠은 자지 않는 것이 C-프로세스입니다. S-프로세스는 잠을 꼭 자야 되는 필요성과 관련이 있습니다. 며칠 잠을 못 자면, C-프로세스와 상관없이 무조건 자야 합니다. 잠이 필요하기 때문입니다.

잠은 두 가지 과정에 의해 이루어집니다. 하나는 C-프로세스Circadian process이고, 다른 하나는 S-프로세스Homeostatic process입니다. 쉽게 말하자면, C-프로세스는 언제 잠을 잘지 결정하는 것과 관련이 있습니다. 밤에는 자야 되고 낮에는 잠은 자지 않는 것이 C-프로세스입니다. S-프로세스는 잠을 꼭 자야 되는 필요성과 관련이 있습니다. 며칠 잠을 못 자면, C-프로세스와 상관없이 무조건 자야 합니다. 잠이 필요하기 때문입니다. C-프로세스는 잠을 자야 할 시간을 결정하는 것이고, S-프로세스는 잠을 자야 하는 필요성을 결정하는 것입니다. 이 두 가지가 복합돼 있는 것이 잠Sleep입니다.

옆의 그래프에서 점선이 C-프로세스를 나타내며, 직선이 S-프로세스를 나타냅니다. 직선이 시작하는 시간이 아침입니다. 깨어나서 행동하면 할수록 점점 잠을 자야 될 욕구가 필요해집니다. 즉 S-프로세스가 늘어납니다. 저녁이 되면 잠을 자야 하는 시간이 됩니다. 잠을 자야 할 필요성이 굉장히 커지므로 잠을 자야 할 시기가 됩니다. 잠을 자는 동안 잠을 자야 하는 필요성이 점점 떨어집니다. 다시 아침이 되면 충분히 많이 잤기 때문에 더 이상 잠을 잘 필요가 없습니다. 다시 잠에서 깨야 할 시간이 됩니다. 아침이 되어 활동을 하면 그때부터 잠을 자야 되는 필요성이 점점 증가하기 시작합니다. 이런 과정이 반복적으로 나

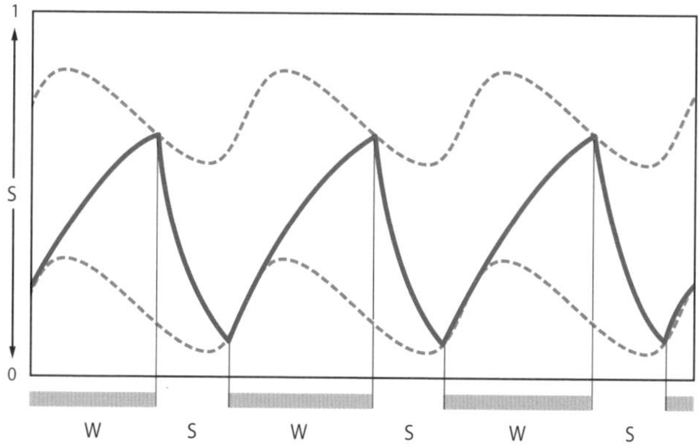

잠과 각성을 반복하는 잠의 프로세스

타나 잠과 활동을 반복하게 됩니다.

잠과 질병

잠에 문제가 있는 여러 질병이 있습니다. 제일 흔한 것이 불면증insomnia입니다. 기면증narcolepsy은 가만 있다가 그냥 잠에 빠져드는 질환입니다. 꼼짝 않고 한 30분을 자다가 다시 일어납니다. 몽유병sleepwalking은 잠을 자면서 돌아다니는 질환입니다. 수면 무호흡증sleep apnea은 자가다 1분 정도 숨을 안 쉽니다. 이 경우 숙면을 취하지 못해 그 다음 날 엄청 피곤하게 지낼 수밖에 없는 질환입니다. 야뇨증은 밤에 오줌을 누는 질환이며, 하지 불안증후군은 밤에 다리가 저리거나 쑤시거나 다리를 움직이고 싶은 충동을 일으키는 질환입니다.

사람을 대상으로 수면을 연구하면 좋겠지만 사람을 대상으로 실험하

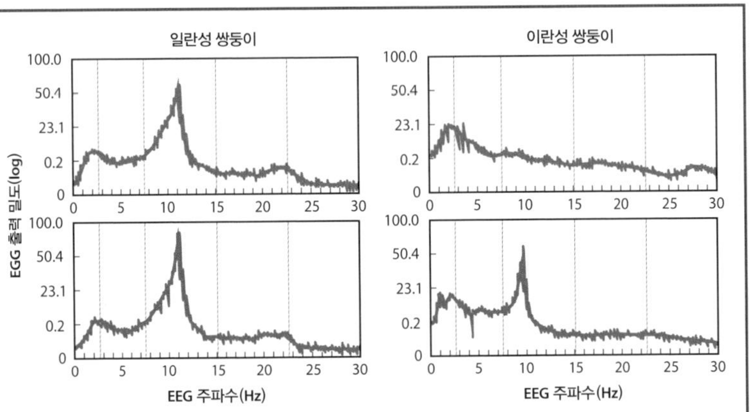

일란성 쌍둥이와 이란성 쌍둥이의 뇌파 비교

기란 굉장히 어렵습니다. 위의 그래프에서 왼쪽 것은 일란성 쌍둥이의 뇌파입니다. 두 개의 뇌파 모양이 똑같습니다. 오른쪽 그래프는 이란성 쌍둥이의 뇌파인데, 서로 다릅니다.

돌고래는 좌뇌와 우뇌가 따로 잡니다. 두 뇌가 동시에 자지 않습니다. 왜 그럴까요? 좌뇌 우뇌가 동시에 자면 물속으로 가라앉기 때문입니다. 실제로 살펴보면, 돌고래의 우뇌 뇌파와 좌뇌 뇌파는 2개가 따로 움직입니다. 반면 쥐의 우뇌와 좌뇌는 똑같이 움직입니다.

초파리가 과연 잠을 잘까요? 많은 사람이 초파리가 잠을 자는지 확신하지 못하였는데, 2000년에 두 연구 그룹에서 초파리가 잠을 잔다는 사실을 발견했습니다.

여러 가지 방법을 써서 초파리를 자지 못하게 하면 어떻게 될까요? 실험실에서 24시간 동안 5분마다 초파리를 흔들어 잠을 자지 못하게 해보았습니다. 이렇게 오랫동안 잠을 못 자게 하면 초파리는 너무 졸려 정상적으로 활동하지 못하고 잠을 잡니다. 옆의 사진을 보면 맨 왼쪽 시험관에 있는 초파리는 올라가지 않습니다. 초파리가 들어 있는 병을 탁 치면 대개 초파리들은 위로 올라갑니다. 그런데 잠에 빠진 초파리는 너무 졸려서 올라가지 못하고 잠을 잡니다.

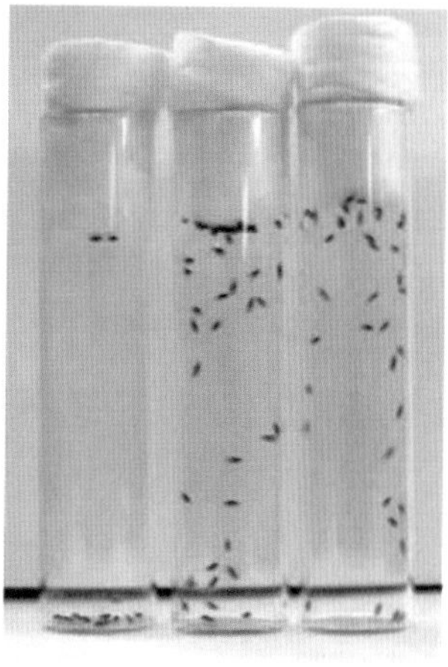

수면 빚(sleep debt). 맨 왼쪽 시험관 속의 초파리처럼, 초파리를 오랫동안 잠자지 못하게 하면, 너무 졸려서 정상적으로 활동하지 못하고 잠을 잔다.

우리 실험실에서는 여러 초파리 돌연변이체의 수면시간을 측정해 보았습니다. 하루를 분으로 환산하면 총 1440분인데, 초파리는 평균 800분을 잡니다. 실험을 해보니, 어떤 개체는 1300분을 자고, 어떤 돌연변이체는 800분을 자며, 어떤 돌연변이체은 200분만 잤습니다. 이 결과를 토대로 어떤 유전자가 잠과 관계 있는지 찾고 있는 중입니다. 실제로 어떤 유전자 하나를 바꿔버리면 잠을 자지 못합니다. 이 유전자가 놀라운 것은 일주기 리듬만 바꾸는 게 아니라 잠에 관한 행동도 결정을 한다는 점입니다.

이와 같이 초파리에서 발견한 과학적 현상은 많은 경우 생쥐와 같은 실험 모델동물에서 확인할 수 있고, 사람에서도 유사한 생명현상을 발견할 수 있습니다. 초파리에 관한 연구는 생명과학의 지적인 지평을 넓힐 뿐 아니라 인간의 질병을 이해하고 해결하는 데 지대한 공헌을 할 것입니다.

Q **기면증은 심각한 문제 같은데 치료할 방법은 없나요?**

A 아직 없습니다. 기면증이라는 것이 오렉신Orexin이라는 유전자에 돌연변이가 생긴 겁니다. 유전자에 문제가 있는 것을 해결하기란 쉽지 않습니다. 가장 치료하기 어려운 질병이 유전병입니다. 그 유전자를 치료해줘야 하는데 그 방법이 굉장히 어렵고 아직은 보편화되지가 않았습니다. 기면증은 완치는 안 되지만 완화시키는 약은 있습니다.

Q **아까 들어보니까 가족성 진행형 수면 증후군이 있었는데 그것과 반대로 작용하는 것도 혹시 있나요?**

A 당연히 있습니다. 그 사람은 가족성 후진형 수면 증후군Familial Delayed Sleep Phase Syndrome이라고 합니다. 새벽 2시에 자고 오전 10시에 일어나는 사람이 있습니다. 실제로 그 유전자도 발견되었습니다. Period 유전자에 돌연변이가 생기면 어떤 사람은 잠을 일찍 자지만 어떤 사람은 잠을 늦게 잡니다.

Q **호르몬의 분비 같은 경우에는 하루보다 짧은 주기 리듬과 일주기 리듬 두 가지가 겹칩니다. 이 두 가지 차이점을 설명해주세요.**

A 우리 몸에는 굉장히 다양한 호르몬이 있습니다. 게스트린gastrin은 소화효소입니다. 이 효소는 밥 먹을 때마다 나옵니다. 그건 하루 주기가 아니라 더 짧은 주기입니다. 예를 들어 멜라토닌Melatonin은 밤 10시 정도에 분비되다가 새벽 2~3시에 줄어듭니다. 수면을 유도하는 호르몬입니다. 호르몬의 종류에 따라서 어떤 호르몬은 필요하면 하루에 여러 번 주기가 순환하고, 어떤

호르몬은 하루에 한 번씩 주기가 순환합니다. 종류가 워낙 다양하다 보니 그 호르몬마다 주기가 모두 다릅니다.

Q **돌고래가 잠을 잘 때 좌뇌와 우뇌가 따로따로 작용한다고 하셨잖아요? 따로 따로 작용하게 한 것이 생존에 더 유리하도록 진화한 것인지 궁금합니다.**

A 수중 생활하는 개체들은 깊게 잠을 자면 물에 가라앉으므로 죽습니다. 이렇게 좌뇌와 우뇌가 따로 잠자는 것은 생존에 유리한 정도가 아니라 필수입니다. 만약 좌뇌와 우뇌가 동시에 잔다면 죽을 확률이 매우 높습니다.

'행동'하는 예쁜꼬마선충

이선경 • 한양대학교 생명과학과 연구교수

연세대학교 생화학과를 졸업하고, 동 대학원에서 석사학위를 취득한 후, 미국 퍼듀대학교에서 신경생물학으로 박사학위를 받았다. 미국 캘리포니아대학교 샌디에고 캠퍼스 의대 박사후과정, 이화여대 생명약학부 연구교수를 거쳐, 현재 한양대학교 생명과학과 연구교수로 재직 중이다. 외부 자극에 의한 생체 내 생화학 및 분자생물학적 변화가 어떻게 개체의 형질과 행동을 변화시키는가에 관심을 갖고, 칼슘에 의한 예쁜꼬마선충 발달과 행동 조절에 대한 연구를 진행하고 있다. 미국 퍼듀대학교 Achieve Excellence Award(2001), Women in Science Graduate Student Award(2001), 미국세포생물학회 Travel Grant Award(2001), 한양대학교 Best Teacher Award(2013) 등을 수상하였다.

'행동'이란 무엇인가요? '행동'은 사전적으로 "몸을 움직여 동작하거나 어떤 일을 함"을 뜻합니다. 그런데 무엇인가 부족하다는 느낌이 드나요? 사회적 의미로 확대해보면 "분명한 목적이나 동기를 가지고 생각과 선택, 결심을 거쳐 의식적으로 행하는 인간의 의지적인 행동"을 뜻합니다. 그러니까 사회적 의미로 넓히면 단순한 움직임 이상의 사회적 책임이 따르는 사회적 활동을 의미합니다. 그러면 '행동'하는 예쁜꼬마선충의 '행동'은 무엇을 의미할까요? 과연 '행동'과 예쁜꼬마선충은 무슨 관계가 있다는 것일까요?

예쁜꼬마선충의 여러 특징들

먼저 예쁜꼬마선충*Caenorhabditis elegans*을 살펴볼게요. 예쁜꼬마선충은 몸 길이가 1mm 정도 되는 투명한 몸을 지닌 선형동물입니다. 야생에서는 주로 떨어진 과일이 부패하고 있는 흙 근처에서 발견되며, S자 모양으로 꼬물꼬물 기어다닙니다. 전자현미경으로 확대해서 보면 피부가 아주 곱고 예쁩니다. 남아프리카 공화국 출신의 영국 생물학자 시드니 브레너Sydney Brenner는 동물 전체의 발생 과정과 그 행동 양상을 분자 수준에서 쉽고 빠르게 연구할 수 있도록 1974년부터 이 작은 예쁜꼬마선충을 모델 동물로 사용하기 시작했습니다.

예쁜꼬마선충은 다음과 같은 특징을 지니고 있습니다. 첫째, 숙주 없이 독립적으로 살 수 있습니다. 둘째, 크기가 작습니다. 다 큰 성체의 몸 길이가 1mm밖에 안 됩니다. 셋째 빠른 생애 주기를 갖고 있습니다. 이 동물은 태어나서 3일이 되면 성체가 됩니다. 예쁜꼬마선충은 금방 성체가 되기 때문에 손쉽게 연구용으로 사용할 수 있습니다. 넷째,

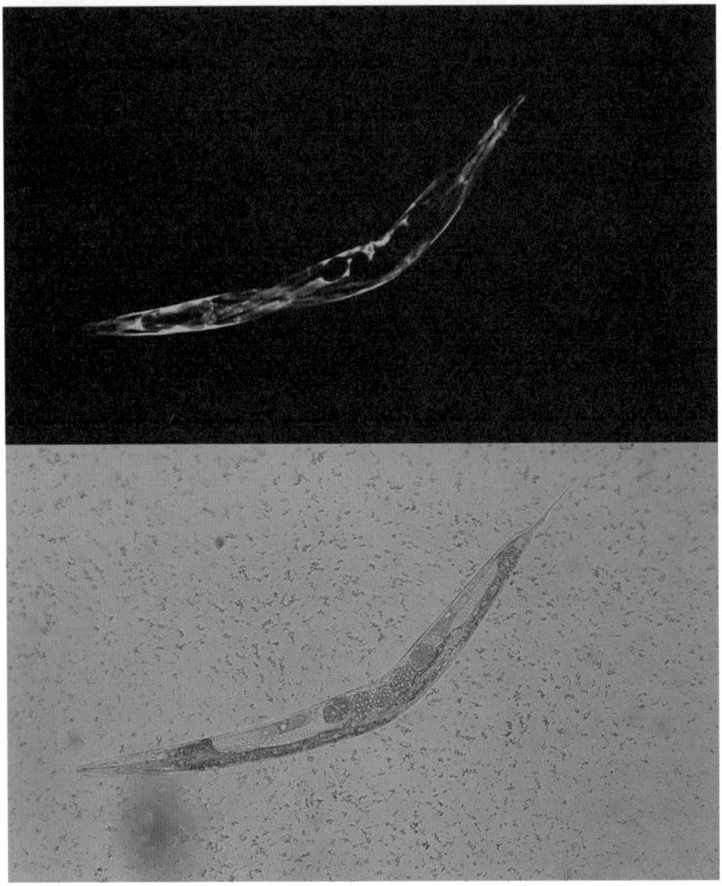

위 : 녹색형광단백질(Green Fluorescent Protein)을 근육에 발현하고 있는 예쁜꼬마선충 (C. elegans). 온 몸을 둘러싼 근육이 초록 형광으로 보인다.
아래 : 위 사진의 예쁜꼬마선충을 광학 현미경으로 찍은 모습. 왼쪽 아래 머리부터 오른쪽 위 꼬리까지 투명한 몸체 속에 장기들과 곧 자손으로 태어날 둥근 수정란이 보인다. 몸 길이 약 1 mm. 사진 제공 : 김동완

시드니 브레너(2002), 로버트 호비츠(2002), 존 설스턴(2002)은 예쁜꼬마선충을 이용한 연구로 노벨 생리의학상을 수상했다. 마틴 챌피(2008)는 노벨 화학상을 수상했다. 사진은 왼쪽부터 시드니 브레너, 로버트 호비츠, 존 설스턴, 마틴 챌피순이다.

많은 자손을 낳기 때문에 유전학 연구에 제격입니다. 다섯째, 신체 구조가 간단하며 투명합니다. 그래서 내장 기관을 직접 관찰할 수 있습니다. 여섯째, 상동 염색체 5개와 성염색체 1개를 갖고 있습니다. X염색체가 성염색체입니다. 일곱째, 1998년 밝혀진 예쁜꼬마선충의 DNA 염기 서열 분석 결과, 예쁜꼬마선충의 유전자 개수는 약 2만 개로 추정됩니다.

이같은 특징 때문에 많은 연구자들이 예쁜꼬마선충을 가지고 분자생물학적 유전학 연구를 진행하고 있습니다. 2002년에는 시드니 브레너, 로버트 호비츠, 존 설스턴이 예쁜꼬마선충 모델 정립 및 세포 사멸 연구로, 2006년에는 앤드류 파이어와 크레이그 멜로(85~86쪽 참조)가 RNA 간섭 연구로, 2008년에는 마틴 챌피가 최초의 녹색형광단백질 동물 발현 성공에 대한 공로로, 이렇게 모두 6명의 과학자가 예쁜꼬마선충을 이용한 연구로 노벨상을 수상하기도 했습니다.

예쁜꼬마선충을 좀더 자세히 들여다볼까요? 예쁜꼬마선충은 자웅동체는 959개의 체세포를, 그리고 수컷은 1031개의 체세포를 가지고 있습니다. 약 수십억 개의 체세포로 이루어진 사람과 비교해보면 참으로 적은 수입니다. 이렇게 세포수가 적기 때문에, 어느 세포가 어느 세포의 딸세포인지 다 알 수가 있습니다. 즉 각 세포들의 발달 과정에 따른 계보가 완전히 알려져 있고, 그에 따른 이름도 붙여져 있습니다.

다음으로 예쁜꼬마선충은 암수가 한몸입니다. 즉 자웅동체입니다. 그리고 한 마리가 약 300마리의 자식을 낳습니다.

그런데 이렇게 단순한 생명체인데도, 예쁜꼬마선충은 피부, 소화 내장기관, 생식기, 입, 신장과 같은 여과 기관, 근육을 가지고 있습니다. 심장 근육처럼 규칙적으로 수축하는 펌핑 근육도 있습니다. 신경세포

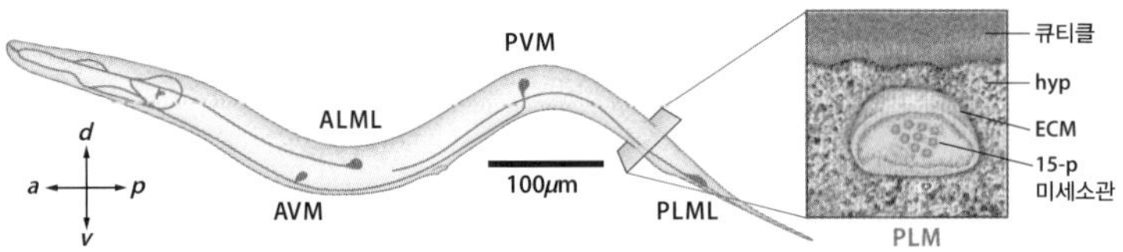

예쁜꼬마선충의 몸을 가느다란 속눈썹으로 살짝 건드리면 깜짝 놀라 뒤로 물러선다. 이러한 촉각 반응을 일으키기 위하여 ALM, PLM, AVM, PVM이라고 불리는 특정한 신경 세포들을 이용한다.

도 자웅동체는 302개, 수컷은 381개가 있습니다. 신경세포로는 냄새를 맡는 후각세포, 소금 맛을 아는 미각 세포, 몸에 닿는 것을 인지하는 촉각 세포, 열을 느끼는 온각 세포 등이 존재합니다.

녹색형광단백질Green Fluorescent Protein을 신경세포에 넣어 발현시키면, 302개의 신경세포를 모두 관찰할 수 있습니다. 그리고 이렇게 신경세포가 있다는 것은 예쁜꼬마선충도 사람처럼 움직이는 행동을 할 수 있다는 것을 의미합니다.

예쁜꼬마선충의 감각들

예쁜꼬마선충은 신경세포를 이용해 뭔가를 감지할 수 있습니다. 일단 촉각을 갖고 있습니다. 예를 들어볼게요. 박테리아를 먹이로 삼는 예쁜꼬마선충에게 박테리아가 들어 있는 연구실 페트리 디쉬는 지상 최대의 선충 낙원입니다. 이곳은 온도와 습도가 딱 알맞게 갖추어져 있고, 지나가는 곤충이나 진드기 같은 천적도 없습니다. 그러면 사람의 속눈썹으로 평화롭게 지내던 예쁜꼬마선충을 내리치면 어떤 반응을 보일까요? 평생 단 한 번도 어려움을 경험하지 않았다 하더라도, 예쁜꼬마선충은 한 치의 망설임도 없이 뒤로 재빨리 물러서 위험을 피합니다. 즉 예쁜꼬마선충을 무엇인가로 건드리면 뒤로 물러서는 것을 확인할 수 있습니다. 이런 촉각Mechanosensation에는 특정 신경세포들이 이용됩니다. 만약 이들 신경세포를 레이저로 없애면, 아무리 건드려도 뒤로 물러서지 않는다는 것을 관찰할 수 있습니다.

예쁜꼬마선충의 촉각을 볼 수 있는 동영상. 출처 : MIT

또한 예쁜꼬마선충은 자기가 살았던 온도를 기억합니다. 만약 예쁜꼬마선충을 실험하기 위해 섭씨 20도에 두고 키웠다면, 그 예쁜꼬마선충들은 섭씨 20도를 기억하고 가장 좋아합니다. 예쁜꼬마선충이 그 온도를 기억하기 때문입니다. 실험을 해보면, 자기가 밥을 먹었던 온도, 즐겁게 살았던 온도를 기억하고는 그 온도에 맞는 라인에 쭉 줄을 서서 왔다 갔다 합니다. 즉, 온각Thermosensation을 가지고 있지요. 예쁜꼬마선충이 가지고 있는 302개의 신경세포마다 3개의 알파벳으로 된 이름이 붙어 있는데, 온도를 느낄 때 사용하는 신경세포는 AFD라고 불립니다.

놀랍게도, 예쁜꼬마선충은 맛도 압니다. 아기들도 맛을 압니다. 맛을 가르쳐주지 않은 아기에게 쓰거나 떫은 맛의 음식을 주면 얼굴 표정이 일그러집니다. 자기에게 맛있는 박테리아 먹이를 주면 만족스럽게 식사를 하지만, 맛없는 박테리아 먹이를 주면 회피해버립니다. 맛없는 박테리아는 예쁜꼬마선충에게서 배탈을 일으키기도 하지요. 따라서, 이러한 행동은 진화 과정에서 축적된 생존에 필요한 감각 행동 지능을 보여준다고 할 수 있습니다.

사람의 경우 아주 어릴 때부터 좋은 냄새를 즐길 수 있으며, 냄새를 맡을 줄 알아야 더 깊은 맛을 느낄 수 있다.

그러면 예쁜꼬마선충은 냄새를 맡을 수 있을까요? 사람은 아주 어릴 때부터 좋은 냄새를 즐길 수 있습니다. 냄새를 맡을 줄 알아야 더 깊은 맛을 느낄 수 있죠. 예쁜꼬마선충도 냄새를 맡을 수 있습니다. 재미나게도 예쁜꼬마선충은 바나나 냄새를 굉장히 좋아합니다. 바나나향을 주변의 특정 장소에 뿌려놓으면, 바나나 냄새가 나는 곳으로 열심히 달려갑니다. 그런데, 다른 먹이를 주지 않고 바나나만 계속 준다면 어떻게 될까요? 같은 음식을 주면 사람들이 그 음식에 질리듯, 바나나 냄새를 계속 맡은 예쁜꼬마선충은 그곳으로 가지 않습니다. 이러한 현상을 적응Adaptation이라고 합니다. 이러한 적응의 메커니즘은 예쁜꼬마선충이나 사람이나 큰 차이 없이 거의 흡사합니다.

행동의 제어

지금까지 예쁜꼬마선충의 여러 가지 행동을 살펴봤습니다. 이러한 행동을 제어하고 매개하고 유도하려면 신경전달물질Neurotransmitter이라는 것이 필요합니다.

놀랍게도, 예쁜꼬마선충은 사람이 사는 데 필요한 대부분의 신경전달물질을 다 가지고 있습니다. 아세틸콜린Acetylcholine은 심장을 계속 뛰게 하는 데 아주 중요한 역할을 하는 신경전달물질입니다. 세로토닌Serotonin은 마음의 평화를 얻는 데 매우 중요한 신경전달물질입니다. 만약 세로토닌이 없어진다면 우울증에 걸리고야 말죠. 예쁜꼬마선충은 도파민Dopamine이라는 신경전달물질도 가지고 있습니다. 도파민은 '신나는 느낌'을 느끼게 해주는 대표적인 신경전달물질입니다. 글루탐산Glutamate은 기억을 저장하게 하는 데 필요한 신경전달물질입니다. 흥분을 제어하는 데 필요한 GABAGamma-aminobutyric acid라는 신경전달물질도 예쁜꼬마선충에게서 발견할 수 있습니다.

이처럼 사람에게서 무척이나 중요한 신경전달물질을 예쁜꼬마선충에게서 발견할 수 있습니다. 이들 물질은 예쁜꼬마선충이 필요한 행동을 할 때 쓰입니다.

또한 과학자들은 동물 행동의 근간이 되는 유전자들을 예쁜꼬마선충에게서 처음 발견했습니다. 과학자들이 찾아낸 행동과 관련된 유전자들은 수백 개 이상이었습니다. 신경세포들의 생체 내 적절한 위치 선정 사람에게서 무척이나 중요한 신경전달물질을 예쁜꼬마선충에게서 발견할 수 있습니다. 이들 물질은 예쁜꼬마선충이 필요한 행동을 할 때 쓰입니다.

에 중요한 네트린(유전자 unc-6)과 그 수용체(유전자 unc-40) 등을 포함해, unc-1, unc-2, unc-3… 등 행동 관련 유전자가 굉장히 많습니다. 이는 그만큼 많은 유전자가 예쁜꼬마선충이 제대로 움직이는 데 필요하다는 것을 의미합니다.

다시, 여러분에게 물어보겠습니다. 과연 행동이란 무엇일까요? 일반적으로, 행동은 몸을 움직여서 어떤 일을 하는 것을 의미하고, 사회적으로는 분명한 목적과 동기를 가지고 수행하는 행위를 의미합니다. 그러면 생물학적으로 '행동'은 어떻게 정의할 수 있을까요? 생물학적으로 행동이란 "생체 내부 혹은 외부에서 오는 모든 자극에 대한 신경계 활동을 통한 운동성, 생리적 종합적 반응"입니다. 예컨대, 바깥에서 누군가 배를 심하게 때리면 배가 아픕니다. 배가 심하게 아프면 어디를 가나요? 약국이나 병원에 가야 합니다. 이런 것처럼, 자극이 들어오면 그것을 해결하는 쪽으로 움직이는 것, 그것이 바로 생물학적인 '행동'의 정의입니다.

그러면, '행동하는 예쁜꼬마선충'은 왜 '행동'을 하는 것일까요? 위험을 피하고, 소금기를 느끼고, 온도 변화를 감지하는 등 이 작은 벌레에게도 환경 변화에 따라 어떻게 행동해야 한다는 패러다임이 존재하는 것으로 보입니다. 그러면 이것들이 살고자 하는 이유는 무엇일까요? 이를 이해하려면 지구 상에 생명이 최초로 나타난 그때로 거슬러 올라가야 합니다.

생명의 기원과 목적

지구 상에 생명은 어떻게 생겨났을까요? 지구의 나이는 약 46억 년 정도 됩니다. 처음 지구가 생겨났을 때 지구는 굉장히 뜨거운 행성이었습니다. 화산 폭발에, 번개에, 운석에, 아마도 정신없이 들끓는 행성이었을 것입니다. 만약 사람을 원시 지구에 떨어뜨려놓는다면 살 수 있을까요? 아마도 생존하기 힘들 것입니다. 원시 지구의 대기는 질소, 질소화합물, 이산화탄소, 메탄, 암모니아, 수소, 수소화합물 등으로 가득 차 있었습니다. 그러다가 지구가 점점 식어가면서 수증기가 생기고, 그것이 비로 내려 바다가 되었습니다. 바다에는 대기 중의 물질들이 슬슬 녹아들기 시작했습니다. 화산 폭발, 번개, 운석 낙하는 여전히 계속되었습니다. 이때 지구의 나이는 4억~7억 살이었습니다. 그러니까 지금으로부터 39억 년 전~42억 년 전의 일입니다.

원시 지구의 모습을 한번 상상해보세요. 화산 폭발로 갑자기 뜨거운 공기가 대기 중으로 분출되고, 번개도 치고, 비도 마구 내립니다. 번개가 치는 곳의 온도는 대략 섭씨 3만 도입니다. 마그마 근처의 온도는 섭씨 700도에서 1300도 가량 됩니다. 지속적으로 마그마의 강렬한 열이 대기 중으로 분출된다면 과연 무슨 일이 생길까요?

그것을 궁금해한 두 명의 과학자가 있었습니다. 스탠리 밀러Stanely L. Miller와 해럴드 유리Harold C. Urey가 그 주인공들입니다. 그들은 1952년 다음과 같은 실험을 해보았습니다.

밀봉된 플라스크에 수증기와 수소, 메탄 등 여러 가지 원시 지구에서 발견된 기체를 넣었습니다. 그리고 전기 방전을 시켜주었습니다. 이것은 화산 폭발과 번개를 흉내 낸 것이라고 할 수 있습니다. 그들은 이렇게 7일, 10일, 한 달 동안 계속 실험해보았습니다. 그랬더니 응축기에

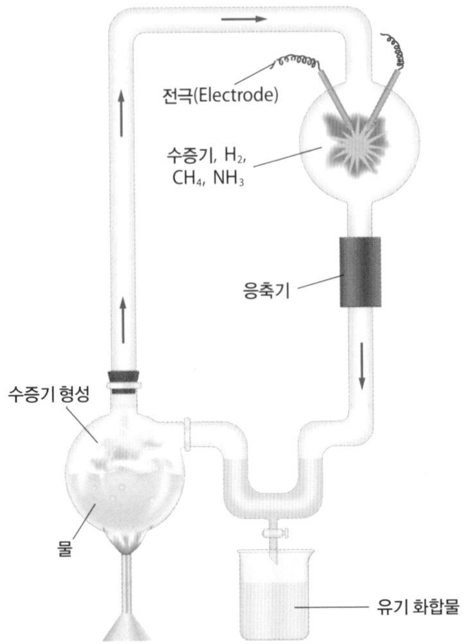

밀러와 유리의 실험. 원시 지구 상태를 재현하면, 생명체를 이루는 데 필수적인 여러 가지 탄소 유기체를 생성할 수 있다.

유기 화합물이 축적되었고, 그 유기 화합물을 분석해보았더니 핵산 구성 물질들과 아미노산들이 생겨났다는 것을 확인할 수 있었습니다. 핵산 구성 물질과 아미노산들이 어떻게 생겨났을까요? 계속 전기 방전을 일으켰더니 저절로 생겨났습니다. '저절로'라는 말이 거슬리나요? 정말 그럴까, 하는 의구심이 생기는 것은 당연한 일입니다.

그런데 여기서 '저절로'의 의미는 일반적으로 사용하는 의미와는 약간 다릅니다. 일반적으로 '저절로Spontaneous'라는 것은 "즉각적이고 빠른 시간에 됐다"는 뜻인 반면, 과학적으로 '저절로'라는 것은 "열역학적으로 가능한 방향으로 진행됐다"라는 뜻입니다. 예를 들면, 기름은 '저절로' 물 위에 뜹니다. 소금은 '저절로' 물에 녹습니다. 기름을 물 위에 놓으면 저절로 뜨는데, 그 누구도 그것을 마술이라고 보지 않습니다. 소금이 물에 녹는 현상을 보고 그 누구도 깜짝 놀라지 않습니다. 당연한 일이라는 것을 알고 있기 때문입니다. 그래서 '저절로'라는 말에 현혹되면 안 됩니다. 여기서의 '저절로'는 과학적인 의미에서 사용된 것입니다.

이렇게 '저절로' 아미노산 중합체인 단백질, 핵산 중합체인 RNA, 그리고 지방질이 생겨났습니다. 그리고 '저절로' 지방질이 생체 물질들을 둘러싼 막낭膜囊, Vesicles 형태로 나타났습니다. (막낭은 집에서도 쉽게 만들 수 있습니다. 물 속에 기름을 넣고 달걀 노른자를 넣은 다음 마구 휘저으면 안에 막낭이 잔뜩 생깁니다.) 그러니까 아미노산 중합체인 단백질, 핵산 중합체인 RNA, 그리고 지방질을 넣고 내버려두면 천천히 막낭이 생깁니다. 만약 휘저으면서 원시 지구에 존재했을 것 같은 몬모릴로나이트montmorillonite와 같은 진흙덩이를 넣으면 막낭이 굉장히 빨리 생성됩니다. '저절로'가 순식간에 일어날 수도 있다는 것을 알 수 있습니다.

이렇게, 저절로 단백질, RNA, 지방질, 그 다음에 막낭이 생겼습니다. 그리고 저절로 번식하기 시작했습니다. 자신과 똑같은 막낭이 계속 생겨나게 하는 '자기 복제Self-replication'를 시작한 겁니다. 실제로 막낭들을 진흙에 갖다 놓으면 스스로 복제하는 것들이 생깁니다. 거기에 어떤 효소로서 작용할 수 있는 RNA를 집어넣으면 어떻게 될까요? 그러면 더 빨리 자기 복제를 합니다. 이러한 전 과정을 거쳐 생명의 기원이라고 할 수 있는 생명체가 탄생하게 되었습니다.

그러면 생명이라는 것은 무엇일까요? 생명이 생명이기 위해서는 성

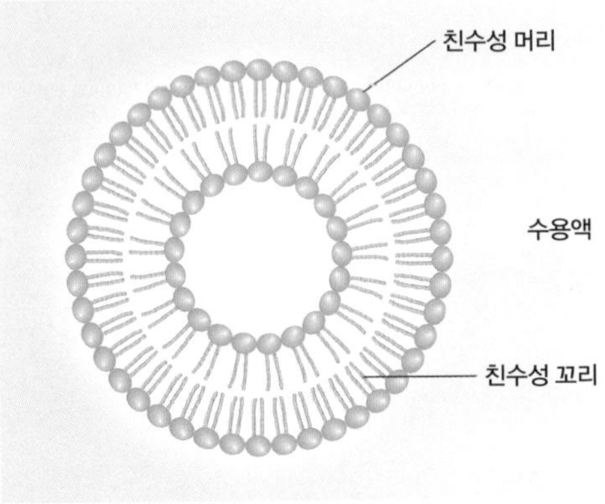

막낭의 구조

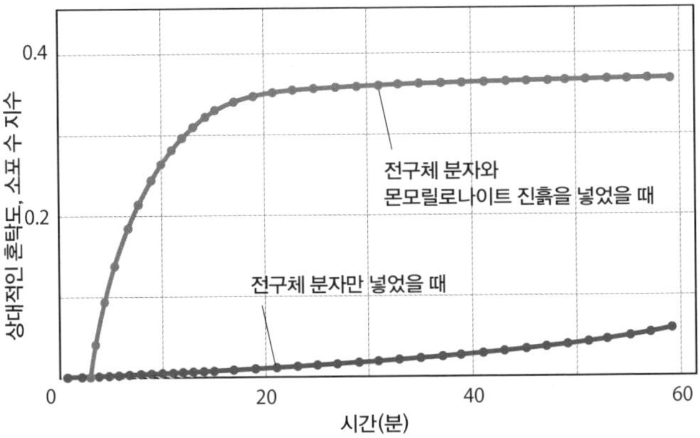

조건에 따른 막낭 생성 비교. 몬모릴로나이트 진흙을 넣어주었을 때 막낭 형성에 필요한 전구체들이 이들 진흙에 붙어 막낭 형성을 더욱 쉽고 빠르게 할 수 있다.

장해야 되고, 생존에 필요한 자신의 유전 정보를 전달해야 됩니다. 이를 위해서는 필요한 에너지를 얻을 수 있어야 하며, 주변 환경을 인지해 그에 맞게 반응할 수 있어야 합니다.

그렇다면 이들 생명의 궁극적 목적은 뭘까요? 생명의 목적은 바로 모든 생명현상의 마지막 목적은 생식을 위한 생존입니다. 그리고 '행동'이란 이러한 생명의 목적을 이루고자 하는 생명체의 의지가 표현된 것입니다.

'생식을 위한 생존Survival to reproduce'입니다. 생명은 자신과 똑같은 것을 계속 만들고 싶어합니다. 지구 상에 생명체가 존재하는 것은, 지구에 처음 생명이 나타났을 때부터 생명체가 자신과 똑같은 것을 계속 만들어왔기 때문입니다. 즉, 모든 생명현상의 마지막 목적은 생식을 위한 생존입니다. 그리고 '행동'이란 이러한 생명의 목적을 이루고자 하는 생명체의 의지가 표현된 것입니다. 예쁜꼬마선충이 먹이를 찾아다니고, 위험을 피하고, 자신의 기억에 먹이가 있었던 온도를 지표 삼아 '행동'했던 이유는 이런 생명체의 의지가 표현된 것이라 할 수 있습니다. 자신이 가지고 있는 유전 정보를 후손에게 전달하고자 하는 것입니다.

여러분, 과학적 발전과 성취를 얻으려면 용기가 필요합니다. 아무도 묻지 않은 새로운 질문과 가설에 대하여 생각하고 검증하기 위하여 많은 실험을 하는데, 답을 찾기까지는 상당한 시간이 걸리기도 하고, 또 다른 의문점과 마주치기도 합니다. 가끔 광활한 곳에 나 혼자 앉아 있는 것 같고, 뭔가를 해야 될 것 같은데 확실하지 않지요. 이럴 때는 어떻게 해야 될까요? 일단, 움직여야 합니다. 그리고 해보고 계속 해봐야 됩니다. 자기가 원하는 목표를 향하여 지속적으로 걸어야 합니다. 멈추면 거기서 끝이지만, 계속해서 나아간다면 자신이 이 세상에 나와 써야 하는 이야기가 이어지는 것입니다. 이것이 바로 우리가 해야 할 '행동'이며 우리 삶의 목적인 것입니다.

Q **예쁜꼬마선충이 온도를 기억한다고 하셨는데요, 바로 앞에 먹이가 있는데도 자기가 기억하는 온도가 아니면 먹이를 안 먹나요?**

A 일단, 두 가지로 얘기할 수가 있습니다. 예를 들어 자신이 자랐던 온도와 같은 곳에 먹이가 있고, 자신이 자라지 않은 곳에 먹이가 있다고 해보죠. 조건이 온도만 다르고 동등합니다. 그럴 때는 자신이 있었던 데로 가서 밥을 먹습니다. 그런데 자신이 있었던 곳에는 밥을 없애고, 자신이 없었던 데에는 밥을 놓아두었습니다. 예쁜꼬마선충은 일단은 자기가 자랐던 데로 가본 후, 아무리 기다려도 먹을 게 없으면, 자신이 있었던 그 온도를 더 이상 추구하지 않고 먹이를 찾아다닙니다. 뭔가 냄새를 맡으려 합니다. 먹이에서 나오는 냄새가 분명히 있기 때문입니다. 그것을 찾아서 무작위로 돌아다니다가 결국은 먹이를 발견합니다.

Q **인간 같은 경우에는 신경전달물질이 부족하거나 과도하게 분비되면 여러 변화가 나타나거나 질병에 걸리기도 하는데, 예쁜꼬마선충 같은 경우에는 어떠한 변화가 일어나는지에 대해서 궁금합니다.**

A 예쁜꼬마선충에게서 아세틸콜린을 없애버리거나 아니면 아세틸콜린을 인지하고 있는 어떤 단백질을 없애버린다면 어떻게 될까요? 사람의 경우, 아세틸콜린은 심장을 뛰게 해주고, 신경세포에서 근육으로 신호를 전달해서 팔다리를 움직일 수 있게 해줍니다. 아세틸콜린을 합성하거나 분비하는 과정이 잘못되면 S자로 움직이지 못하고 일종의 마비 증세를 보입니다. 다른 예로, 세라토닌을 만드는 효소 TPH1이 없어지는 돌연변이가 생기면, 정말 불쌍할 정도로 예쁜꼬마선충이 움직이지 못합니다.

건드리면 조금 움직이다가 가만히 있습니다. 마치 우울증 환자처럼. 또한 흥미롭게도, 사람에게 쓰이는 여러 정신신경증 치료 약물들을 이들 예쁜꼬마선충에게 주면 사람에게서 보는 약리 현상을 볼 수 있습니다.

Q **예쁜꼬마선충은 미각을 갖고 있다고 하셨는데, 그것이 미각이 아니라 그 물질에 대한 촉각 반응이라고 볼 수는 없나요? 그것이 미각이라는 것을 확실히 알 수 있는 실험이 있는지 궁금합니다.**

A 여기서 말하는 미각Water-soluble chemosensation의 정의는 물에 녹는 화학물질을 느끼는 겁니다. 예를 들어, 예쁜꼬마선충은 키니네(퀴닌)라고 하는 매우 쓴맛의 말라리아 특효약인 생약 성분을 매우 싫어합니다. 그런데 레이저로 쓴맛을 느끼게 하는 ASH라는 신경세포 한 쌍을 없애면 예쁜꼬마선충은 키니네를 아랑곳하지 않고 유유자적하게 앞으로 나아갑니다. 그런데 촉각을 느끼는 신경세포인 AVM이나 ALM을 없앤 후, 키니네를 주면 예쁜꼬마선충을 뒤로 물러섭니다. 이는 예쁜꼬마선충에게 미각을 느끼는 신경세포가 촉각 신경세포와는 독립적으로 존재한다는 것을 알려줍니다.

식물 유전체의 대륙 정복과 실패

유상동 · 고려대학교 생명과학부 교수

고려대학교를 졸업하고, 뉴질랜드 메시대학교에서 박사학위를 받았다. 미국 미시간주립대학교 박사후연구원, 하버드 의학전문대학원 연구원, 매사추세츠 종합병원 연구원, 매사추세츠 종합병원 연구교수, 성균관대학교 교수를 거쳐, 현재 고려대학교 생명과학부 교수로 재직 중이다. SKKU 우수연구교원(2009, 2011), Ethylene 2012 Keynote speaker(2012)로 뽑힌 바 있으며, ASPB Travel grant(2010), NSF Travel grant(2011), CSHL-Asia Travel grant(2013)를 받았다.

우연한 기회를 통해서 만들어진 세포가 어떻게 먹을 수 있는 식물체로 이 지구 상에 존재를 하게 됐을까요? 이 자리에서는 이에 관한 이야기를 나눠보고 싶습니다.

생명체 진화의 역사

인류가 지구에서 살게 된 것은 그리 오래 되지 않았습니다. 물리 화학적인 자료를 통해, 지구가 탄생한 때부터 현재까지를 한 달이라는 시간으로 압축해 지구 상에 생명체가 등장한 시점을 표시해볼 수 있습니다. 원시 인류는 이 달력으로 보면 지금으로부터 5분 전에 나타났습니다. 지구가 탄생한 지 4~5일이 지난 시점에 가장 오래된 세포가 등장했고, 그로부터 6일이 더 흐른 후에 빛을 이용해 광합성을 할 수 있는 세포가 만들어졌습니다. 세포들이 태양 에너지를 받아 새로운 무기물을 합성하면서 스스로 에너지를 전달하고 이용할 수 있는 시스템을 만들어낸 거죠. 광합성이 시작되자 대기 조성에도 변화가 나타났습니다. 광합성을 하면서 나온 산소가 대기 중에 쌓이기 시작하였는데, 이는 생태계에 큰 변화를 몰고 왔습니다. 산소가 없는 상태에서 살던 세포와 산소를 이용해 사는 세포는 에너지 생산 능력 면에서 큰 차이가 있었기 때문입니다. 산소를 이용한 세포의 생명 활동은 산소를 이용하기 전과 비교해볼 때 폭발적으로 활발한 대사 활동을 가능하게 하였습니다. 이렇게 해서 세포 내에는 여유 분의 에너지가 만들어지게 되었고, 이를 계기로 아마도 각 세포의 생명 정보인 유전체(게놈)를 핵에 분리해서 보관하는 진핵세포가 탄생했을 것입니다. 이후 다세포 생명체는 기능적으로 다양한 형태의 기관을 만들어내며, 풍부한 생명체 변이를 창출해

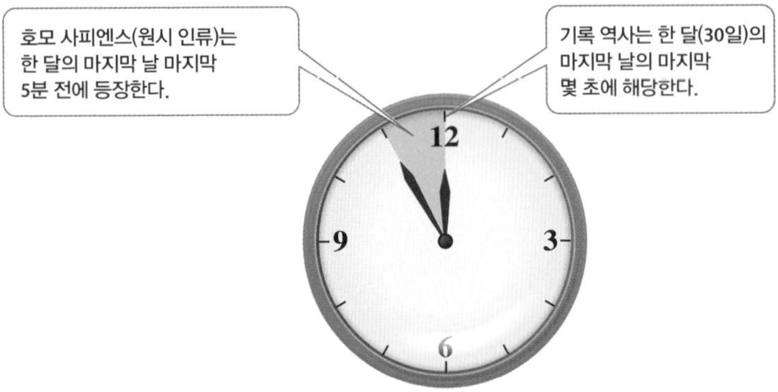

생명체의 역사를 한 달로 환산하면, 생명체는 지구가 탄생한 지 4~5일이 지난 다음에 등장하며, 그로부터 6일이 더 흐른 후에 광합성을 할 수 있는 세포가 등장한다. 원시 인류는 한 달의 마지막 날 마지막 5분 전에 등장한다.

냈습니다.

그렇다면 세포는 어떻게 식물체가 되었을까요? 식물의 기원은, 세포 생물학적으로 보았을 때, 미토콘드리아와 같은 기능을 하는 박테리아가 세포 안으로 들어와 공존하면서부터 시작됩니다. 다시 말해, 프로테오박테리아가 초기 진핵세포 안으로 들어와 내부 공생을 하기 시작했고, 이것이 동식물의 세포 내에 미토콘드리아로 자리 잡게 된 것입니다. 이들 프로테오박테리아는 산화적 인산화 기구를 통해 에너지를 만드는 생물입니다. 이후 일부 세포는 시아노박테리아처럼 광합성을 할 수 있는 세포를 받아들였습니다. 그리고 시아노박테리아를 받아들인 것들은 식물체로 진화하고, 시아노박테리아를 받아들이지 않았던 것들은 동물 쪽으로 진화했습니다. 결국, 식물세포들은 두 번의 내부 공생적 변화를 통해 오늘날과 같은 식물체가 된 것입니다.

이런 식물의 기원은 염기 서열 정보를 통해 확인할 수가 있습니다.

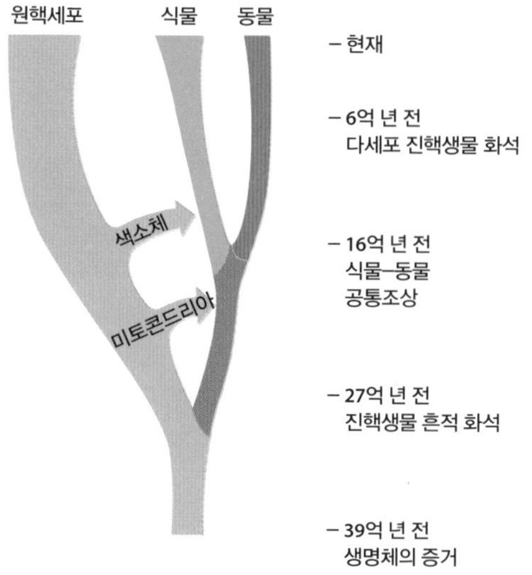

미토콘드리아가 세포 안으로 들어와 자리 잡고, 시아노박테리아를 받아들인 것들은 식물체로 진화했다.

식물 유전체의 염기 서열을 분석해보니, 시아노박테리아가 실제로 식물세포 안으로 이동됐다는 증거가 많이 나타났습니다. 예컨대 식물의 유전체 중 10%의 유전자가 미생물 유전체와 동일했습니다. 이는 미생물의 유전체가 식물체 안에 자리 잡게 되면서 그 유전자를 식물체의 유전체처럼 활용했다는 것을 의미합니다.

식물의 기원은, 세포생물학적으로 보았을 때, 미토콘드리아와 같은 기능을 하는 박테리아가 세포 안으로 들어와 공존하면서부터 시작됩니다.

식물세포를 실제로 현미경으로 관찰해보면 조금 더 잘 이해할 수

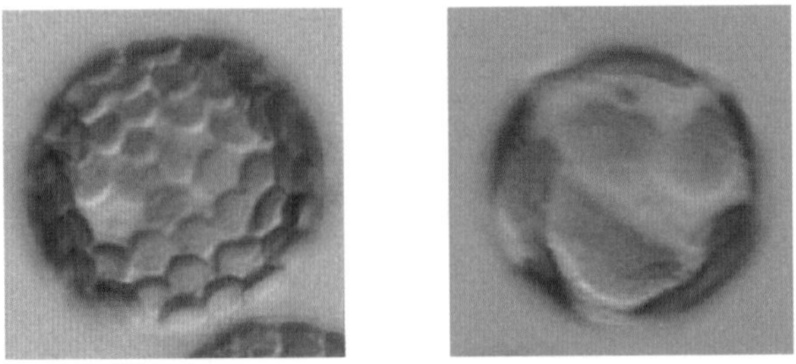

원핵세포 분열에 문제가 생긴 돌연변이 세포에서는 4~5개의 엽록체가 분열 없이 성장한다.(cho et. al., *Mol & Cells* 34, 93)

가 있습니다. 일반적인 식물세포를 들여다보면, 한 세포에 엽록체가 50~100개 정도 꽉 차 있습니다. 한 세포에서 보이는 다수의 엽록체는 초기 발생 단계에서 모체로부터 전달된 5개 내외의 엽록체가 진핵세포인 식물세포 내에서 원핵세포 같은 엽록체의 분열이 반복된 결과입니다. 반면 원핵세포 분열에 문제가 생긴 돌연변이 세포에서는 4~5개의 엽록체가 분열 없이 성장해서 식물세포를 채우고 있는 것을 볼 수 있습니다. 이처럼 엽록체의 분열 기작이 식물세포의 진핵세포 분열법이 아니라 원핵세포 분열법으로 진행된다는 것은 엽록체가 시아노박테리아와 같은 원핵세포에서 유래되었다는 것을 말해줍니다.

식물의 적응과 발전

식물 중 일부는 수중 생활을 접고 육상으로 진출했습니다. 이 과정은 여러 단계로 이루어졌습니다. 물이 없는 환경으로 나온 식물들은 처음에는 물 근처에서 삽니다. 광합성은 물 속보다는 물 밖에서 있을 때 훨

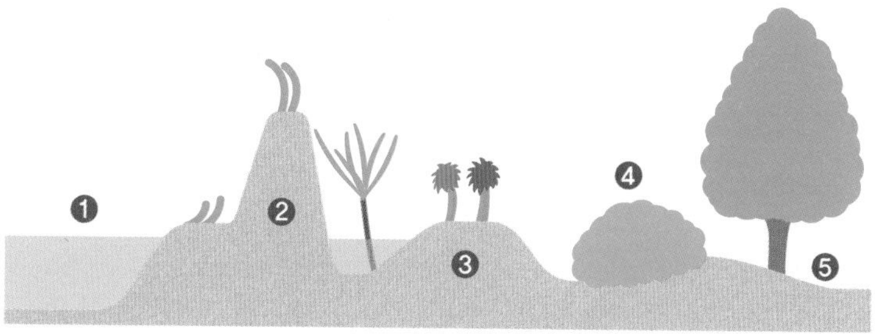

식물체의 진화 단계. 지각 변동으로 수생 환경에서 벗어나게 된 식물체들은 이끼나 직립형 식물체 등으로 진화했다. 참조 : Peter, Scott, *Physiology and Behavior of Plants*, Wiley

씬 효과적입니다. 물 속으로 1m만 내려가도 대략 50% 이상의 광 에너지가 감소되기 때문입니다. 물 밖으로 나왔을 때 훨씬 더 잘 살 수 있는 환경이 만들어지자 식물들은 물이 없는 환경에서 살아보려고 적응하기 시작합니다. 지각 변동으로 수생 환경에서 벗어나게 된 초기식물체들은 수분이 충분히 공급되는 환경에서 이끼와 같은 형태로 적응하게 되었고, 이후 식물체는 직립형 식물체로 진화하였으며, 관목대를 거쳐 오늘날의 수림 생태계를 형성하게 되었습니다. 이들의 진화는 굉장히 성공적이었습니다. 지구의 땅이라는 땅은 거의 다 차지하는 생명체가 되었습니다.

그런데 수중 환경보다 육지 환경은 변화가 심합니다. 대기가 뜨거워지기도 하고, 추워지기도 하고, 물이 부족해지기도 합니다. 식물이 성장하기 위해서는 물이 필요한데, 물이 없다면 어떻게 될까요? 많은 지역에서 식물체들이 죽어가는 것은 물이 부족해서입니다. 식물체들은 물이 부족한 상황에 적응하기 시작했습니다.

거듭된 식물체의 진화는 관다발이라는 물 수송 파이프라인을 체내에

식물 진화의 다양한 양태

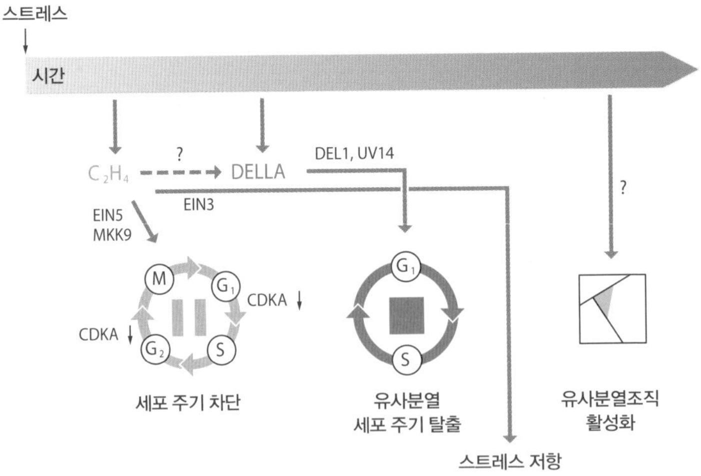

식물체가 강한 스트레스를 받게 되면 세포 분열을 억제하거나 아예 세포 분열을 하지 않는 등 환경에 적응하려고 한다.

만들어내었고 땅속의 물을 찾아 식물체의 잎까지 전달하는 구조를 완성할 수 있었습니다. 하지만 수중 생활과는 비교할 수 없는 수분 부족 현상을 식물세포들은 자체적으로 극복해야 했습니다. 심각한 물 부족 현상이 나타나게 되면, 식물세포들은 자발적인 생리적인 조절을 통해 이런 환경 스트레스를 극복하고자 합니다.

물이 부족한 환경을 만들어서 실험해보면, 식물이 성장을 멈추는 것을 발견할 수 있습니다. 즉 식물체가 물 부족을 유도하는 고염분 조건과 같은 환경 스트레스 상황에 놓이게 되면, 그 수분 장애 정도에 따라 식물체의 성장이 억제되거나 더 심한 경우는 말라 죽습니다. 그러면 어떤 과정을 통해 성장을 멈추는 것일까요?

식물체가 성장하려면 세포 분열을 해야 하는데, 강한 스트레스를 받게 되면, 세포 분열을 억제하거나 아예 세포 분열을 하지 않게 바뀝니다. 진핵세포 안에는 핵이 하나 있는데, 세포 분열 없이 핵만 계속 만듭니다. 세포 하나에 여러 개의 핵이 있는 식으로 세포들이 만들어지고, 이에 따라 길이 성장이 이루어지지 않는 것입니다. 이런 식물들은 물을 많이 필요로 하지 않으면서도 물 부족을 견뎌냅니다.

수중 생활과는 비교할 수 없는 수분 부족 현상을 식물세포들은 자체적으로 극복해야 했습니다. 심각한 물 부족 현상이 나타나게 되면, 식물세포들은 자발적인 생리적인 조절을 통해 이런 환경 스트레스를 극복하고자 합니다.

구체적으로 보면, 식물체가 수분 스트레스를 받게 되면 식물 성장 억제 호르몬인 에틸렌이 식물세포의 분열을 일시적으로 중지시킵니다.

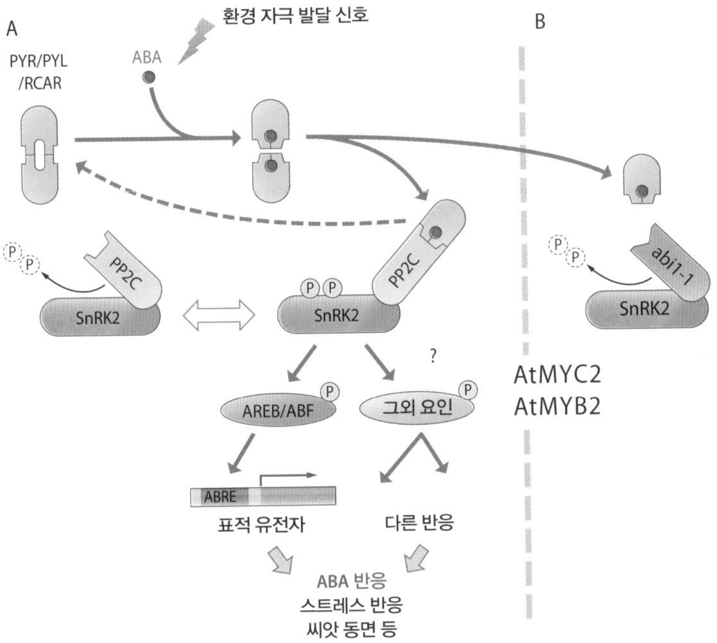

ABA의 작용 기전. ABA 호르몬은 세포 내 수분 스트레스 저항성을 유도한다.

그리고 이런 수분 스트레스가 지속되면 에틸렌 반응의 주요 전사인자인 EIN3 단백질 양이 높아지게 되고, DELLA 단백질과의 상호 작용을 통해 식물 성장 촉진 호르몬인 지베렐린의 반응을 억제합니다. 이때 세포는 분열 주기를 벗어나서 핵내배가endoreduplication를 진행하는 것입니다. 그리고 이 과정에서 다핵 세포로 변하면서 동시에 수분 스트레스 저항성을 가지게 됩니다.

한 가지 기억해야 되는 것은 견디는 것뿐만 아니라, 심지어 견딜 수 있는 다른 단백질들을 만들어냅니다. 다른 단백질들을 만들기 위해서 ABA라고 하는 특이한 호르몬을 만들어냅니다. ABA는 세포 수용체인 PYR 계통의 단백질과 신호 억제 단백질인 PP2C 단백질을 결합시키는 분자결합제로 작용하는 호르몬입니다. 이 호르몬이 등장하면, PP2C 단백질이 힘을 못 씁니다. 그러면 이를 통해 PP2C에 의해 억제되어 있던 SnRK2 단백질이 자유롭게 되어, ABF와 아마도 MYC2 등의 핵 내 전사조절 단백질들을 활성화시키게 되고, 필요한 유전자들을 발현시켜, 세포 내 수분 스트레스 저항성을 유도합니다. 발현된 유전자에 의해 만들어진 단백질은 식물세포가 물이 부족한 시기들을 적절하게 지나갈 수 있도록 해줍니다. 이런 현상들은 식물체들의 세포 수준에서 세포 하나 하나가 견뎌내기 위해서 반응을 하고 있다는 것을 말해줍니다.

실험을 통해, 보통 벼와 ABA 호르몬 반응을 잘 할 수 있는 벼를 비교해보았습니다. 그랬더니 ABA 호르몬 반응을 잘 할 수 있는 벼의 '수분 부족 스트레스 저항성'이 더 좋다는 것을 확인할 수 있었습니다. 여기서 저항성이라는 것이 결국은 물이 부족해도 잘 살아가는 성질을 말합니다.

그런데 물이 없는 것만 견디면 되는 줄 알았더니, 실제로 대륙 환경

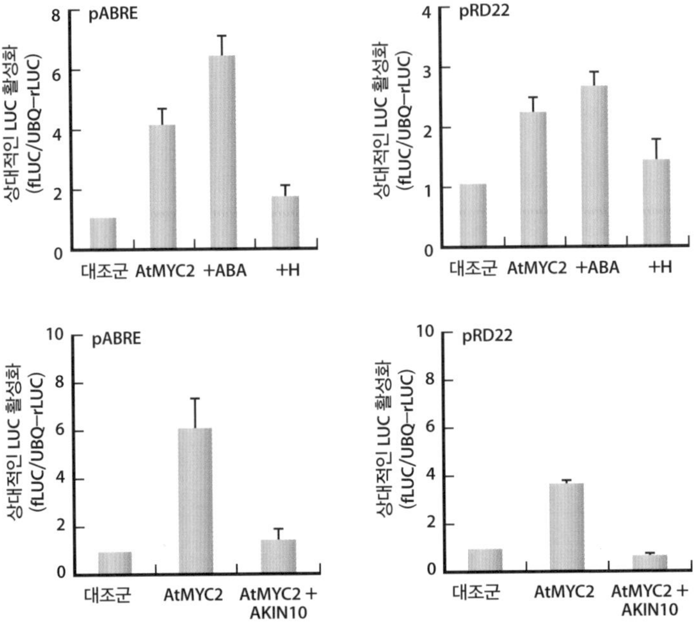

참조 : Im et al., *Plant Cell* & *Environ.*, In press.

짠 물에서 나타나는 ABA의 기능 변화

은 어느 때는 물이 부족하고, 또 어떤 때는 물이 흘러 넘칩니다. 대기층이 불안정해서 많은 비가 단기간에 내리거나 장기간의 장마가 이어질 경우, 대륙의 건조함에 적응한 식물체들은 한 순간에 침수 상태에 놓이게 됩니다. 또 다시 정반대의 상황에 풍덩 빠지게 되는 것입니다.

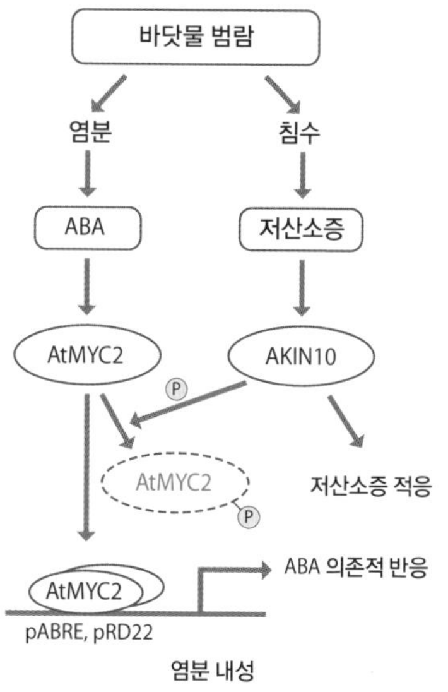

바닷물이 범람하면 식물체는 수분 부족과 산소 부족에 노출되는데, 산소 부족에 따라 활성화된 AKIN10이 수분 부족에 따라 활성화된 AtMYC2를 억제해, 결국 식물체는 살아남지 못한다.

식물이 물에 빠지게 되면, 식물세포 내에 급격한 산소 부족이 일어납니다. 그리고 광에너지 전달이 잘 되지 않아 세포 내 에너지 결핍 현상이 일어나게 됩니다. 이때 식물체는 침수 상태에서 벗어날 때까지 에너지 비상 사태를 견딜 수밖에 없습니다. 그러나 사태가 더 심각해지면, 식물은 다른 경로를 선택합니다. 간단히 말해, 최소한의 에너지를 생산하면서 이를 이용해 최소한의 세포 활성을 유지하려고 애씁니다.

그 경로의 중심에는 단백질 SnRK1/AKIN10이 있습니다. 아주 흥미롭게도, 이 단백질의 구조는 식물세포든, 동물세포든, 미생물의 세포든 똑같이 생겼습니다. 이는 모든 세포 내의 기본적인 현상들은 수십억 년 동안 같은 형태로 진화해왔다는 것을 알려줍니다.

SnRK1/AKIN10 단백질은 주로 에너지를 쓰는 경로들을 억제시킵니다. 에너지가 부족하니 에너지 사용을 최소화시키는 것이라 할 수 있습니다. 키가 커진다든지, 새로운 세포를 만든다든지 하는 일들은 다 억제시킵니다. 대신 살아남기 위한 현상들, 즉 부족한 광합성을 보충하기 위해 세포 내 당을 만들기 위한 활동들은 늘립니다.

실험을 통해, SnRK1 단백질이 많이 발현되는 식물체와 SnRK1 단백질이 망가진 식물체 2개를 물 속에 담가 한 달 정도 놔두어보았습니다. 그랬더니 SnRK1 단백질이 잘 활동하는 식물체는 살아남은 반면, 그렇지 않은 식물체는 거의 죽다시피했습니다.

결국 식물체는 SnRK1이라는 단백질을 이용해 물 속에서도 잘 견딜 수 있는 쪽으로 진화했던 겁니다. 이 SnRK1 단백질을 통해 물이 너무 많을 때를 견뎌냈습니다.

그러면 해일 등으로 바닷물이 식물을 덮치게 되면 어떤 일이 일어나게 될까요? 바닷물이 범람해서 식물체가 물에 잠기게 되면, 식물체는 높은 염분에 따른 수분 부족 현상과 침수에 따르는 저산소 현상을 동시에 겪게 됩니다. 이중의 환경 스트레스를 받게 되는 상황입니다.

식물체의 경우 침수가 되어 산소가 부족하면 ABA 반응이 뚝 떨어집니다. 실험실에서는 AKIN10 단백질의 반응을 확 올려놓음으로써 이런 침수 현상을 재연해볼 수 있습니다. 그래서 AKIN10을 처리하면, 짠물과 물 부족에 반응했던 유전자들이 힘을 전혀 쓰지 못하는 것을 발견할 수 있습니다.

요약을 하자면 이렇습니다. 바닷물이 덮치면 두 가지 신호가 생깁니다. 수분 부족과 산소 부족. 높은 염기에서는 수분이 부족하므로 ABA가 만들어지고, 이게 반응을 하면 AtMYC2 전사 조절 단백질들이 만들어지는데 이 단백질들은 수분 스트레스 저항성을 높이는 새로운 유전자들을 만드려고 합니다. 그런데 동시에 산소가 부족하므로, SnRK1/AKIN10이 활성화되어 AtMYC2 단백질들의 활성을 억제합니다. AKIN10에 의해 AtMYC2 단백질이 사라지는 것입니다. 그러면 식물체는 견디지 못합니다. 해일이 덮쳤을 때 식물들이 살아남지 못하는 것은 이런 이유 때문입니다.

대륙 정복의 실패

식물체는 지구에서 다 잘 삽니다. 그러나 식물체가 아직 지배하지 못한 땅이 있습니다. 매일 같이 짠 바닷물들이 들어왔다 나갔다 하는 갯벌만큼은 식물에게 땅을 내주지 않았습니다. 소금기에 적응하면서 산소 부족을 견디는 방법을 찾지 못했기 때문입니다.

지구는 곧 다가올 식량 부족이라는 위기에 아무런 대책을 세우지 못하고 있습니다. 현재 식량을 생산하는 방법들은 굉장히 많은 에너지가 투입되어야 하는 방식들입니다. 에너지가 많이 투입되어야 하는 방식의 생산이 이루어지다 보니 에너지 가격도 날로 올라가고, 그러다 보니 식량을 더 늘릴 수 있는 방법들이 점점 줄어들고 있습니다.

이런 흐름대로 가면, 2050년의 세계 인구수는 90억 명에 달하게 되는데, 지금의 방법으로는 90억 인구를 먹여 살릴 수 있는 방법이 없습니다. 어쩌면 2050년에는 쌀 한 톨씩 돈으로 바꿔야 하는 시기가 올 수도 있습니다. 그만큼 식량 부족은 인류가 당면한 가장 중요한 과제입니다.

최근 한 강연장에서 세계적인 투자 전문가인 짐 로저스 씨는 "식물산업에 투자하라"라고 조언한 적이 있습니다. 이는 생각해볼 만한 제언

식물체가 아직까지 정복하지 못한 곳은 매일같이 짠 바닷물이 들고나는 갯벌뿐이다.

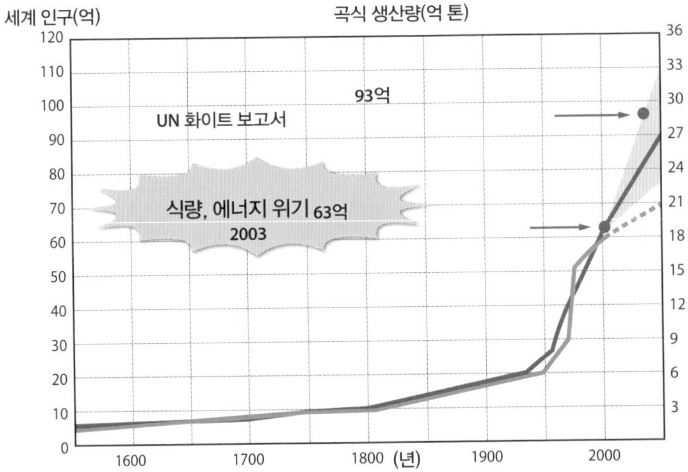

세계 인구가 점점 증가해 2050년에 90억 명에 달하게 되면 식량 위기가 극심해지게 된다.

식물체가 아직 지배하지 못한 땅이 있습니다. 매일 같이 짠 바닷물들이 들어왔다 나갔다 하는 갯벌만큼은 식물에게 땅을 내주지 않았습니다. 소금기에 적응하면서 산소 부족을 견디는 방법을 찾지 못했기 때문입니다.

입니다. 더욱이 한반도의 통일을 전후하여 제기될 북한 어린이들의 식량 문제는 대한민국의 미래 식물 과학자들이 해결해야 할 과업으로 주어질 것입니다.

참고문헌

Arabidopsis Genome Initiative(2000), Analysis of the genome sequence of the flowering plant Arabidopsis thaliana. *Nature* 408, 796-815.

Cho YH, Hong JW, Kim EC, Yoo SD(2012), Regulatory functions of SnRK1 in stress-responsive gene expression and in plant growth and development. *Plant Physiology* 158, 1955-1964.

Im JH, Cho YH, Hong JW, Kang GH, Kim GD, Yoo SD(2014), Inverse Modulation of the Energy Sensor Snf1-Related Protein Kinase1on Hypoxia Adaptation and Salt Stress Tolerance in Arabidopsis thaliana. *Plant Cell and Environment* 37, 2303-2312.

Skirycz A, Claeys H, De Bodt S, Oikawa A, Shinoda S, Andriankaja M, Maleux K, Eloy NB, Coppens F, Yoo SD, Saito K, Inzé D(2011), Pause-and-stop–the effects of osmotic stress on cell proliferation during early leaf development in Arabidopsis and a role for ethylene signaling. *Plant Cell* 23, 1876-1888.

Umezawa T, Nakashima K, Miyakawa T, Kuromori T, Tanokura M, Shinozaki K, Yamaguchi-Shinozaki K.(2010), Molecular basis of the core regulatory network in ABA responses: sensing, signaling and transport. *Plant Cell Physiol*, 1821-1839.

Q **강의 중에 식물체의 저항성 얘기를 하셨는데, 만약에 그것을 인간이 섭취하게 되었을 때 인간에게 해가 되지는 않는지 궁금합니다.**

A 아직도 소비자 단체 가운데 인공적으로 유전체의 형태를 바꿔서 만들어낸 생산물에 거부 반응이 많은 것은 사실입니다. 생명과학자 입장에서만 보면 어떤 식물체를 가치 있게 만들어서 보여주는 것 같지만, 사실 가만히 놔두어도 자연 속에서 저항이 생기는 선택이 이루어집니다. 생명과학자는 이런 것들을 좀 더 빨리 우리 세대 안에서 이용할 수 있도록 하는 것입니다. 환경이 계속 나빠지면 식물체는 계속 진화하면서 결국은 저항성이 더 높은 쪽으로 갈 겁니다. 조금 더 빨리 시간을 당기는 것이죠. 사실, 무언가를 만드는 것보다 더 고민이 되는 것은 무엇을 만들어야 될지 결정하는 것입니다. 정말 문제가 되지 않는 그런 형태의 유전체 변형을 만들어야 합니다.

Q **ABA 호르몬이 저항성 단백질을 집약한다고 하셨는데, ABA 호르몬 수용체를 방해하는 신호도 만들어진다고 하셨습니다. 그런데 그런 수용체를 방해하면 물 부족을 잘 못 견디게 되는데 그것을 굳이 만든 이유가 궁금합니다.**

A 필요한 것을 왜 굳이 방해를 하고 있을까요? 그런데 항상 필요한 것이 아닙니다. 물이 적절히 있을 때는 ABA가 작용을 안 하는 것이 차라리 더 좋을 겁니다. ABA를 안 만들어도 됩니다. ABA에 의해서 활성화됐던 시스템들을 다시 원래대로 돌려놓습니다.

Q **해조류 같은 경우에 고염분화 상태에서 견디는 것인데, 육상 식물들은 그런 것들을 안 가지고 있습니다. 그러면 그게 진화를 하면서 그런 특징이 없어진 것입니까?**

A 진화는 계속했습니다. 이제 시간이 흐르면서 변화가 생기고 진화를 계속 해왔는데, 상태에 맞춰서 진화를 했습니다. 필요 없이 길이 성장을 많이 한다든지 하는 것들을 조절하게 됩니다. 식물의 상태에 맞춰진 세포 안에서 염분들을 능동적으로 빼내는 단백질들이 많이 발전했습니다. 부연 설명을 하면, 식물체가 갯벌 정복에 실패했다고 할 때의 식물체는 대륙에 진출한 식물체입니다. 식물들은 춥고, 덥고, 높고, 낮은 데를 다 찾아 번성했지만, 아직 갯벌에서는 생존 전략을 찾지 못했습니다.

Q **미래의 식량난에 대해서 질문 드리고 싶습니다. 식물학계에서 식량난에 대한 따로 연구를 해왔을 것이라고 생각이 듭니다. 어떤 연구가 진행되고 있는지 궁금합니다.**

A 과연 제3의 녹색혁명이 일어날까요? 실제로 식물 과학을 하는 분들은 제3의 녹색혁명을 굉장히 바라고 있습니다. 왜냐하면 90억 명이라는 인구는 정말 어마어마한 수이기 때문입니다. 지금 생산하고 있는 양으로는 전쟁을 피할 수 없는 상황이 될 겁니다. 대표적인 연구 사례들이 몇 있는데, 그중 한 가지는 광합성을 지금보다 2배로 늘리는 방법들을 찾는 연구입니다.

식물의 신호 전달과 의사소통

황일두 • 포항공과대학교 생명과학과 교수

서울대학교를 졸업하고, 미국 메릴랜드주립대학교에서 박사학위를 받았다. 미국 하버드대학교 의학전문대학원 연구원을 지냈으며, 2002년부터 포항공과대학교 생명과학과 교수로 재직 중이다. 한국분자 · 세포생물학회 제10회 마크로젠 과학자상(2013)을 수상했다.

식물의 꽃이나 잎을 보면 기분이 어떤가요? 마음이 좀 편해지지 않나요? 그래서 저는 식물을 연구하기 시작했습니다. 왜 식물이 꽃을 피우는지, 어떻게 주위에 있는 빛들에 반응해서 광합성을 하는지, 어떻게 광합성으로 만들어낸 에너지를 이용하는지 등이 매우 흥미로웠습니다.

식물에 대한 기본적인 이해

식물은 사람과 마찬가지로 세포가 굉장히 많은 다세포 생명체입니다. 단지 신경이 집중되어 있는 뇌가 없을 뿐, 사람이 가지고 있는 구성요소는 다 가지고 있는 생명체라고 보면 됩니다. 식물도 다세포 생명체이기 때문에 DNA를 가지고 있고, 단백질을 가지고 있고, RNA를 가지고 있습니다. 그리고 지구 상에 사는 다세포 생명체 중에서 곤충 다

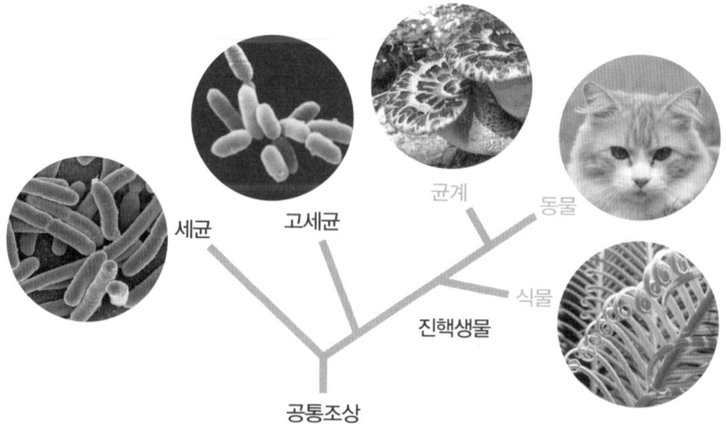

생물은 세균, 고세균, 진핵생물로 갈라져 진화했으며, 진핵생물은 균계,식물, 동물로 갈라져 진화했다.

가장 큰 꽃(~1m)

가장 큰 나무(〉100m)

가장 오래된 나무(~5000년)

식물 중에서는 5000년 동안 사는 것도 있고, 키가 1미터가 넘는 꽃도 있으며, 키가 100미터 정도 되는 나무도 있다.

음으로 많은 종수를 식물이 차지하고 있습니다. 꽃피는 식물만 30만 종에 가깝습니다. 포유류는 약 5500종입니다. 식물은 지구 생태계의 운명을 결정하는 가장 중요한 생산자 역할을 하고 있습니다.

식물은 정말로 놀라운 생명체입니다. 인간은 길어야 100년 정도 살지만, 식물 가운데에서는 5000년 동안 사는 것도 있습니다. 사람의 키는 길어야 2m이지만, 가장 큰 나무는 100m 정도 됩니다.

식물은 어떻게 5000년을 살 수 있을까요? 왜 죽지 않을까요? 세포는, 첫째 분열하고, 둘째 분화하고, 셋째 죽습니다. 이것이 세포의 운명입니다. 세포가 죽지 않으면 암세포가 됩니다. 그런데 식물은 새로운 세포를 항상 다시 만드는 능력이 뛰어납니다. 그 세포를 줄기세포라고 합니다. 식물의 줄기세포는 생장점이라고 하는 곳에 있죠. 생장점은 보통 식물의 끝에 있는데, 매년 봄마다 세포가 새로운 잎을 만들어내기 때문에 에너지를 끝없이 공급받을 수 있는 것입니다.

그러면 1년생 식물은 왜 1년만 살다 죽을까요? 1년생은 한 해만 세포가 분열하고 분화해서 새로운 조직을 만들어내기 때문입니다. 2년째에는 만들어내지 않습니다. 반면 5000년 사는 식물은 매년 새로운 조직을 만들어낼 수 있기 때문에 5000년 동안 사는 것입니다. 키가 큰 나무는, 생장점에서 세포가 끊임없이 분열하고 분화해서 새로운 조직을 만들어내고, 이를 지탱해줄 수 있는 에너지를 제공할 수 있기 때문에 키가 클 수 있습니다.

많은 생물학자들이 관심을 갖고 있는 것이 하나 있습니다. 나무의 키가 100m라면, 도대체 어떤 원리로 물이 100m 이상 올라갈까요? 동물에게는 심장이 있습니다. 심장이 수축과 이완을 반복하여 각 몸속 기관에 피와 영양분을 공급합니다. 그런데 식물에게는 심장이 없습니다. 물을 뿌리에서 흡수해서 끝까지 올려야 하는데도 말입니다. 자그마치 100m나 올려야 하는 나무도 있습니다. 보통 사람들은 긴 호스와 같은 물관을 통해 물이 올라갈 것이라고 생각합니다. 그런데 그렇게 되면 죽었다 깨어나도 물을 100m까지 올릴 수 없습니다. 대기의 압력으로 물을 끌어올릴 수 있는 높이는 약 10m입니다. 그러면 나무에서는 어떤 일들이 벌어지고 있는 것일까요? 이 의문은 아직 풀리지 않고 있습니다.

식물의 이점

식물은 우리가 숨 쉴 때 필요로 하는 산소를 제공해줍니다. 식물에서 산소가 나오는 이유는 무엇일까요? 식물은 이산화탄소를 고정하는 과정에서 산소를 만들어냅니다. 그래서 우리가 숨을 쉴 수 있는 것입니다. 식물은 산소뿐 아니라 곡식, 직물, 커피 등 인간한테 유용한 물질들을 많이 만들어냅니다.

무엇보다 식물로부터 얻는 중요한 물질은 바로 먹을 거리입니다. 인간은 고기를 제외한 모든 음식을 식물을 통해서 얻습니다.

인류는 녹색혁명을 통해, 충분히 자급자족할 수 있을 만큼의 식량을 생산해낼 수 있었습니다. 그런데 전 세계적으로 보면, 굉장히 많은 나라에서 어린이들이 배고픔에 시달리다가 세상을 떠납니다. 해마다 약 500만 명쯤 기아로 사망합니다. 식물학자들은 어떻게 하면 인류가 배고픔에 시달리지 않고 살 수 있을까, 하는 방법론적인 문제를 고민할 수밖에 없습니다.

식물의 생산성이 떨어지는 대표적인 이유 중에 하나는 병원균 때문입니다. 보통 생산물의 약 30%가 병원균 때문에 버려집니다. 많은 식물학자들이 '병원균 저항성'이 강한 작물을 만들려고 노력하는 것은 이 때문입니다.

아프리카나 아시아 국가에서는 비타민 A가 굉장히 부족하고, 또 전 세계적으로는 철분이 부족합니다. 흔히 생각하기에 비타민 A가 부족하고, 철분이 부족하면 약국에서 알약을 사먹으면 되지 않겠느냐고 생각하는데, 불행하게도 이들 국가에서는 그럴 만한 여력이 없습니다. 가장 효율적인 해결책은 비타민 A가 충분하고, 철분이 들어 있는 그런 작물을 생산해내는 것입니다.

황금쌀은 유전공학 기술로 비타민 A를 강화시킨 쌀이다.

최근, 이를 극복하기 위해 아프리카 작물 카사바Cassava의 새 품종을 개발하는 방식을 모색하는 중입니다. 카사바는 고구마와 비슷하며, 탄수화물은 풍부하지만 비타민은 턱없이 부족한 작물입니다.

비타민 A를 강화시킨 쌀도 있습니다. 이 쌀은 '황금쌀golden rice'이라고도 불립니다. 비용도 비싸지 않고 맛도 좋습니다. 이 쌀을 비타민 A가 부족한 나라에 많이 공급해주면 좋을 테지만, 현실적인 장벽에 부딪쳐 잘 보급되지 않고 있는 실정입니다. 유전자 변형GMO 식품을 꺼리는 측면도 있지만, 기존에 쌀 종자를 공급하는 회사 등의 방해 때문인지, 황금쌀 보급이 금지된 것으로 알고 있습니다. 철이 풍부한 쌀, 항산화 물질이 포함된 자색 토마토 등 필요한 영양분이 포함된 개발 작물들을, 이것이 필요한 국가나 지역에서 키울 수 있다면, 영양분 부족 때문에 일어나는 많은 문제들을 상당히 해결할 수 있을 텐데 말입니다.

식물은 음식뿐 아니라 치료를 위한 약도 제공해줍니다. 지금은 많이 줄어들었지만 과거에는 대부분의 옷감을 목화에서 얻었습니다. 또 식물의 바이오매스biomass를 활용하게 되면 석유 제품으로 만들어낼 수 있는 모든 화합물들을 만들어낼 수가 있습니다. 석유가 없더라도 식물이 갖고 있는 바이오매스를 잘 전환시키면 되는 거죠.

그러면 석유를 대체할 수 있는 바이오매스로는 무엇이 있을까요? 바이오 디젤과 바이오 에탄올이 있습니다. 바이오 디젤은 콩에서 금새 짜낼 수 있습니다. 바이오 에탄올의 경우, 식물의 세포벽에 있는 셀룰로오스를 분해해서 당으로 전환시킨 다음 발효시키면 만들어집니다. 이것을 농축해서 에너지 효율을 높게 만들면 충분히 자동차를 운행할 수 있는 에너지로 전환할 수 있습니다.

식물에서 얻을 수 있는 약물의 경우, 대표적으로 버드나무 잎과 껍질에서 얻은 아스피린이 있습니다. 택솔taxol은 주목 나무에서 만들어지는데, 1980년대 초 유방암을 치료하는 획기적인 물질로 사용됐습니다.

인류가 만들어낸 약 중에서 부작용이 거의 없는 가장 훌륭한 약을 꼽자면 식물에서 얻은 아스피린과 곰팡이에서 얻은 페니실린, 이 두 가지를 꼽을 수 있습니다.

식물의 신호 전달

식물은 주변 환경과 끊임없이 대화를 합니다. 그렇다면 어떤 방식으로 대화를 주고받을까요? 식물들이 나누는 대화의 수단은 화학물질입니다.

식물이 나누는 대화의 수단은 화학물질이다. 식물은 화학물질을 분비해 주변의 동물과 미생물 등과 소통한다.

생태계의 1차 생산자인 식물은 포식자의 소화 기관을 통해 직접적인 영향을 미치며, 미생물에 의해 분해된 식물 조직은 토양 환경 변화에 영향을 줍니다. 또한, 식물은 화학물질을 분비해 주변의 동물, 미생물 등과 보이지 않게 의사소통함으로써 스스로의 생장을 알맞게 조절합니다.

숲은 인간을 비롯한 지구 상 동물에게 꼭 필요한 존재입니다. 공기 중에 존재하는 이산화탄소를 흡수하고 산소를 배출하는 능력은 오직 식물만이 가지고 있습니다. 나무 두 그루는 4인 가족이 생활하는 데 필요한 양의 산소를 생성하며, 1에이커(약 1220평)의 숲에서 1년 동안 흡수하는 이산화탄소의 양은 2.6톤에 육박합니다. 산소 외에도, 식물이 내뿜는 음이온과 피톤치드는 인간에게 유익한 영향을 줍니다. 음이온은 항산화 효소의 활성을 증진시켜 노화를 억제하고, 인간의 육체적 ·

곤충은 식물이 분비하는 후각 물질에 반응한다.

정신적 건강을 개선시킵니다. 식물이 항균 작용을 위해 내뿜는 피톤치드는 인간의 스트레스 호르몬 수치를 낮추고 면역세포를 활성화한다고 밝혀진 바 있습니다.

식물은 포식자의 소화 기관을 통해 직접적인 영향을 미치며, 미생물에 의해 분해된 식물 조직은 토양 환경 변화에 영향을 줍니다. 또한, 식물은 화학물질을 분비해 주변의 동물, 미생물 등과 보이지 않게 의사소통함으로써 스스로의 생장을 알맞게 조절합니다.

식물은 후각적인 자극이나 시각적인 자극을 통해 주변 곤충과도 끊임없이 의사소통을 합니다. 대표적인 것 중의 하나가 벌과 곤충을 끌어들이는 일입니다. 벌이나 나비와 같은 곤충은 식물이 분비하는 후각 물

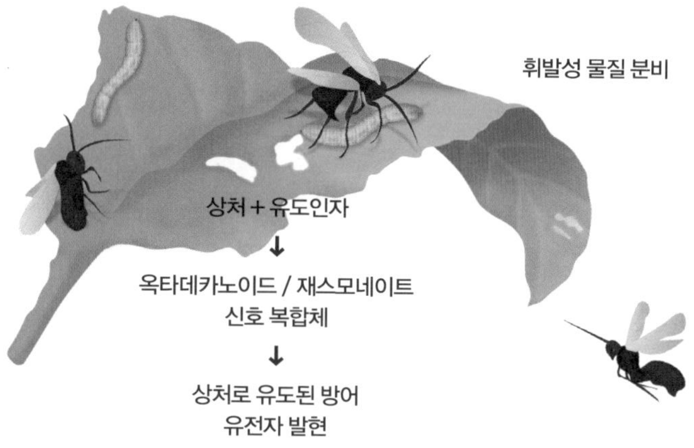

식물은 자기 방어에 곤충을 활용하기도 한다. 해충의 애벌레가 잎을 갉아먹어 잎에 상처가 나면, 식물은 휘발성 화학물질을 분비하고, 이 화학물질은 해충의 천적인 말벌을 끌어들인다.

질에 반응하고 시각적인 자극을 통해 꽃을 인식함으로써 식물의 수정을 매개합니다. 또한 곤충들을 끌어들이기 위해 식물은 굉장히 다양한 색깔의 꽃을 가지고 있습니다. 꽃은 꽃받침, 꽃잎, 암술, 수술로 이루어져 있습니다. 꽃잎이나 꽃받침이 굉장히 화려한 색을 띠면 이것을 인식한 곤충이 와서 화분을 옮겨줍니다.

식물은 자기 방어에 곤충을 활용하기도 합니다. 말벌wasp의 예를 들어보겠습니다. 어떤 해충의 애벌레가 잎을 갉아먹어서 잎에 상처가 나게 되면, 이 상처 난 부위에 재스몬산jasmonic acid이라고 하는 휘발성 물질이 분비됩니다. 그러면 이 화학물질 자체가 식물이 가지고 있는 방어기작을 활성화시키거나, 아니면 말벌을 끌어들입니다. 그후에 어떤 일이 일어나는가 하면, 말벌이 해충의 애벌레에다가 자기 알을 낳습니다. 말벌의 알이 해충 안에서 살아가면 해충은 당연히 죽을 겁니다. 이런

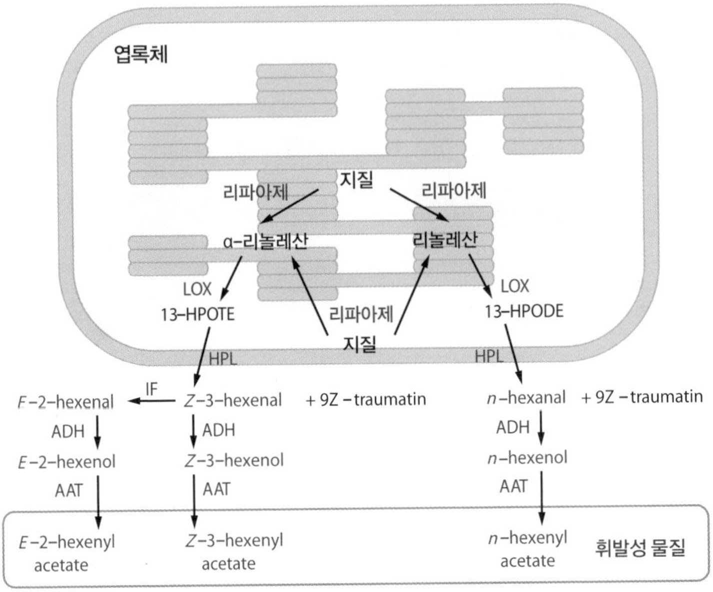

곤충을 끌어들이는 휘발성 화학물질은 주로 엽록체에서 만들어진다.

식으로 식물은 곤충들을 이용해서 자기 방어를 합니다.

어떤 식물은 진딧물의 피해로부터 벗어나기 위해, 천적인 무당벌레를 유인하는 화학물질을 분비합니다. 진딧물이 식물을 갉아먹으면 식물이 거기에 반응해 휘발성 물질을 분비하는 것입니다. 휘발성 물질에 이끌린 무당벌레는 그곳의 진드기를 먹어 없애버립니다.

그러면 곤충들이 어떻게 특정한 식물에만 오게 될까요? 이게 좀 재미있는 질문입니다. 곤충들은 마구잡이로 가지 않습니다. 어떠한 특정한 식물에만 갑니다. 이를 설명하는 한 가지 가설은, 곤충이 애벌레 상태에 있었을 때, 먹었던 식물의 물질을 기억하고 있다가 나중에 커서 이 식물이 똑같은 물질을 분비하게 되면 그것을 인식해 식물체에 날아

식물들은 곰팡이를 활용해 서로 위험 신호를 전달한다.

든다는 가설입니다.

휘발성 물질들은 주로 엽록체에서 만들어집니다. 엽록체에서는 다양한 2차 대사 산물이 만들어지는데, 2차 대사 산물 중의 일부가 휘발성 물질로 사용되어서 말벌을 끌어들이는 역할들을 하게 됩니다.

최근 연구 결과에 따르면, 식물은 서로 소통하지 않을 거라는 오랜 통념과 달리 서로 정보를 주고받는 것으로 나타났습니다.

가령, 곤충이나 병원체가 침입하면 식물은 공기 중에 휘발성 물질을 배출하거나, 토양 균류가 형성하는 실 모양의 연결망을 이용해 뿌리에서 수용성 물질을 분비 · 전달함으로써 서로 의사소통을 합니다.

이러한 신호는 위험에 노출된 식물이 주변의 식물에 경고하기 위한 수단으로 이용됩니다. 예컨대 식물은 초식동물에 의한 공격이나 병원균의 감염에 반응하여 공기 중으로 휘발성 물질을 배출하고, 배출된 휘발성 물질은 근처 식물의 방어 기작을 활성화시킵니다. 또한 초식동물이나 병원균에 대한 위험 신호도 다른 식물의 뿌리에 연결된 균사체 연결망을 통해 전달됩니다. 어떠한 물질이 균사체 연결망을 따라 어떻게 이동되는지에 대해서는 명확히 밝혀지지 않았으나, 균사의 세포질을 통하거나 균사의 표면을 따라 흐르는 물을 따라 이동할 것이라고 예상하고 있습니다. 가뭄에 대한 위험 신호 또한 토양을 통해 주변의 식물 뿌리로 수용성 물질이 확산됨으로써 전달됩니다. 전달받은 식물체는 수분 손실을 막기 위해 잎의 기공을 닫고, 동시에 다른 주변의 식물에게 위험 신호를 전달합니다.

> 식물은 초식동물에 의한 공격이나 병원균의 감염에 반응하여 공기 중으로 휘발성 물질을 배출하고, 배출된 휘발성 물질은 근처 식물의 방어 기작을 활성화시킵니다.

땅속에서의 신호 물질은 직접 전달되는 것이 아니고 땅속에 있는 곰팡이fungi를 통해서 전달됩니다. 곰팡이가 두 식물을 매개해서 진딧물이나 병원체가 공격했을 때 신호를 옆에 있는 나무에게 전달해주는 역할을 하는 것입니다. 물론 곰팡이는 식물로부터 당 같은 영양분을 받게 됩니다. 서로 이익을 보기 때문에 두 개의 다른 종들은 공생 관계를 이루면서 전체 식물군이 잘 성장할 수 있도록 서로 도와주는 역할들을 하게 됩니다.

식물은 애벌레가 갉아먹는 소리에서도 신호 물질을 냅니다. 애벌레가 식물의 잎을 갉아먹을 때 특정 주파수를 가지고 있는 특이한 음파를 만들어냅니다. 그러면 이 음파에 식물이 반응을 해서 안토시아닌

anthocyanin이라고 하는 물질을 많이 내게 됩니다.

이것을 연구한 사람들은 실제로 애벌레가 갉아먹는 소리에만 식물이 반응을 해서 안토시아닌을 내는지 알아보기 위해, 메뚜기도 올려 놓아보고 바람이 불게 했음에도 불구하고, 꼭 애벌레가 갉아먹는 소리에만 반응해 방어 물질을 만들어낸다는 것을 알았습니다. 어떻게 하면 식물이 애벌레에 의해서 공격을 받지 않고 잘 살 수 있을까요? 한 시기에 특정한 음파를 내주게 되면 애벌레에 의해 갉아 먹히지 않아도 식물이 반응해서 방어 물질을 많이 만들어낼 겁니다.

식물의 힘과 능력

식물은 뿌리와 잎을 통해 수많은 미생물과 접촉하고 있습니다. 미생물은 각각 식물에게 해가 되거나 도움이 되는 특성을 지닙니다. 공생 세균들은 식물이 생장에 필요한 물질을 생성하고, 그 대가로 식물로부터 영양분을 제공받습니다.

반면 식물에 유해한 미생물들은 박테리아, 곰팡이, 바이러스, 선충 등으로, 이것들은 식물의 줄기, 잎, 뿌리 등 다양한 조직에서 미생물의 번식, 생장에 필요한 영양분을 얻습니다. 공생과는 달리 이러한 병원균들이 식물에서 영양분을 얻을 때는 식물의 생리 작용에 이상을 가져오게 되어 질병을 유발합니다.

식물과 미생물 사이의 대표적인 공생관계로는 콩과 식물과 뿌리혹 박테리아의 공생이 있습니다. 질소를 고정한 질소 화합물을 식물에 제공해주고, 박테리아는 식물로부터 당과 같은 에너지를 받아서 살아갑니다. DNA와 단백질, 엽록소 등을 구성하는 필수 원소인 질소는 식물

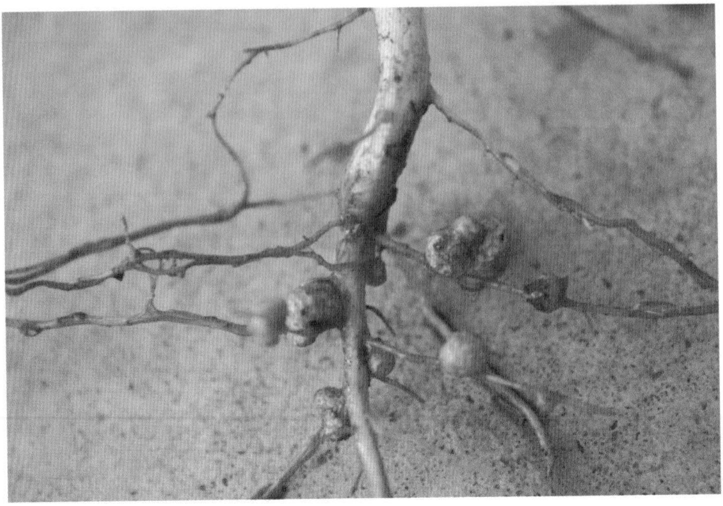

콩과 식물과 뿌리혹 박테리아는 공생 관계를 맺는데, 박테리아는 질소화합물을 식물에게 제공하고 식물은 박테리아에게 당과 같은 에너지를 제공한다.

이 직접적으로 흡수할 수 없습니다. 콩과 식물은 토양의 뿌리혹 박테리아와 접촉한 후 뿌리혹이라는 기관을 형성하는데, 뿌리혹 박테리아는 뿌리혹 속에 들어가 공기 중의 질소를 고정하여 암모늄 이온을 생성합니다. 식물은 이 암모늄 이온으로부터 질소를 획득하여 생장에 이용하고, 뿌리혹 박테리아가 살아갈 수 있도록 영양분을 제공합니다.

흥미롭게도, 뿌리혹은 식물의 뿌리에 있는 코텍스cortex라고 하는 세포에서 만들어집니다. 그런데 코텍스는 이미 분화가 끝난 세포입니다. 여기서, 분열, 분화와 같은 용어를 사용했는데, 분화는 세포의 운명이 결정이 돼서 조직을 만들어내는 것입니다. 그러니까 특정한 기능을 가지고 있는 세포로 변화가 된 겁니다. 쉽게 얘기하면 눈, 코, 입같이 이미 굳어진 겁니다. 그런데 이 세포가 다시 줄기세포로 변한 겁니다. 보통 얘기하는 '탈분화'가 일어나고, 줄기세포가 된 다음에 '재분화'가 돼서 뿌리혹을 만들어냅니다.

식물의 세포에서는 어느 조직도 만들어질 수 있습니다. 그것이 줄기세포가 됐든 그렇지 않든, 분화가 끝났든 그렇지 않든, 적절한 조건만 만들어지면 식물이 가지고 있는 세포는 어느 조직으로도 만들어질 수 있습니다. 이걸 보통 전형성능全形成能이라고 합니다. 동물들은 사고에 의해 신체의 일부가 없어졌다고 해서 새로운 조직이 만들어지지는 않습니다. 식물은 이러한 전형성능을 바탕으로 5000년을 살 수도 있는 겁니다. 이러한 것을 보통 2차 줄기세포라고 합니다.

강조하건대, 지구 상에서 질소를 고정할 수 있는 것은 뿌리혹밖에 없습니다. 뿌리혹 박테리아가 만들어내는 질소화합물 외에 인간이 쓸 수 있는 질소의 양은 굉장히 제한적입니다.

그런데 질소가 왜 필요한가요? 화학 비료가 없으면 어떻게 될까요? 하버-보슈 방법에 의해서 만들어진 화학 비료는 석유를 기반으로 해서 만들어진 화합물입니다. 만약에 석유가 다 떨어지면 식량 생산성이 현격하게 떨어져 인류는 굶어 죽을 수밖에 없을 것입니다.

뿌리혹은 주로 콩과 식물에서 만들어지는데, 뿌리혹이 생기는 기법들을 잘 연구해 콩과 아닌 식물에서 뿌리혹을 만들어낼 수 있다면, 식물의 생산성을 질소 비료 없이도 굉장히 높게 이룰 수 있을 것입니다.

식물과 환경의 의사소통

식물은 박테리아, 곰팡이, 바이러스, 선형 동물nematode 등에 의해서 끊임없이 공격받습니다. 병이 생기면 식물의 생산성은 한 30% 떨어지게 됩니다.

식물과 병원균 사이의 상호작용은 병원균의 종류와 번식 방식 등에 따라 여러 가지 형태의 병적 징후로 나타납니다. 병원균의 침입은 식물의 관다발 조직을 통한 영양분, 미량 요소, 물의 이동 등을 막아 식물 잎과 줄기가 시들게 하거나, 병원균으로부터 분비된 독소나 효소, 생장 조절 물질 등이 식물의 세포 대사를 파괴시켜 세포 괴사를 유발하게도 합니다.

병원균의 침입은 식물의 방어 기작을 활성화시킵니다. 병원균의 침입을 감지하면 식물은 병원균의 침투 경로를 폐쇄하거나 미생물의 생장을 저해시킵니다. 기공의 폐쇄, 세포벽의 비후화, 감염 조직의 세포 자살 등은 병원균의 침투 경로를 차단하기 위한 방어 기작입니다. 식물 호르몬은 식물의 생장뿐 아니라 면역 기능을 조절하는데, 식물은 호르몬 조절을 통해 생장과 면역 반응에 쓰일 에너지를 적절히 배분합니다. 이러한 식물의 면역 체계는 식물과 병원균 간의 대립 관계에서 비롯된 진화의 결과물로 해석할 수 있습니다.

많은 식물학자들이 '병원균에 대한 저항성'이 큰 식물을 만들려고 노력하는 중입니다. 그런데 문제가 있습니다. 병원균에 저항성이 큰 식물을 만들어낼 수는 있지만, 저항성이 큰 식물은 보통 굉장히 작기 때문입니다. 식물은 필요한 것 이상으로 이산화탄소를 고정하지 않습니다. 앞서 언급했듯이, 항상 일정한 양의 에너지를 고정하고 그것을 적절하게 재분배해서 병원균에도 저항을 해야 되고 생장에도 써야 됩니다. 식물이 병원균에 저항을 할 때 에너지를 너무 많이 쓰기 때문에 식물은 굉장히 작아집니다. 이러한 문제점들을 극복하기 위해서 실험실에서는 잘 생장하고 병원균에 저항성도 큰 식물을 만들려고 합니다. 보통 사이토카인Cytokinin이라는 생장을 돕는 식물 호르몬을 이용합니다. 사이토카인이라는 식물 생장 호르몬이 식물을 크게 하면 그 식물은 자연적으로 병원체에 저항성을 갖게 됩니다.

앞에서 식물의 각 기관 사이에는 끊임없이 신호 전달이 일어난다고 설명했습니다. 꽃을 피우기 위해서는 적당한 시기가 되면, 잎이 빛의 변화를 감지해서 잎에서 꽃을 피우게 하는 단백질이 많이 만들어집니다. 잎에서 이러한 단백질이 많이 만들어지면 이 단백질은 체관을 통해서 꽃을 피우게 하는 세포로 이동해서 꽃이 만들어지는 것을 자극합니다. 그러한 물질들이 체관을 통해서 조직과 조직 사이를 이동하게 됩니다. 대표적인 이동 물질은 당입니다. 잎에서 광합성을 통해서 만들어진 당이 체관을 통해서 보통 싱크 티슈sink tissue라고 하는 뿌리 열매 등 저장 기관으로 이동하여 저장됩니다. 이러한 것을 담당하는 것이 체관이고, 이러한 것들이 일어날 수 있게 물을 공급하는 통로가 바로 물관입니다.

이처럼 식물은 주변에 존재하는 동물과 미생물과의 상호작용뿐 아니라, 환경과의 상호작용을 통해 생장과 발달을 알맞게 조절합니다. 가장 잘 알려진 예는 식물과 빛의 상호작용입니다. 식물은 생장에 필요한 에너지인 포도당을 합성하기 위해, 잎의 엽록체에서 빛 에너지와 물을 이용해 공기 중 이산화탄소를 고정합니다. 빛은 식물의 발아, 길이 생장, 개화 등 전반적인 발달 과정에도 중요한 영향을 미칩니다. 빛뿐만 아니라, 온도, 습도, 바람, 토양의 수분 및 염도 등을 포함한 환경 요인은 시시각각으로 식물 호르몬의 균형을 변화시켜 식물이 환경에 적절한 생장을 이룰 수 있도록 합니다.

식물과 동물 · 미생물 등을 포함한 환경과의 상호작용은 식물의 생장 식물은 주변에 존재하는 동물과 미생물과의 상호작용뿐 아니라, 환경과의 상호작용을 통해 생장과 발달을 알맞게 조절합니다. 가장 잘 알려진 예는 식물과 빛의 상호작용입니다.

및 발달에 주요한 영향을 미칩니다. 식물 내부에서는 외부로부터 전달된 생장 및 발달 신호를 두 종류의 물질 수송 시스템을 통해 각 기관으로 전달합니다. 물관은 뿌리에서부터 식물체 말단까지 물을 주로 수송하며, 체관은 잎에서 광합성을 통해 생산한 당분을 뿌리나 열매 등 저장 기관으로 수송합니다. 뿐만 아니라, 두 시스템을 통해 미네랄과 단백질, 호르몬 등도 이동합니다. 두 수송 시스템은 상호 연결되어 있어서, 체관에서 당분 등을 저장 기관으로 수송하고 다시 물은 물관 쪽으로 이동시키는 순환계를 형성합니다. 기본적으로 물은 잎에서 증산작용을 통해 생기는 음압과 더불어, 물관세포의 벽면과의 결합력, 그리고 물 분자 간의 인력에 의해 수송됩니다. 물을 수송하지 않고 머금고 있는 물관들은 가뭄 등의 환경적 스트레스에 대한 저항성을 높여주며, 주어진 환경의 변화에 따라 물을 수송하는 물관의 수와 활성이 조절됩니다. 즉 물은 생존에 가장 필수적이기 때문에, 식물은 환경 변화에 충분히 대응할 수 있도록 매우 효율적이고 안전한 수송 시스템을 갖추고 있습니다. 하지만 체관을 통한 물질 수송의 원리에 대해서는 아직 잘 알려져 있지 않습니다.

그러면 물관이 한 100m 정도 길이의 물을 이동시켜야 한다면, 도대체 어떤 구조이길래 물이 100m를 이동시킬 수 있을까요?

물의 이동을 연구하는 방법으로 빛을 굉장히 세게 보낼 수 있는 가속기synchrotron를 사용합니다. 그 다음으로 골드-나노파티클Goldnanoparticle이라고 하는 것이 사용되는데, 이는 어떤 조그마한 입자에다가 금을 씌운 것입니다. 이 조그마한 입자를 물에 섞어주고 굉장히 강한 빛을 내는 가속기를 이용해서 물의 흐름을 추적해보면 물이 흐르는 물관의 통로를 볼 수 있습니다. 이러한 연구를 통해서 물이 어떻게 이동하는지에 대한 단서를 찾고 있습니다. 실질적으로 물이 한 번에 쭉 이동하는 것이 아니라 얼마 동안만 이동했다가 정체해 있다가 다시 이동하고, 다시 이동하는 것처럼 보입니다. 그러한 것들을 가속기나 골드-나노파티클을 이용해 관찰할 수 있습니다.

식물세포 안에서 이루어지는 소통

식물세포 안에는 핵, 엽록체, 미토콘드리아와 같은 세포 내 소기관이 존재합니다. 이들 상호 간의 의사소통 또한 식물의 생장 및 발달에 매우 중요합니다. 외부 환경과의 상호작용으로부터 전달된 생장 조절 신호와 호르몬은 세포 내 소기관을 형성하는 단백질을 만드는 핵 유전자의 발현에 영향을 줍니다. 이와 동시에 엽록체와 미토콘드리아 또한 세포 내 소기관 활성에 영향을 주는 특정한 외부 자극을 인식할 수 있습니다. 예를 들어 엽록체의 경우 빛의 세기, 미토콘드리아의 경우 산소의 유무를 인식합니다. 세포 내 소기관들은 외부 자극과 소기관들의 상태를 알리기 위해 신호 전달 물질을 세포핵으로 보내며 이는 핵 유전자의 발현 조절을 유도합니다. 이와 같이, 핵과 세포 내 소기관 사이의 커뮤니케이션을 통해 식물 발달 및 생장이 환경에 적합하도록 조절됩니다.

식물은 다세포 생명체라고 했습니다. 세포와 세포 사이에 의사소통은 원형질 연락사Plasmodesmata라고 하는 가는 구멍들을 통해서 끊임없

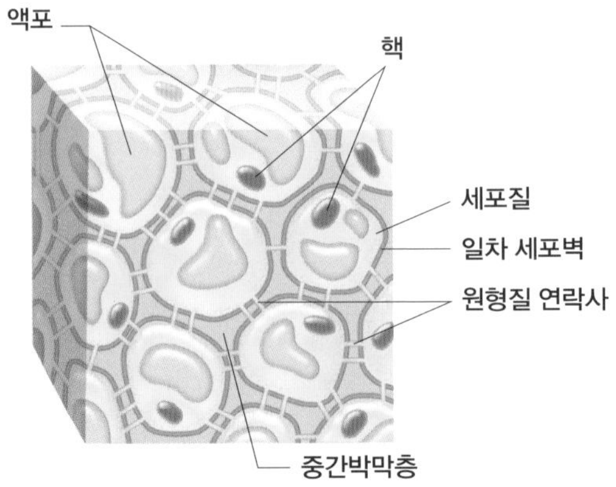

세포와 세포 사이의 의사소통은 원형질 연락사를 통해 끊임없이 이루어진다.

이 이루어집니다. 이게 중요한 이유가 뭘까요? 식물세포는 움직일 수가 없습니다. 세포벽으로 둘러싸여 있기 때문에 움직일 수가 없어서 위치가 굉장히 중요합니다. 어떤 세포가 누구와 이웃하고 있는지가 엄청나게 중요합니다. 이 정보 교환이 원형질 연락사라는 것을 통해서 일어나게 됩니다. 여기를 통해서 단백질도 이동하고 RNA도 이동하고, 바이러스성 유전체Viral genome 같은 게 식물의 세포로 들어왔을 때 바이러스가 가지고 있는 유전체 정보가 이것을 통해서 이동하기도 합니다.

식물은 사람에게 필요한 거의 모든 물질을 제공하고 동시에 우리를 굉장하게 행복하게 합니다. 그런데 아직도 식물에 대한 연구는 동물이나 사람에 대한 연구에 비해서 비중이 적고, 생명체의 근간을 식물에서 찾으려는 사람들의 관심도 적은 편입니다. 그러나 아까 강조했듯이, 뿌리혹을 비 콩과 식물에다가 만들어낼 수 있게 되면 인류의 생존에 크게 기여할 수 있을 것입니다.

Q **식물끼리 흙에 있는 것을 통해서 서로 의사소통이 가능하다고 하셨는데, 먼 지역에 서로 살던 식물들을 가까운 지역에 심어 놓으면 그 식물들끼리도 의사소통을 할 수 있습니까?**

A 네, 가능하다고 생각합니다. 가장 잘 일어나는 것은 같은 종 간에 이런 신호를 인식하는 체계가 같기 때문에 훨씬 더 의사소통이 잘 일어날 것이라고 생각합니다. 하지만 다른 종들끼리도 어느 정도 유연 관계가 있다라고 하면 그런 일들이 일어날 것이라고 생각합니다.

Q **병원균의 침투를 막기 위한 방어 기작으로 세포 자살이 있는데, 정확하게 세포 자살이 어떻게 병원균의 침투 경로를 차단하는지 궁금합니다.**

A 굉장히 좋은 질문입니다. 아까 가장 첫 번째 기작 중의 하나가 기공을 닫는 것이라고 했습니다. 식물이 병원균에 감염이 되면 국소적으로 병원균이 침입한 그 조직만 죽게 됩니다. 흔히 말하는 자살 기작을 발동해서 거기만 죽게 되면 더 이상 병원균이 퍼지지 않습니다. 그래서 그 부분만 죽게 됩니다. 병든 식물 잎의 사진을 보면 점처럼 생긴 것들이 있는 것을 봤을 겁니다. 그런 것들이 바로 자살 반응에 의해 죽은 흔적들입니다. 그렇게 하면 일부의 조직은 죽게 되겠지만 전체의 식물은 살아남습니다.

Q **신호 체계로 위험할 때는 알린다고 하셨는데, 식물들이 서로 같이 자라는 공간에서 한 구역이 있으면 특정한 식물이 독소를 내뿜어서 다른 식물의 생장을 방해하는 경우도 있을 것이라 생각합니다. 그렇게 보면 식**

물은 협력체입니까, 아니면 경쟁체입니까?

A 굉장히 좋은 질문입니다. 협력체이자 경쟁자입니다. 종에 따라서 다를 수 있고 같은 종에서도 경쟁을 하게 됩니다. 대표적인 것은 소나무인데, 소나무 밑에서는 소나무가 자라지 못한다고 합니다. 왜냐하면 제한된 영양분을 가지고 경쟁을 해야 되기 때문입니다. 그래서 소나무 씨들은 날개가 달려 있습니다. 바람에 의해서 굉장히 멀리 날아가게 됩니다. 지금까지는 식물 간에 경쟁에 의해서 다른 식물들의 생장을 저해하는 것으로 사람들이 많이 알고 있었습니다. 최근의 연구를 보면, 식물이 휘발성 물질을 내서 옆에 있는 식물의 생장을 돕는 기작도 동시에 존재한다는 것이 알려지기 시작했습니다. 협력체이자 경쟁자라고 하는 것도 이런 이유입니다. 그러한 것들이 균형을 굉장히 잘 이루어냅니다. 숲을 상상해보면 굉장히 쉬울 겁니다. 숲에는 서로 다른 많은 종들의 식물들이 서로 살고 있습니다. 종 간의 경쟁을 통해서 우월성을 보여야 다음 세대에 자기 종을 많이 만들어낼 수 있습니다. 그래서 어떤 특별한 종의 환경이 좋을 때는 서로 협력해서 다른 종보다 빨리 자라야 됩니다. 이럴 때 그 종들 사이에서는 협력 체계가 형성되겠지만 다른 종과는 경쟁 체계가 만들어질 수 있습니다. 이런 사례를 생각하면 숲에서는 식물 간의 경쟁도 있지만 협력도 있다는 것을 쉽게 이해할 수 있을 것이라고 생각합니다.

Q **바이오 에탄올과 바이오매스 얘기를 하셨는데, 지금 식물을 자원으로 이용하는 가장 큰 소재가 목재이고, 목재를 사용하는 것만 해도 생태계**

파괴의 위험이 굉장히 큽니다. 석유의 소비량이 엄청난데, 그것의 대체 에너지로 식물을 쓰면 지구 생태계가 파괴되지 않을까요?

A 맞습니다. 그런 염려들은 많은 사람들이 합니다. 그래서 바이오매스도 크고 성장이 굉장히 빠른 식물들을 개발하려고 합니다. 대표적인 것이 포플러입니다. 포플러는 굉장히 잘 자랍니다. 그 다음 식물이 억새와 유채입니다. 이러한 것들을 가지고 방금 지적한 문제를 해결하려고 노력합니다. 바이오 에너지를 생산하는 것은 자연 상태에서 있는 것들을 잘라서 쓰겠다는 것이 아니고 그것을 생산할 수 있는 농장 같은 것들을 집중적으로 육성을 해서 거기에서 만들어내겠다는 얘기입니다.

경암바이오 시리즈
생물학 명강 라이브 1

1판 1쇄 2017년 4월 28일
1판 4쇄 2021년 4월 22일

기획 한국분자 · 세포생물학회
지은이 김미영 나홍식 성재영 송현규 심해홍 유상동
이민구 이선경 정선주 최준호 한윤수 황일두
후원 경암교육문화재단
펴낸이 김정순
편집 허영수 변익상 임선영 정소연 호미선 황은주
일러스트 전수교
디자인 김진영 모희정
마케팅 양혜림 이지혜

펴낸곳 (주)북하우스 퍼블리셔스
출판등록 1997년 9월 23일 제406-2003-055호
주소 04043 서울시 마포구 양화로 12길 16-9(서교동 북앤빌딩)
전자우편 henamu@hotmail.com
홈페이지 www.bookhouse.co.kr
전화번호 02-3144-3123
팩스 02-3144-3121

ISBN 978-89-5605-804-7 04470
978-89-5605-678-4 (세트)